W0263949

Marion Steven

Produktion und Umweltschutz

Ansatzpunkte für die Integration
von Umweltschutzmaßnahmen
in die Produktionstheorie

SPRINGER FACHMEDIEN WIESBADEN GMBH

Die Deutsche Bibliothek – CIP-Einheitsaufnahme

Steven, Marion:
Produktion und Umweltschutz : Ansatzpunkte für die
Integration von Umweltschutzmaßnahmen in die
Produktionstheorie / Marion Steven.

(Beiträge zur betriebswirtschaftlichen Forschung ; 71)
Zugl.: Bielefeld, Univ., Habil.-Schr., 1992
ISBN 978-3-409-13767-6   ISBN 978-3-663-11153-5 (eBook)
DOI 10.1007/978-3-663-11153-5

© Springer Fachmedien Wiesbaden 1994
Ursprünglich erschienen bei Betriebswirtschaftlicher Verlag Dr. Th. Gabler GmbH, Wiesbaden 1994

Lektorat: Claudia Splittgerber

Höchste inhaltliche und technische Qualität unserer Produkte ist unser Ziel. Bei der Produktion
und Auslieferung unserer Bücher wollen wir die Umwelt schonen: Dieses Buch ist auf säurefreiem
und chlorfrei gebleichtem Papier gedruckt.

Die Wiedergabe von Gebrauchsnamen, Handelsnamen, Warenbezeichnungen usw. in diesem
Werk berechtigt auch ohne besondere Kennzeichnung nicht zu der Annahme, daß solche Namen
im Sinne der Warenzeichen- und Markenschutz-Gesetzgebung als frei zu betrachten wären und
daher von jedermann benutzt werden dürften.

ISBN 978-3-409-13767-6

Geleitwort

Das steigende Umweltbewußtsein in Politik und Gesellschaft hat dazu geführt, daß sich die Wissenschaft in den vergangenen Jahren verstärkt Fragen der Umweltbelastung und des Umweltschutzes zugewandt hat. Während die Volkswirtschaftslehre schon relativ früh eine theoretische Durchdringung dieser Probleme angestrebt hat, blieb die Betriebswirtschaftslehre lange bei einer bloßen Faktenbeschreibung und vielfach einer ethisch begründeten Wertung von Umweltbelastungen stehen. Erst in jüngerer Zeit wurde damit begonnen, Umweltwirkungen in die betriebswirtschaftliche Theorie und insbesondere in die Produktions- und Kostentheorie zu integrieren.

In diesem Zusammenhang kommt der vorliegenden Monographie eine besondere Bedeutung zu: Im Anschluß an eine Einordnung von Umweltschutzfragen in das System der Betriebswirtschaftslehre und eine Bestandsaufnahme der bisherigen Ansätze zur Analyse von Umweltschutzwirkungen legt die Verfasserin erstmals eine geschlossene Theorie vor, in der die Umweltwirkungen der Produktion in die traditionelle Produktions- und Kostentheorie integriert werden. Hierbei wendet sie konsequent die in diesem Rahmen entwickelten Methoden an und zeigt, daß sich die wesentlichen Ergebnisse auf Technologien mit Umweltwirkungen übertragen lassen: Eine Reduktion der Emission einer Schadstoffart kann in der Regel nur erreicht werden, wenn die Produktion eingeschränkt oder der Einsatz knapper Produktionsfaktoren bzw. die Emission anderer Schadstoffarten erhöht wird. Auch eine Analyse des mit Prozeßschwankungen verbundenen Risikos zeigt, daß das Emissionsrisiko einer Schadstoffart nur dann reduziert werden kann, wenn andere negative Aspekte der Produktion in verstärktem Maß in Kauf genommen werden. Weiter wird gezeigt, daß diese Konsequenzen der Reduktion einer Schadstoffart sich zunächst nur geringfügig bemerkbar machen; von einer bestimmten Grenze an bedingt jedoch bereits eine geringfügige Einschränkung der Emissionsmengen bzw. des Emissionsrisikos einer Schadstoffart eine drastische Verschlechterung der Situation bei anderen Gütern und Umweltbelastungen.

Dies zeigt, daß die Entscheidung darüber, in welchem Ausmaß Umweltbelastungen in Kauf genommen werden müssen, eine Abwägung aller Konsequenzen voraussetzt, die mit Hilfe traditioneller ökonomischer Instrumente durchgeführt werden kann.

Neben der Integration von Umweltaspekten in die statische Produktions- und Kostentheorie entwickelt die Verfasserin Ansätze zu deren Dynamisierung. Anhand des Putty-Clay-Modells wird zunächst gezeigt, daß das Unternehmen auf aktuelle und erwartete Verschärfungen von Umweltschutzbestimmungen reagiert, indem es zunächst kurzfristig die Produktion bei gegebener Technologie anpaßt, langfristig jedoch neue Anlagen installiert und die Produktionsstruktur den gegebenen Bedingungen anpaßt. Weiter werden die Interdependenzen zwischen einzelnen Güterarten untersucht. Dabei wird gezeigt, daß Maßnahmen, die sich kurzfristig positiv auf produktionsbedingte Umweltbelastungen auswirken, langfristig den gegenteiligen Effekt haben können.

Die wesentliche Bedeutung der vorliegenden Monographie ist jedoch darin zu sehen, daß sie anhand produktions- und kostentheoretischer Überlegungen aufzeigt, daß es möglich ist, die traditionelle betriebswirtschaftliche Theorie an die Erfordernisse des Umweltschutzes anzupassen. Da der Entscheidung über die Vermeidung von Emissionen und über die Beseitigung von Umweltschäden eine ähnliche Problemstruktur zugrundeliegt wie der Entscheidung über den Einsatz von Produktionsfaktoren und die Herstellung von Produkten, können die Instrumente der herkömmlichen Produktions- und Kostentheorie auf Probleme der Steuerung der produktionsbedingten Umweltbelastungen übertragen werden. Es zeigt sich wieder einmal, daß es nicht notwendig ist, eine umweltorientierte Betriebswirtschaftslehre von Grund auf neu zu formulieren, Fragen des Umweltschutzes lassen sich vielmehr in die herkömmliche Theorie integrieren. Damit wird die vermeintliche Antinomie zwischen Ökonomie und Ökologie obsolet: Beiden Problemkreisen liegt die gleiche Struktur zugrunde - Abwägen zwischen positiven und negativen Aspekten von Entscheidungsalternativen -, zur Lösung können beide auf das gleiche Instrumentarium zurückgreifen.

Da sich die vorliegende Monographie nicht allein durch ihr hohes Niveau, sondern auch durch die didaktisch geschickte Darstellung auszeichnet, ist zu erwarten, daß sie nicht nur die wissenschaftliche Auseinandersetzung über Fragen des Umweltschutzes beleben, sondern auch zu einer Versachlichung der politischen Diskussion zu diesem kontroversen Thema beitragen wird.

Prof. Dr. Klaus-Peter Kistner

Vorwort

Angesichts der ständig zunehmenden Umweltprobleme und der durch die betriebliche Tätigkeit, insbesondere die Produktion, verursachten Umweltverschmutzung gewinnt die ökonomische Analyse von Möglichkeiten des Umweltschutzes bzw. der umweltverträglicheren Gestaltung von Produkten und Produktionsprozessen eine immer größere Bedeutung, die sich unter anderem in einer schnell wachsenden Zahl von einschlägigen Veröffentlichungen widerspiegelt.

So wird auch mit der vorliegenden Arbeit das Ziel verfolgt, einen Beitrag zur ökonomischen Durchdringung der komplexen Umweltproblematik zu leisten und Ansatzpunkte für eine stärkere Berücksichtigung der Ökologie in ökonomischen Entscheidungen zu liefern. Der Schwerpunkt liegt dabei auf einer theoretischen Analyse von Umweltwirkungen der Produktion. Ausgehend von einer erweiterten Begriffsbildung, die eine adäquate Erfassung sowohl von traditionellen Gütern und Produktionsfaktoren als auch von Umweltgütern und -faktoren ermöglicht, wird eine Erweiterung produktionstheoretischer Konzepte um Umweltaspekte vorgenommen.

Ein wichtiges Ergebnis der Analyse besteht darin, daß durch eine solche Erweiterung die wesentlichen Aussagen der Ansätze erhalten bleiben: So lassen sich in der statischen Betrachtung sowohl im deterministischen als auch im stochastischen Fall Konvexitätseigenschaften, ertragsgesetzliche Verläufe und Substitutionsmöglichkeiten bei sämtlichen Gütern feststellen. Daher erscheint der Einsatz bekannter und bewährter Analyse- und Planungsinstrumente auch unter Berücksichtigung von Umweltaspekten gerechtfertigt; es ist nicht erforderlich, für diese erweiterte Problemstellung vollständig neue Methoden zu entwickeln.

In der dynamischen Betrachtung steht die Reduktion von Umweltbelastungen durch eine entsprechende Gestaltung von neuen Produktionsprozessen im Vordergrund. Dabei läßt sich eine zweideutige Rolle des technischen Fortschritts feststellen: Einerseits sind technologische Innovationen als Grundlage für eine umweltverträglichere Produktion erforderlich, andererseits kann die dadurch ermöglichte effektivere Nutzung von Ressourcen über deren tatsächliche Knappheit hinwegtäuschen, so daß sie in gesamtwirtschaftlich unerwünschtem Maß in Anspruch genommen werden. Daher ist eine Unterstützung betrieblicher Umweltschutzmaßnahmen durch eine staatliche Rahmenplanung, die durch den Einsatz des umweltpolitischen Instrumentariums konkretisiert wird, geboten.

Die Verfasserin möchte auf diesem Wege allen denen danken, ohne deren Unterstützung diese Veröffentlichung nicht zustandegekommen wäre: In erster Linie gebührt mein Dank meinem akademischen Lehrer, Herrn Prof. Dr. Klaus-Peter Kistner, für seine zahlreichen konstruktiven Anregungen, die stete Diskussionsbereitschaft und die intensive Betreuung während der Entstehung der Arbeit. Weiter habe ich meiner Familie für ihre geduldige Unterstützung zu danken. Schließlich sind an dieser Stelle Frau Dipl.-Kff. Kerstin Bruns, die das endgültige Layout gestaltet hat, sowie der Gabler-Verlag, der ein zügiges Erscheinen des Buches ermöglicht hat, zu nennen.

Marion Steven

Inhaltsverzeichnis

0. Ziel und Inhalt der Arbeit

Industrielle Produktion in ständig wachsendem Umfang ist notwendig, um die Bedürfnisse einer zunehmenden Weltbevölkerung auf angemessenem Niveau heute und in Zukunft zu befriedigen. Dabei hat sich in der Vergangenheit gezeigt, daß die Industrialisierung verstärkte *Umweltbelastungen* hervorruft, und zwar durch

- Ausbeutung natürlicher Rohstoffvorkommen,

- Eingriffe in natürliche Regelkreise, durch die vorhandene Gleichgewichte zerstört oder verschoben werden,

- Verschmutzung der Umweltmedien Luft, Wasser, Boden durch Rückstände aus Produktion und Konsumtion,

- allgemeine Belastungen wie Lärm und Strahlung.

Mit diesen Belastungen ist auch ihre Wahrnehmung gewachsen; heute ist ein hohes Umweltbewußtsein bei der Bevölkerung in den westlichen Ländern feststellbar. In der öffentlichen Meinung wird die *Forderung nach Umweltschutz* laut, von staatlicher Seite werden zunehmend schärfere Auflagen und Normen erlassen. Auch in den Unternehmensführungen beginnt sich die Erkenntnis durchzusetzen, daß ihre Tätigkeit stärker auf die Belange des Umweltschutzes auszurichten ist.

Aufgrund der absehbaren Erschöpfung wichtiger natürlicher Ressourcen muß mittel- bis langfristig eine Umorientierung der Unternehmen vom derzeitigen Engpaßbereich Absatz auf die Versorgung mit Rohstoffen und Energie sowie die Entsorgung von Abfällen erfolgen. Diese Konzentration der Planung auf die Schnittstelle des Unternehmens zur natürlichen Umwelt bedingt eine stärkere *Ausrichtung auf den Produktionsbereich*.

Die *Produktion* ist der Kernbereich des betrieblichen Umsatzprozesses; dort findet die *Leistungserstellung* durch Kombination von Einsatzfaktoren und ihre Umwandlung in Produkte statt, und von dort gehen wesentliche *Umweltbelastungen* aus. Dies ist nicht nur ein ingenieurwissenschaftliches und technisches, sondern auch ein betriebswirtschaftliches Problem, da die Entscheidung für oder gegen Umweltschutzmaßnahmen neben ökologischen immer auch ökonomische Auswirkungen hat. Die Interdependenz von ökonomischen und ökologischen Größen ist insbesondere dadurch gegeben, daß einerseits jede Produktionsentscheidung Umweltwirkungen hervorruft, andererseits die verwirklichten Umweltschutzmaßnahmen Rückwirkungen auf die Produktionsmöglichkeiten haben.

Daraus ergibt sich die Notwendigkeit, durch Untersuchungen innerhalb der betriebswirtschaftlichen Teildisziplinen *Produktionstheorie* und *Produktionsplanung* Ansatzpunkte für die Integration von Umweltwirkungen in theoretische Modelle sowie für verstärkte Umweltschutzmaßnahmen bei der Durchführung der Produktion aufzuzeigen. Gerade im Produktionsbereich lassen sich Zusammenhänge aufzeigen und analysieren, die - im Gegensatz zu dem vordergründig bestehenden Konfliktpotential - zu einer Harmonisierung von ökonomischen und ökologischen Zielsetzungen führen können. Dies läßt sich durch einen Ausgleich zwischen ökologischen und ökonomischen Anforderungen bei der Entscheidung über die Verwendung knapper Ressourcen erreichen, wofür das klassische betriebswirtschaftliche Instrumentarium angewendet werden kann. Aufgabe produktionstheoretischer Betrachtungen ist dabei insbesondere die Analyse von Zusammenhängen, Aufgabe der Produktionsplanung die Bereitstellung von Entscheidungshilfen.

Die unternehmerischen Produktionsentscheidungen werden durch eine Vielzahl von *Rahmenbedingungen* beeinflußt; neben den vom Staat gesetzten administrativen Umweltschutzvorschriften sind dies:

- Ein verändertes *Konsumentenverhalten* kann zu Nachfrageverschiebungen zugunsten umweltverträglicher Produkte führen; in Verruf geratene Unternehmen erleiden wirtschaftliche Nachteile.

- Eine höhere Bewertung des Umweltschutzes in der *öffentlichen Meinung* sowie in betrieblichen Entscheidungsgremien kann die Entscheidungen über das Produktionsprogramm und die Prozeßwahl zugunsten umweltverträglicherer Technologien beeinflussen.

- Als Rückwirkung von früherer - eigener oder fremder - Umweltverschmutzung kann das Unternehmen mit *knapper werdenden Rohstoffen* und schlechteren *Standortbedingungen* konfrontiert werden.

- Schließlich wirkt sich ein *Wandel der Zielsetzungen* auf der Ebene der Unternehmensführung - insbesondere eine stärkere Betonung der ethischen Verantwortung des Unternehmers - auf sämtliche betriebliche Aktivitäten aus.

Das Zusammenspiel dieser Einflußfaktoren führt zu Veränderungen des Entscheidungsfeldes, auf die ein Unternehmen im marktwirtschaftlichen Wettbewerb reagieren muß, um sein langfristiges Überleben zu sichern. Erhöhter Umweltschutz bzw. verringerte Umweltbelastungen durch die Produktion werden in der Regel nicht von selbst in Gang gesetzt, sondern sind als *Anpassung an veränderte Rahmenbedingungen* auf der gesellschaftlichen und staatlichen Ebene sowie innerhalb des Unternehmens zu verstehen.

Das einleitende Kapitel nimmt im Anschluß an einige grundlegende Begriffsdefinitionen eine Einordnung der betrieblichen Umweltwirtschaft zunächst innerhalb der mit Umweltschutz befaßten Wissenschaftsdisziplinen und dann in die Betriebswirtschaftslehre vor.

Der Produktionsbereich mit seiner besonderen Bedeutung für die Umweltproblematik ist Gegenstand des zweiten Kapitels. Es werden zunächst die Umweltbeziehungen der Produktion herausgearbeitet; anschließend werden Ansatzpunkte für Umweltschutzmaßnahmen in verschiedenen Teilbereichen der Produktionswirtschaft aufgezeigt. Schließlich wird die Rolle der Umweltschutzindustrie als eines auf die Behandlung von Umweltproblemen spezialisierten Wirtschaftszweiges dargestellt.

Das dritte Kapitel legt die begriffliche Basis für die folgende theoretische Analyse. Es wird diskutiert, inwieweit sich die natürliche Umwelt als Produktionsfaktor bzw. als Gut auffassen und formal darstellen läßt und welche Wertansätze für Umweltgüter in Frage kommen.

Im vierten Kapitel wird eine statische Analyse des Umweltfaktors in der Produktion auf Basis der linearen Aktivitätsanalyse vorgenommen. Im Anschluß an einige Grundbegriffe der Aktivitätsanalyse und der parametrischen linearen Programmierung wird ein allgemeines Modell einer linearen Technologie zunächst für den Einproduktfall ohne Umweltwirkungen aufgestellt und analysiert. Dieses wird sukzessiv auf den Mehrproduktfall und um die Einbeziehung von Umweltgütern erweitert. Anhand von achsenparallelen und nicht-achsenparallelen Schnitten durch den Güterraum werden die Eigenschaften der Produktionsfunktion untersucht und formale Analogien von klassischen Gütern und Umweltgütern nachgewiesen und interpretiert. Weiter wird im Rahmen der Produktionsplanung gezeigt, daß für die betrachtete Technologie Auflagen- und Abgabensteuerung prinzipiell äquivalente Verfahren sind. Den Abschluß des Kapitels bildet eine Untersuchung ökologischer Risiken in der Produktionsplanung. Systematische Prozeßrisiken, die zu Schwankungen der mit einem bestimmten Produktionsprogramm verbundenen Umweltbelastungen führen, werden als stochastische Einflüsse in den Restriktionen modelliert und mit Hilfe des Chance-Constrained Programming analysiert.

Eine dynamische Analyse des Umweltfaktors in der Produktion erfolgt im fünften Kapitel. Im Anschluß an die Darstellung der Grundlagen einer dynamischen Betrachtung und einiger Konzepte der langfristigen Produktions- und Kostentheorie wird eine langfristige Produktionsfunktion mit Umweltwirkungen modelliert. Dabei wird die Technologiewahl eines Unternehmens in Abhängigkeit von den Einflußgrößen Umweltschutzvorschriften, Umweltabgaben und technischer Fortschritt zunächst isoliert untersucht, anschließend werden die Interdependenzen dieser Einflußgrößen berücksichtigt. Es zeigt sich, daß der technische Fortschritt einerseits eine notwendige Voraussetzung für neue, umweltschonende Produktionsverfahren ist, andererseits aber zu Fehlinformationen hinsichtlich der Knappheit von Umweltgütern führen kann. Dieser Gefahr ist durch einen angemessenen Einsatz der Preis- bzw. Mengensteuerung durch den Staat zu begegnen. Im Rahmen einer intertemporalen Betrachtung wird schließlich die sich aus den sukzessiven Technologiewahlentscheidungen ergebende Entwicklung der Technologiemenge des Unternehmens im Zeitablauf dargestellt.

Abschließend werden die wichtigsten *Ergebnisse* der Arbeit zusammengefaßt sowie mögliche Entwicklungstendenzen angedeutet.

1. Einordnung der betrieblichen Umweltwirtschaft

Für eine angemessene Darstellung betrieblicher Umweltschutzaktivitäten im Produktionsbereich ist es erforderlich, diesen in den Gesamtzusammenhang einer *betrieblichen Umweltwirtschaft* einzuordnen. Eine derartige Einführung und Abgrenzung ist die Aufgabe des ersten Kapitels. Im ersten Abschnitt wird die generelle Notwendigkeit der betriebswirtschaftlichen Behandlung von Umweltschutzproblemen durch eine kurze Bestandsaufnahme der Umweltverschmutzung und ihrer öffentlichen Diskussion betont. Umweltschutz ist kein originäres betriebswirtschaftliches Entscheidungsproblem, sondern eine *interdisziplinäre Aufgabe*, an deren Lösung viele Einzelwissenschaften zusammenarbeiten müssen. Der zweite Abschnitt dieses Kapitels stellt daher die Einbindung einer betrieblichen Umweltwirtschaft in ihre Nachbardisziplinen heraus. Auch innerhalb der Betriebswirtschaftslehre bestehen unterschiedliche Ansatzpunkte zur Integration der Umweltproblematik; diese werden im dritten Abschnitt diskutiert.

1.1 Problemstellung

1.1.1 Begriffsbestimmungen

Unter der *Umwelt* versteht man in der Systemtheorie diejenigen Elemente der Realität, die nicht zum betrachteten System selbst gehören. *Ökologie* läßt sich definieren als die Lehre von den Wechselbeziehungen der Organismen zu ihrer Umwelt.[1] Daraus ergibt sich, daß eine umweltorientierte Betriebswirtschaftslehre die ökologische Umwelt des Systems Unternehmung betrachtet, d.h. alle belebten und unbelebten Elemente des Ökosystems Erde, mit denen sie in Beziehungen steht und zu denen sie letztlich selbst gehört. Als abstrakte Leitidee für umweltorientiertes Handeln einer Unternehmung kann der *ökologische Imperativ* von Jonas[2] gelten:

"Handele so, daß die Wirkungen deiner Handlung nicht zerstörerisch sind für die künftigen Möglichkeiten menschlichen Lebens."

Das bedeutet, daß die Unternehmung bei ihren Aktivitäten die Auswirkungen auf die natürliche Umwelt sowie die Nachwelt zu beachten hat. Dies läßt sich insbesondere erreichen, indem zusätzliche Belastungen der Umwelt durch Unternehmensaktivitäten soweit wie möglich vermieden und in der Vergangenheit verursachte Belastungen zurückgeführt bzw. beseitigt werden.

Es ist eine unbestreitbare Tatsache, daß - trotz bemerkenswerter Erfolge in einzelnen Teilbereichen - die *Umweltbelastung* sowohl in absoluten Mengeneinheiten als auch bezüglich der Gefährlichkeit der Einwirkungen ständig zunimmt:[3]

---

1) Die Bezeichnung "Ökologie" als Teildisziplin der Biologie wurde im 19. Jahrhundert von Ernst Haeckel geprägt, vgl. Haeckel [1866].
2) Jonas [1984], S. 36.
3) Zur historischen Entwicklung von Industrialisierung und Umweltverschmutzung vgl. z.B. Kellenbenz [1982]; Brüggemeier / Rommelspacher [1987].

- Durch die industrielle Produktion, die immer mehr Menschen mit einem immer höheren Lebensstandard zu versorgen hat, werden natürliche *Ressourcen* in ständig zunehmendem Umfang eingesetzt. Dabei handelt es sich zum einen um erneuerbare Ressourcen wie pflanzliche Rohstoffe oder Nutzungspotentiale, die sich - zumindest in gewissem Umfang - kurzfristig regenerieren können, zum anderen um nicht-erneuerbare Ressourcen wie fossile und mineralische Rohstoffe, durch deren Einsatz ein begrenzter Bestand unwiderruflich reduziert wird.

- Neben dem Abbau von Rohstoffen erfolgt eine Umweltbelastung durch die Einbringung von *Reststoffen*. Teilweise können diese im Rahmen der Regenerationsfähigkeit der Natur abgebaut werden, häufig besteht diese Möglichkeit nicht, oder die Regenerationskraft ist durch die anfallenden Mengen überfordert.

- Weiter ist sowohl in den entwickelten Staaten als auch in den Entwicklungsländern ein ständig zunehmender *Energieverbrauch* je Einwohner und Jahr festzustellen, der über den Einsatz fossiler Energieträger und die daraus resultierenden Kohlendioxidemissionen wesentlich zu der als "Treibhauseffekt" befürchteten Erwärmung der Erdatmosphäre beiträgt.

Auch wenn durch Fortschritte bei naturwissenschaftlichen Erkenntnissen und technischen Möglichkeiten bereits zahlreiche Probleme gelöst wurden oder in absehbarer Zeit gelöst werden können, sind weiterhin aktive Umweltschutzmaßnahmen in allen Bereichen notwendig, um Umweltbelastungen zu verringern bzw. zu vermeiden.

Die Bedeutung des Umweltschutzes wird täglich durch aktuelle Meldungen über Umweltprobleme und -belastungen verdeutlicht. Diese Darstellungen sind oft in mehrfacher Hinsicht *kurzsichtig*:

(1) Die Betrachtung konzentriert sich jeweils auf eine bestimmte Schadstoffart oder auf ein besonders stark betroffenes Umweltmedium, d.h. auf Luft, Wasser, Boden, Biosphäre oder auf eine herausragende Einzelkatastrophe. Eine an der *medialen Sichtweise* orientierte, schlaglichtartige Bestandsaufnahme von aktuellen Umweltproblemen gibt Abbildung 1. Die Gefahr dieser Sichtweise ist, daß bei der Beurteilung eines Umweltproblems sowie bei der Auswahl von Maßnahmen zu seiner Beseitigung die zwischen den Bereichen bestehenden Interdependenzen und Wechselwirkungen ignoriert werden.

Ein gutes Beispiel dafür, wie die Entlastung eines Bereiches zu Belastungen bei anderen Umweltmedien führen kann, ist die Problematik der *Abfallbeseitigung*, durch die letztlich sämtliche Umweltmedien betroffen sind: Nimmt man als Ausgangspunkt die Abwasserbelastung der Flüsse, so läßt sie sich durch die Installation von Kläranlagen verringern. Die dort entstehenden Klärschlämme werden entweder auf Böden ausgebracht, wo sie zu einem Anstieg der Schwermetallkonzentration führen, auf Müllhalden gelagert, wo sie knappen Deponieraum beanspruchen, oder in Müllverbrennungsanlagen verfeuert, wodurch ein Teil der enthaltenen Schadstoffe in die Luft emittiert wird und der nicht brennbare Teil endgültig als fester Abfall deponiert werden muß.

- Einwirkungen auf die **Luft:**
  Luftverschmutzung
  Smog
  saurer Regen
  Klimaveränderungen
  CO_2 - Anreicherung der Atmosphäre
  Ozonloch

- Einwirkungen auf das **Wasser:**
  Konzentration gefährlicher Stoffe, z.B.
  Schwermetalle, halogenierte Kohlenwasserstoffe
  Grundwasserverseuchung, z.B. durch Altlasten,
  Insektizide und Pestizide
  Flüsse als Aufnahmemedium industrieller und
  privater Abwässer
  Eutrophierung von Gewässern

- Einwirkungen auf den **Boden:**
  Konzentration von Schwermetallen
  Immission von saurem Regen
  Überdüngung landwirtschafter Böden
  Mülldeponien
  Atom- und Sondermüllendlagerung
  Landschaftsverbrauch
  Bodenerosion
  Altlasten

- Einwirkungen auf die **Biosphäre:**
  Waldsterben
  Konzentration gefährlicher Stoffe, z.B.
  Insektizide in Lebensmitteln
  Aussterben von Tier- und Pflanzenarten
  Strahlungsgefahr
  Gesundheitsgefährdung der Menschen

- **Einzelkatastrophen**, z.B.:
  Seveso 1976
  Bophal 1984
  Rheinverschmutzung durch
  Sandoz und Ciba-Geigy 1986
  Tschernobyl 1986
  Tankerhavarien 1989

Abb. 1: Beispiele für Umweltbelastungen in medialer Sicht

(2) Es herrscht eine *regionale Sichtweise* vor, die verkennt, daß in andere Gebiete verlagerte Umweltbelastungen nicht aus der Welt geschafft sind, sondern über den Mechanismus von Emission, Transmission und Immission dort ihrerseits Probleme hervorrufen. Beispiele für eine regionale Verlagerung von Umweltproblemen sind die weiträumige Verteilung von Luftschadstoffen durch eine "Politik der hohen Schornsteine", die internationale Müllverbringung von den Industrieländern in die Entwicklungsländer sowie die Lagerung und Aufbereitung von Atombrennstoffen im Ausland.

(3) Schließlich ist die öffentliche Diskussion von einer *kurzfristigen Sicht* bestimmt, indem Umweltschutzmaßnahmen anhand von direkten Kosten- und Erfolgsgrößen beurteilt werden und in der Zukunft zu erwartende Umweltwirkungen - wenn überhaupt - nach einer entsprechenden Diskontierung nur mit geringem Gewicht in die Entscheidungen einbezogen werden.

Durch kritische Veröffentlichungen wie den Bericht des Club of Rome oder Global 2000[4] wurde in der Öffentlichkeit schon früh ein *Bewußtsein für Umweltprobleme* geschaffen, das in letzter Zeit ständig zunimmt. Sowohl der Staat als auch die Unternehmen reagieren darauf, indem sie vielfältige *Umweltschutzaktivitäten* ergreifen.

Umweltschutz ist in diesem Zusammenhang nicht als absolute Vermeidung von weiteren Umweltbelastungen zu verstehen, sondern als *relative Umweltschonung*:[5] Schädliche Einwirkungen sind soweit wie möglich zu reduzieren, bereits entstandene Schäden sollten repariert werden. Dies führt zu der Forderung nach einer Produktion auf umweltverträglichem Niveau. Durch eine vollständige Erfassung von Wirkungen und Wechselwirkungen der Produktionsprozesse, aber auch von Umweltschutzmaßnahmen, soll eine Umkehr von der derzeitigen *Durchflußökonomie*, die sowohl durch die Entnahme von Rohstoffen als auch durch die Einbringung von Reststoffen die Umwelt belastet, zu einer *Kreislaufökonomie*, die die Stoffe möglichst lange innerhalb des ökonomischen Systems nutzt, erreicht werden.

1.1.2 Ökonomie versus Ökologie

Auch wenn in der öffentlichen Diskussion häufig ein anderer Eindruck vermittelt wird, kann die vordergründige *Antinomie von Ökonomie und Ökologie*[6] auf gesamtwirtschaftlicher

---

4) Vgl. Meadows et al. [1973]; Global 2000 [1981].
5) Vgl. Strebel [1990], S. 711 f. sowie Prosi [1989], S. 574.
6) In der betriebswirtschaftlichen Literatur findet häufig eine Gleichsetzung der Begriffe "Ökologie" und "Umweltschutz" statt, vgl. dazu Titel wie
   - Strategische Unternehmensführung und Ökologie, Brenken [1988]
   - Ökologie und Betriebswirtschaft, Freimann [1987]
   - Ökologieorientiertes Unternehmensverhalten, Kirchgeorg [1990]
   - Ökologieorientierte Produktinnovationen, Ostmeier [1990]
   - Ökologische Unternehmenspolitik, Pfriem [1986]
   - Ökologisch orientierte Betriebswirtschaftslehre, Seidel / Menn [1988]
   - Ökologie-orientierte Unternehmensführung, Senn [1986]
   - Ökonomie und Ökologie, Simonis [1986]
   - Das ökologische Produkt, Türck [1990]
   - Ökologische Modernisierung der Produktion, Zimmermann / Hartje / Ryll [1990]

Ebene zumindest theoretisch als weitgehend aufgelöst angesehen werden, denn nur eine Produktion bzw. Industrialisierung auf umweltverträglichem Niveau führt langfristig zu Wohlfahrt, ohne die Existenzgrundlagen der Menschheit zu zerstören.[7] So bezeichnet Bonus die Ökologie als "natürliche Ökonomie" und den Markt als "ökologienahes Organisationsprinzip".[8]

Grundsätzlich ist die Ökonomie als Wissenschaft vom Umgang mit knappen Ressourcen auch zur Steuerung von Umweltverbrauch und Umweltbelastungen geeignet: Da in einer Marktwirtschaft der Preis eines Gutes als Indikator seiner Knappheit eine zentrale Rolle spielt, läßt sich die politisch erwünschte Umweltinanspruchnahme durch einen entsprechenden Einsatz des umweltpolitischen Instrumentariums über den *Preismechanismus* zu minimalen gesamtwirtschaftlichen Kosten erreichen. Prinzipiell ist also eine Lösung ökologischer Probleme mit ökonomischen Mitteln möglich.

Einzelwirtschaftlich wird das Verhältnis von Ökonomie und Ökologie jedoch häufig als unausweichlicher Konflikt angesehen. Dies kommt z.B. in den folgenden *diametralen Positionen* zum Ausdruck:

- Viele *Unternehmer* vertreten noch heute den Standpunkt, Umweltschutzmaßnahmen verursachten nur Kosten und verschlechterten dadurch die Ertragslage und die Wettbewerbsfähigkeit des Unternehmens. Insgesamt werde durch Umweltschutzauflagen die Entscheidungsfreiheit eingeschränkt und dadurch die weitere wirtschaftliche Entwicklung negativ beeinflußt.

- Auf Seiten von *Umweltschutzgruppen* wird häufig argumentiert, die Industrie vergifte rücksichtslos die Umwelt und zerstöre dadurch die Lebensgrundlagen der Menschheit, so daß sie reglementiert und kontrolliert, in Einzelfällen sogar abgeschafft werden müsse. Ökologie wird dabei verstanden als Grundlage der Abkehr von Wohlstands- und Wachstumsdenken in einer postindustriellen Gesellschaft.

Da eine Produktion ohne jegliche Emission unerwünschter Nebenprodukte nicht denkbar und ein "Zurück in die Steinzeit" weder gesellschaftlich konsensfähig noch aufgrund der Bevölkerungsentwicklung akzeptabel ist, muß nach Wegen zur weitgehenden Unterstützung der Ökologie innerhalb der Ökonomie gesucht werden. Gerade für den *betrieblichen Umweltschutz* besteht eine große Zahl möglicher Anreize, z.B.

- Ausnutzung von Kostensenkungspotentialen,

- Imagegewinn durch Umweltorientierung,

- Vorwegnahme erwarteter staatlicher Auflagen,

- die soziale und ethische Verantwortung des Unternehmers.

In Abbildung 2 ist veranschaulicht, wie sich die (nichtleere) Schnittmenge von ökologisch gebotenen und ökonomisch vorteilhaften Handlungen als Ansatzpunkt für lohnende Umweltschutzaktivitäten ergibt. Diese Darstellung ist nicht statisch zu verstehen, sondern soll eine

---

7) Vgl. z.B. Glück / Huttner [1983].
8) Bonus [1986], S. 1122 bzw. S. 1125.

Tendenz zum Zusammenwachsen der beiden Bereiche verdeutlichen. Zahlreiche Unternehmen stellen sich dieser Herausforderung und versuchen, sowohl ihre Produktionsverfahren als auch ihre Produkte umweltverträglicher zu gestalten.

Das zunehmende *ökologische Verantwortungsbewußtsein* vieler Unternehmer zeigt sich auch in der erfolgreichen Arbeit von Vereinigungen wie future e.V. oder B.A.U.M., in denen sich umweltbewußte Unternehmer vor allem aus dem Mittelstand zusammenschließen, um durch Erfahrungsaustausch und gegenseitige Unterstützung die Umweltbelastungen durch ihre betrieblichen Aktivitäten möglichst gering zu halten. Diese Aktivitäten stehen unter dem Leitmotiv "Umweltschutz als Chefsache".9)

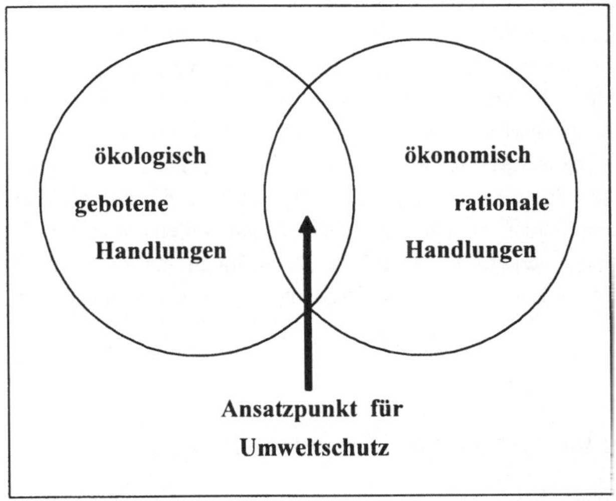

Abb. 2: Anreize für betrieblichen Umweltschutz

Für die Betriebswirtschaftslehre ergibt sich die Aufgabe, Entscheidungshilfen nicht nur im ökonomischen, sondern auch im ökologischen Bereich zu liefern: Zum einen ist eine *Erweiterung* ihrer herkömmlichen Instrumente und Methoden um Umweltschutzaspekte erforderlich, zum anderen die Erarbeitung neuen *Grundlagenwissens* für diese Problemstellung, um letztlich zu einer gleichzeitigen ökonomischen und ökologischen Optimierung des betrieblichen Geschehens zu gelangen.

---

9) Vgl. hierzu insbesondere Winter [1990], S. 21.

1.2 Umweltschutz als interdisziplinäre Aufgabe

Da sowohl die Ursachen als auch die Auswirkungen von Umweltproblemen sehr vielschichtig sind, kann ihre Lösung nicht nur durch Untersuchungen in einzelnen Wissenschaften erreicht werden, sondern bedarf im Grunde der *interdisziplinären Zusammenarbeit* aller beteiligten Bereiche, wie auch die Ökologie selbst eine interdisziplinäre Wissenschaft ist.[10] Dies soll jedoch nicht zur Konstruktion von *Totalmodellen* führen, die letztlich ihren Problembezug verlieren und inhaltsleer werden.[11] Vielmehr ist bei der isolierten Betrachtung einer Problemstellung jeweils explizit zu beachten, daß zahlreiche Interdependenzen zu anderen Forschungsbereichen bestehen, die durch geeignete Schnittstellen in adäquater Weise zu berücksichtigen sind.

Ziel dieses Abschnittes ist es, die *Einbettung* des Untersuchungsobjektes "Umweltschutz in der Betriebswirtschaftslehre" in die *relevanten Nachbarwissenschaften* zu verdeutlichen. Dabei wird sukzessiv vom Allgemeinen zum Speziellen vorgegangen: Zunächst erfolgt eine Einordnung des Umweltschutzes in das System der Wissenschaften, sodann in die aus diesem herausgegriffenen Sozialwissenschaften und schließlich in die Wirtschaftswissenschaften als Teilbereich der Sozialwissenschaften. Bei den im folgenden vorgenommenen kurzen Charakterisierungen der einzelnen Wissenschaftsbereiche, die ausschließlich einem für die Einordnung erforderlichen groben Überblick dienen sollen, wurde auf die üblichen, in Standard-Nachschlagewerken[12] enthaltenen Definitionen zurückgegriffen, da eine tiefere Auseinandersetzung mit den einzelnen Wissenschaften den Rahmen der Arbeit sprengen würde.

1.2.1 Stellung im System der Wissenschaften

Nach dem methodischen Ansatz sowie dem Untersuchungsobjekt lassen sich folgende Hauptgruppen von Wissenschaften identifizieren, die jeweils eine unterschiedliche Bedeutung für die Untersuchung und Bewältigung von Umweltschutzproblemen haben:

(1) Naturwissenschaften

Unter den *Naturwissenschaften* versteht man Erfahrungswissenschaften, die sich mit den in der belebten und unbelebten Natur auftretenden Gegebenheiten und Vorgängen beschäftigen. Ausgehend von Beobachtungen und Experimenten entwickeln sie Theorien über die Abläufe in der Natur und deren Zusammenhänge. Zu den Naturwissenschaften zählen insbesondere die Physik, die Chemie, die Biowissenschaften und die Geowissenschaften. Soweit in diesen Disziplinen Umweltschutzprobleme untersucht werden, schaffen sie z.B. durch Grundlagenforschung die *naturwissenschaftlich-technischen Rahmenbedingungen* für betrieblichen Umweltschutz.

---

10) Vgl. z.B. Odum [1983], S. XIV - XXV.
11) Vgl. Bretzke [1980], S. 127 ff.
12) Vgl. Brockhaus Enzyklopädie [1986-1992]; Meyers Großes Universal Lexikon [1981-1986].

(2) Ingenieurwissenschaften

Mit dem Begriff *Ingenieurwissenschaften* werden Fachrichtungen bezeichnet, die systematisch naturwissenschaftliche Erkenntnisse anwenden und in industriell anwendbare Verfahren umsetzen. In den verschiedenen Teildisziplinen, z.B. dem Maschinenbau, der Elektrotechnik, der Verfahrenstechnik, dem Bergbau, dem Hoch- und Tiefbau, wird in erster Linie angewandte Forschung betrieben. Die Bedeutung der Ingenieurwissenschaften für den Umweltschutz ist darin zu sehen, daß durch die Neuentwicklung und Verbesserung von Verfahren und Anlagen *prozeßtechnische Rahmenbedingungen* gesetzt werden.

(3) Sozialwissenschaften

Die *Sozialwissenschaften* schließlich beschäftigen sich mit der Analyse des Menschen als sozialem Wesen bzw. mit dem Verhältnis von Mensch und Gesellschaft. Dies erfolgt insbesondere in den Teildisziplinen Philosophie, Soziologie, Politikwissenschaft, Rechtswissenschaft und Wirtschaftswissenschaften. In bezug auf den Umweltschutz besteht die Aufgabe der Sozialwissenschaften in der Untersuchung der *gesellschaftlichen Rahmenbedingungen* von Umweltschutzmaßnahmen, z.B. ihrer moralischen Begründung, ihrer gesellschaftlichen Akzeptanz und ihrer Durchsetzung.

In Abbildung 3 wird die interdisziplinäre Stellung des Umweltschutzes zwischen diesen drei Wissenschaftsbereichen verdeutlicht. Da im folgenden Abschnitt verstärkt auf die Bedeutung des Umweltschutzes innerhalb der Sozialwissenschaften eingegangen wird, ist dieser Bereich besonders hervorgehoben.

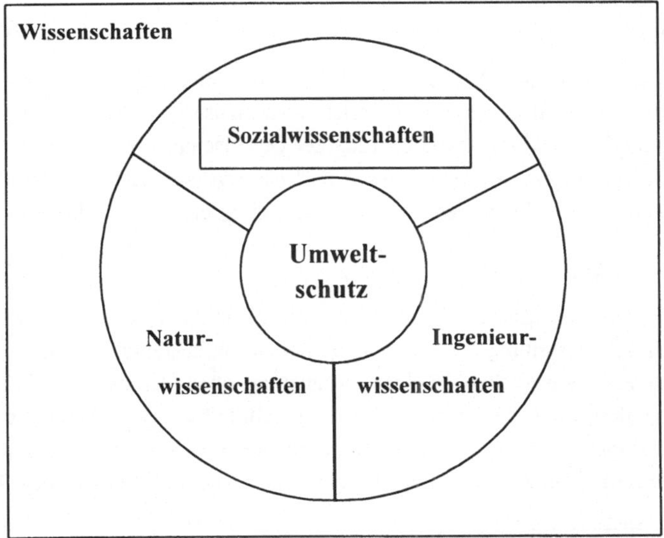

Abb. 3: Umweltschutz im System der Wissenschaften

1.2.2 Stellung innerhalb der Sozialwissenschaften

Die Schaffung und Umsetzung gesellschaftlicher Rahmenbedingungen des Umweltschutzes wird in den einzelnen sozialwissenschaftlichen Teildisziplinen jeweils unter verschiedenen Aspekten und mit fachspezifischen Methoden untersucht. Besonders starken Bezug zur Umweltproblematik weisen die folgenden Bereiche auf:

(1)　Philosophie

Ziel der *Philosophie* ist die Erkenntnis des Wesens und des Zusammenhangs aller Dinge. Innerhalb der Philosophie befaßt sich vor allem die *Ethik* als Wissenschaft des Sittlichen mit Fragen des Umweltschutzes. Die *Verantwortungsethik* beurteilt die Zulässigkeit von Handlungen, und damit auch des wissenschaftlichen und technischen Fortschritts, anhand der von ihnen ausgehenden Wirkungen.[13] Der bereits zuvor zitierte ökologische Imperativ von Jonas[14] postuliert als oberste Norm das Fortbestehen der menschlichen Rasse unter menschenwürdigen Bedingungen und fordert eine daran orientierte Abschätzung der räumlichen und zeitlichen Fernwirkungen aller Maßnahmen, um absehbaren Schaden zu vermeiden.

Eine andere Richtung der Ethik verlangt eine Abkehr von diesem den Menschen in den Mittelpunkt stellenden Anthropozentrismus zu einem Biozentrismus, der der belebten und unbelebten Natur Eigenrechte einräumt, die bei der Beurteilung menschlicher Handlungen zu beachten sind.[15]

Auch aus ökonomischer Sicht wird der Auseinandersetzung mit der *Umweltethik* große Bedeutung zugemessen;[16] insbesondere wird ihre Einbeziehung in das unternehmerische Zielsystem gefordert.[17]

(2)　Soziologie

Die *Soziologie* untersucht die Bedingungen und Formen menschlichen Zusammenlebens in der Gesellschaft; sie identifiziert und analysiert Kausalzusammenhänge und gibt Entscheidungshilfen für die Entwicklung und Steuerung der Gesellschaft. Insbesondere beschäftigt sie sich mit *Wechselwirkungen zwischen Mensch und Umwelt*, wie z.B. mit der Bevölkerungsproblematik und der Entwicklung des Umweltbewußtseins seit den 70er Jahren.

(3)　Politikwissenschaft

Gegenstand der Politikwissenschaft ist die Erforschung und Analyse der *Politik*. Diese hat die Aufgabe, Regeln zur Gestaltung des öffentlichen Lebens aufzustellen, um bestimmte Ziele im allgemeinen Interesse zu erreichen. In einer parlamentarischen Demokratie erhalten die Politiker ihre Legitimation durch die Zustimmung der (Mehrheit der) wahlberechtigten Bürger in Wahlen. Darüberhinaus wird die Politik - gerade im Bereich Umweltschutz - nicht unwesentlich durch außerparlamentarische Gruppierungen und deren Aktivitäten beeinflußt. Ein sol-

---

13) So insbesondere Jonas [1984].
14) Vgl. S. 4.
15) Vgl. z.B. Meyer-Abich [1986, 1988].
16) Vgl. Birnbacher [1980]; Biervert / Held [1987, 1989]; Hesse [1989]; Schauenberg [1991].
17) Vgl. u.a. Müller-Merbach [1989], S. 309 f.; Schneider [1990], S. 869 f.; vgl. aber auch Wagner [1990a], S. 295 f.

cher Einfluß besteht sowohl durch direkte Einwirkung auf die Entscheidungsträger als auch indirekt, indem über die Meinung der Wähler das Verhalten der Politiker verändert wird.

Während der Ursprung umweltpolitischer Maßnahmen bis in das letzte Jahrhundert zurückreicht,[18] besteht in der Bundesrepublik Deutschland seit den 70er Jahren eine explizite und planvolle *Umweltpolitik*, die als eigenständige öffentliche Aufgabe von hohem Rang betrachtet wird. So wurde 1972 die konkurrierende Zuständigkeit des Bundes und der Länder für die Bereiche Abfallbeseitigung, Luftreinhaltung und Lärmbekämpfung in Art. 74 Nr. 24 des Grundgesetzes aufgenommen. Dementsprechend ist die Verantwortung für den Bereich Umweltschutz auf mehreren Ebenen angesiedelt: Neben dem 1986 eingerichteten Bundesministerium für Umwelt, Naturschutz und Reaktorsicherheit gibt es Umweltministerien der Bundesländer; darüberhinaus haben das Umweltbundesamt und der Rat von Sachverständigen für Umweltfragen Einfluß auf die Umweltpolitik. Als Reaktion auf die Wahlerfolge der "Grünen"[19] Anfang der 80er Jahre haben inzwischen auch die etablierten Parteien CDU/CSU, FDP und SPD verstärkt Umweltziele in ihre Wahlprogramme aufgenommen und in ihrer Politik umgesetzt.

Das durch die politische Willensbildung definierte gesellschaftlich erwünschte Umweltniveau wird in Gesetzen und Verordnungen vornehmlich des Ordnungsrechts, z.B. in Form von Grenzwerten oder Umweltstandards, festgeschrieben, die somit Rahmenbedingungen für unternehmerisches Handeln darstellen.

Die Wirksamkeit der von der *Legislative* erlassenen Umweltschutzvorschriften ist allerdings stark davon abhängig, in welchem Umfang es tatsächlich zu ihrer Durchsetzung und Kontrolle durch die *Exekutive* und - im Falle der Nichteinhaltung - zu ihrer Ahndung durch die *Jurisdiktion* kommt.[20]

(4) Rechtswissenschaft

Die Rechtswissenschaft beschäftigt sich mit dem *Recht* als Mittel zur Ordnung des menschlichen Zusammenlebens. Aufbauend auf früheren Regelungen des Ordnungs- und Nachbarschaftsrechts wurde in den 70er Jahren parallel zum Vordringen des Umweltschutzzieles in die politische Diskussion damit begonnen, systematisch *Umweltrecht* in Form von Umweltgesetzen des Bundes und der Länder zu schaffen. Zum Umweltrecht zählen solche Rechtsnormen, die auf eine Begrenzung der Umweltinanspruchnahme abzielen, um die natürlichen Lebensgrundlagen in ihrer räumlichen Struktur und ihrer Funktion zu erhalten.[21]

Das Umweltrecht ist weitgehend nach Umweltmedien organisiert; es umfaßt z.B. die Bereiche Baurecht, Abfallrecht, Immissionsschutzrecht, Gewässerrecht, Atomrecht, Naturschutzrecht. Seine Ziele sind insbesondere der Schutz gefährdeter Umweltbereiche durch *vorsorgende Regelungen*, die *Gefahrenabwehr*, d.h. die Verhinderung von konkreten Umweltbeeinträchti-

---

18) Vgl. z.B. Erhard [1954]; Herrmann [1989].
19) Hierunter werden alle primär auf Umweltschutz ausgerichteten Parteien verstanden, also auch die "Bunten", die "Alternativen Listen" usw.
20) Zum Problem der Einhaltung von Umweltschutzvorschriften vgl. Terhart [1986] sowie Rückle / Terhart [1986].
21) Zum Umweltrecht vgl. z.B. Mayer-Tasch [1978]; Wenz / Issing / Hofmann [1987]; Ketteler [1988]; Storm [1991]; Bender / Sparwasser [1990].

gungen, und die auf *Beseitigung entstandener Schäden* abzielende Verfolgung von Umwelt-
verschmutzern. Letzteres ist die Aufgabe des Umwelthaftungsrechts[22] sowie des Umwelt-
strafrechts.

Zum Umweltrecht zählende Vorschriften finden sich in verschiedenen Rechtsbereichen; sie
nehmen ständig an Zahl zu. Um den Überblick zu behalten, wird der Ruf nach einem *Umwelt-
gesetzbuch* laut. Eine zeitlich parallele, inhaltlich ähnliche Entwicklung des Umweltrechts
findet sich auch im internationalen Vergleich.[23]

(5) Wirtschaftswissenschaften

Gegenstand der *Wirtschaftswissenschaften* ist die nutzenmaximierende Allokation von knappen Ressourcen sowohl auf gesamt- als auch auf einzelwirtschaftlicher Ebene. In dem Maße,
wie sich in den letzten Jahrzehnten die Begrenztheit der natürlichen Ressourcen herausgestellt
hat, hat sich die *Umweltökonomie*[24] entwickelt, die sich mit den Beziehungen zwischen Wirtschaft und natürlicher Umwelt befaßt. Ihre Aufgabe ist es, Umweltprobleme und Umweltschutzmaßnahmen aus ökonomischer Sicht zu analysieren und Empfehlungen zur ökonomisch
und ökologisch günstigsten Ausgestaltung umweltpolitischer Instrumente zu geben.

Abbildung 4 veranschaulicht die interdisziplinäre Stellung des Umweltschutzes innerhalb der
angesprochenen sozialwissenschaftlichen Teilbereiche. Dabei sind die Wirtschaftswissenschaften bzw. die Ökonomie hervorgehoben, mit denen sich der folgende Abschnitt eingehender beschäftigt.

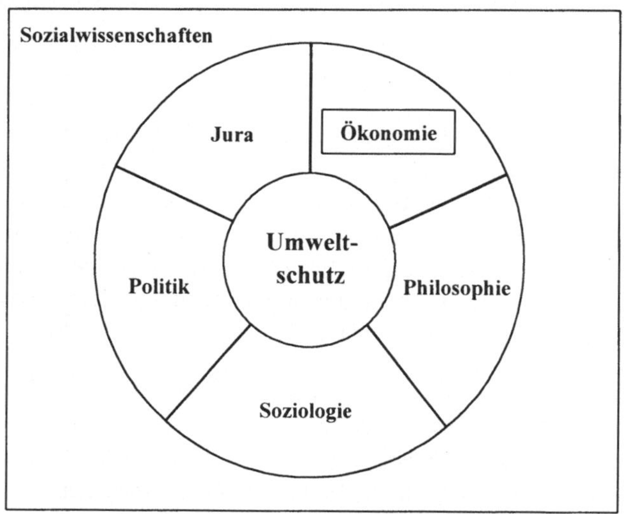

Abb. 4: Umweltschutz in den Sozialwissenschaften

---

22) Vgl. z.B. Merkisch [1990]; Feess-Dörr / Prätorius / Steger [1992].
23) Vgl. Bothe / Gündling [1990].
24) Vgl. insbesondere Wicke [1991], S. 8 ff.

Wie dieser kurze Überblick gezeigt hat, ist die ökonomische Behandlung von Umweltschutz-problemen in einen Kranz von Rahmenbedingungen eingebettet, deren Analyse Aufgabe der verschiedenen Nachbarwissenschaften ist.

1.2.3 Stellung innerhalb der Wirtschaftswissenschaften

Innerhalb der Wirtschaftswissenschaften unterscheidet man die *Volkswirtschaftslehre*, die sich in der Mikroökonomie vorrangig mit einzelwirtschaftlichen und in der Makroökonomie mit gesamtwirtschaftlichen Fragestellungen befaßt, und die *Betriebswirtschaftslehre*, die vor allem die Analyse und Erklärung einzelwirtschaftlicher Entscheidungen aus betrieblicher Sicht zum Gegenstand hat. In beiden Teilbereichen werden auch Fragen des Umweltschutzes aus der jeweiligen Sicht und mit fachspezifischen Methoden untersucht. Abbildung 5 zeigt die Einbettung des Umweltschutzes in die Wirtschaftswissenschaften.

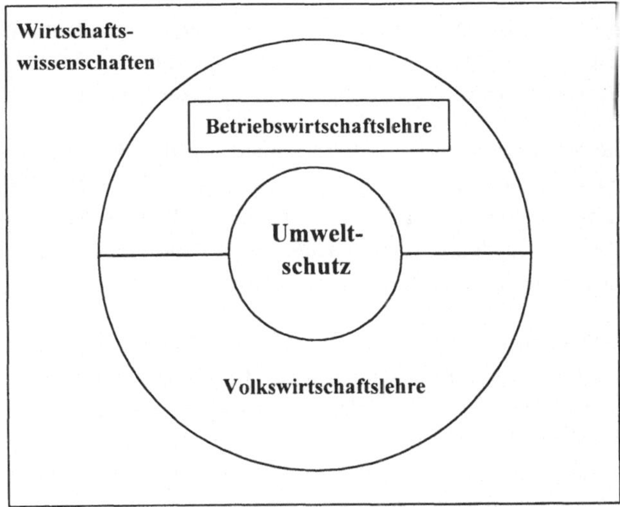

Abb. 5: Umweltschutz in den Wirtschaftswissenschaften

1.2.3.1 Umweltschutz in der Volkswirtschaftslehre

Schon recht früh hat sich die Volkswirtschaftslehre mit dem Problem auseinandergesetzt, daß neben den im ökonomischen Entscheidungskalkül explizit erfaßten Kosten und Nutzen *externe Effekte* auftreten. Damit werden solche Auswirkungen von individuellen Handlungen bezeichnet, die nicht direkt die dafür verantwortliche Wirtschaftseinheit, sondern zunächst

Dritte oder die Allgemeinheit betreffen.25) Insbesondere verursacht die industrielle Produktion gesellschaftliche Kosten durch Umweltverschmutzung, solange sie nicht dafür zur Verantwortung gezogen wird und die entsprechenden Kosten selbst tragen muß.

Um eine solche Fehlallokation von Ressourcen zu vermeiden, bestehen verschiedene Ansatzpunkte zur Steuerung der Umweltbeanspruchung:

- Bereits 1920 entwickelte Pigou das Konzept, durch Erhebung einer Abgabe die externen Effekte beim Verursacher zu internalisieren, so daß einzel- und gesamtwirtschaftliche Rationalität wieder übereinstimmen.26) Eine solche *Pigou-Steuer* läßt sich auch als Instrument zur Reduktion der Umweltbeanspruchung einsetzen, wie es z.B. im Abwasserbereich durch die Abwasserabgabe geschieht.

- Eine grundsätzlich andere Lösung des Problems wird von Coase vorgeschlagen: Derselbe Erfolg, nämlich eine Reduktion der übermäßigen Umweltbeanspruchung, läßt sich ebenfalls erreichen, indem dem Verursacher eine Kompensationszahlung für den entgangenen Gewinn angeboten wird.27)

Während der Pigou'sche Ansatz eine Einschränkung der Privatautonomie über das Gut "Umwelt" im Interesse der Allgemeinheit zuläßt, liegt der Schwerpunkt des *Coase-Theorems* auf der privaten Verfügungsgewalt, deren Einschränkung erkauft werden muß.

Eine Hauptursache der derzeitigen Umweltproblematik ist, daß die natürliche Umwelt bzw. ihre Komponenten weitgehend als *öffentliche Güter* angesehen werden. Dabei besteht zum einen - zumindest bis zu einem gewissen Grad - Nicht-Rivalität der Nutzungen sowie Nicht-Ausschließbarkeit einzelner Nutzer, zum anderen werden diese Güter zunehmend knapp, so daß nicht mehr alle konkurrierenden Nutzungsansprüche abgedeckt werden können.

Die Umwelt verliert ihren Kollektivgutcharakter in dem Maße, wie ihre Erhaltung Kosten verursacht und somit ihre Knappheit deutlich wird. Bei knappen öffentlichen Gütern besteht das *Allmende-Problem*, da es für den einzelnen kurzfristig als sinnvoll erscheint, durch Übernutzung einer im öffentlichen Eigentum stehenden Ressource seine Wohlfahrtsposition zu verbessern und in Höhe der durch die Umweltverschmutzung entstehenden externen Kosten eine Art *Verschmutzerrente* zu beziehen.

Um die volkswirtschaftlichen Schäden durch Umweltbelastungen zu begrenzen, hat der Staat die Aufgabe, eine *gesamtwirtschaftliche Steuerung* der Umweltinanspruchnahme vorzunehmen. Prinzipiell kann diese Steuerung planwirtschaftlich oder marktwirtschaftlich erfolgen. Jedoch zeigt ein Vergleich der Umweltsituation in den Industriestaaten Ost- und Westeuropas, daß die Planwirtschaft dem Allokationsmechanismus "Markt" unterlegen ist.28)

---

25) Vgl. Pigou [1920].
26) Vgl. hierzu insbesondere Baumol / Oates [1988], S. 7 ff.; Wicke [1991], S. 43 - 46.
27) Vgl. Coase [1960].
28) Vgl. dazu Schreiber [1989] sowie zur Effizienz von plan- und marktwirtschaftlicher Lenkung im Umweltschutz Wicke [1991], S. 48 - 57.

Im Rahmen der *sozialen Marktwirtschaft*29) hat die Ordnungspolitik die Aufgabe, durch das Setzen geeigneter *Rahmenbedingungen* für den Handlungsspielraum der Unternehmen und Haushalte die Herstellung einer funktionsfähigen und menschenwürdigen Wirtschaftsordnung zu gewährleisten. Die Allokation der wirtschaftlichen Ressourcen hat so zu erfolgen, daß eine maximale Befriedigung öffentlicher und individueller Bedürfnisse erreicht wird, indem die Marktkräfte in sozialverträgliche Bahnen gelenkt werden. Auch wenn die Umweltpolitik bei der Konzipierung der sozialen Marktwirtschaft in den 40er und 50er Jahren noch nicht als wirtschaftspolitische Aufgabe wahrgenommen wurde, läßt sie sich formal ohne große Schwierigkeiten integrieren, indem in Analogie zu der klassischen Vorgehensweise entsprechende umweltpolitische Rahmenbedingungen formuliert werden. Der Anstoß hierzu wurde 1978 gegeben, als der Umweltschutz in der Regierungserklärung als ein Staatsziel genannt wurde.

Dem Staat stehen unterschiedliche ordnungs- und fiskalpolitische Instrumente zur Verfügung, mit denen er seine *umweltpolitischen Ziele* verfolgen kann. Dabei tritt das Problem auf, daß sich einerseits die Schäden durch Umweltverschmutzung bzw. der Nutzen der Umwelt nur unzureichend quantifizieren lassen, andererseits auch die Reaktionen der Marktteilnehmer auf den Einsatz der Instrumente aufgrund von Marktunvollkommenheiten nicht exakt antizipiert werden können. In Abhängigkeit von der Art der Umweltbelastung und den Möglichkeiten zu ihrer Bewältigung kommen unterschiedliche Prinzipien der Umweltpolitik zur Anwendung:30)

(1) Verursacherprinzip

Das Verursacherprinzip ist die oberste Leitlinie der staatlichen Umweltpolitik. Sein wesentliches Ziel ist die Steuerung des Umweltverbrauchs durch eine Internalisierung der durch Nutzung der "freien Güter" erzeugten externen Kosten bei den Verursachern. Wenn für jedes Gut genau die anfallenden ökonomischen und ökologischen Kosten zu zahlen sind, kommt es über den Marktmechanismus gerade zu einer ökonomisch und ökologisch optimalen Ressourcenallokation. Es ist verschiedentlich versucht worden, die gesellschaftlichen Kosten des Umweltverbrauchs zu monetarisieren, wobei jährliche Beträge in dreistelliger Milliardenhöhe errechnet wurden.31) Über die Belastung des Verursachers von Umweltschäden mit den durch ihn ausgelösten externen Kosten hinaus ist eine Abschöpfung der durch das umweltschädigende Verhalten erzielten internen Erträge denkbar.

(2) Gemeinlastprinzip

Das Gemeinlastprinzip verfolgt das Ziel, mit öffentlichen Mitteln für Umweltbelastungen aufzukommen, deren Verursacher nicht feststellbar ist oder nicht zur Verantwortung gezogen werden kann. Es stellt also eine Rückzugsposition für die Fälle dar, in denen das Verursacherprinzip nicht greift.

---

29) Vgl. Eucken [1961]; Müller-Armack [1947].
30) Vgl. z.B. Möller [1986]; Friedmann / Frohn [1984], S. 191 f.
31) So bei Wicke [1986]; Teufel et al. [1991].

(3) Vorsorgeprinzip

Große Bedeutung hat auch das Ziel, durch vorausschauende Maßnahmen Umweltschäden soweit wie möglich zu vermeiden, anstatt zu reparieren, wie es z.B. mit der Pflicht zu einer Umweltverträglichkeitsprüfung angestrebt wird.[32]

(4) Kooperationsprinzip

Da im Vordergrund umweltpolitischer Maßnahmen der Schutz der Umwelt steht, wird nach dem Kooperationsprinzip versucht, durch eine Zusammenarbeit von staatlichen Stellen und den von den Maßnahmen Betroffenen Reibungsverluste zu vermeiden und so die ökologische Effizienz der Umweltpolitik zu erhöhen.

Die verschiedenen umweltpolitischen Instrumente lassen sich nach unterschiedlichen Kriterien einteilen in:[33]

- marktkonforme und marktinkonforme Instrumente

- mengenmäßige und preismäßige Steuerung

- fiskalische und nichtfiskalische Maßnahmen

Hier soll zunächst der letztgenannten Einteilung gefolgt werden, da diese eine eindeutige Zuordnung der Instrumente erlaubt; später werden andere Aspekte im Vordergrund stehen. Im folgenden werden die wichtigsten umweltpolitischen Instrumente jeweils kurz skizziert. Dabei wird kein Anspruch auf Vollständigkeit erhoben, vielmehr steht die Veranschaulichung der Breite der Eingriffsmöglichkeiten im Vordergrund.

Nichtfiskalische Maßnahmen sind nicht direkt mit öffentlichen Einnahmen oder Ausgaben verbunden. Zu diesen zählen:[34]

- *Umweltauflagen* in Form von Ge- oder Verboten, z.B. Emissions- und Immissionsnormen, Produktnormen, Prozeßnormen. Auflagen sind eine Form der mengenmäßigen, marktinkonformen Steuerung.

- Schaffung von *Eigentumsrechten* an Umweltgütern, durch die diese einen Preis erhalten, z.B. die kostenlose Zuteilung von Umweltlizenzen.

- *Verhandlungslösungen* nach dem Kooperationsprinzip, z.B. als Branchenabkommen zwischen einer Umweltbehörde und der betroffenen Branche, um ein bestimmtes Umweltziel in einer festgelegten Zeit zu erreichen.

- Schaffung *indirekter Anreize* für umweltfreundliches Verhalten, z.B. Steigerung des Umweltbewußtseins durch Aufklärungsaktionen und Informationsaktivitäten.

---

32) Diese bewirkt allerdings auf der anderen Seite eine zusätzliche Verlängerung von Genehmigungsverfahren, wodurch der Einsatz auch von Umweltschutztechnologien verzögert werden kann; vgl. Albach / Albach [1989], S. 228 ff.
33) Vgl. Wicke / Schafhausen [1982], S. 409; Wicke [1991], S. 128 ff.
34) Vgl. Wicke / Schafhausen [1982], S. 410 ff.

- *Umweltplanung* nach dem Vorsorgeprinzip, z.B. die Pflicht zur Durchführung von Umweltverträglichkeitsprüfungen oder die Berücksichtigung von Umweltschutzaspekten bei raumordnerischen Planungen, Bauleitplanungen und Entwicklungsplanungen.

Fiskalisch wirksame umweltpolitische Maßnahmen hingegen führen zu Einnahmen oder Ausgaben der öffentlichen Hand. Bei diesen erfolgt die Steuerung über Preise für Umweltgüter nach dem Verursacherprinzip oder über direkte staatliche Ausgaben nach dem Gemeinlastprinzip. Fiskalisch wirksame Instrumente sind insbesondere:[35]

- *Steuern* auf bestimmte Güter, die zur Finanzierung von Umweltschutzausgaben im selben oder in anderen Bereichen dienen.

- Erhebung von *Abgaben* für bestimmte Formen der Umweltnutzung, durch die sich eine direkte Internalisierung externer Kosten der Umweltbeanspruchung erreichen läßt, z.B. Abwasserabgaben. Abgaben lassen sich sehr gut regional, medial und zeitlich differenzieren.

- *Staatliche Ausgaben* für indirekte Umweltschutzmaßnahmen, z.B. die Verbesserung öffentlicher Verkehrsmittel, um den Individualverkehr einzuschränken.

- *Subventionen* für umweltfreundliche Maßnahmen, z.B. im Produktionsbereich oder bei der Förderung der Abgaskatalysatoren in Kraftfahrzeugen.

- *Verkauf* von Eigentumsrechten wie Umweltnutzungslizenzen, wodurch ein bestimmtes umweltpolitisches Sachziel über die Einführung eines Marktmechanismus für das betreffende Umweltgut erreicht und gleichzeitig öffentliche Einnahmen erzielt werden sollen.

- Direkte *staatliche Umweltschutzaktivitäten*, die durch Gebühren oder Beiträge der Nutznießer finanziert werden, wie Ver- und Entsorgungsmaßnahmen in öffentlicher Regie. Dabei erhalten die Betroffenen für ihre Gebühren bzw. Beiträge eine direkte Gegenleistung, und es besteht ein Anreiz, ihre Inanspruchnahme der öffentlichen Dienstleistung zu vermindern.

- Förderung und Veranlassung umweltrelevanter *Forschungs- und Entwicklungstätigkeiten*, z.B. im Bereich der alternativen Energien.

- Einrichtung und Unterstützung von Umweltschutzinstitutionen, wie z.B. das Umweltbundesamt in Berlin, die der *Kontrolle* von oder der *Beratung* bei individuellen umweltrelevanten Maßnahmen dienen.

Um ein konkretes umweltpolitisches Ziel zu erreichen, muß die zuständige staatliche Instanz aus allen diesen Instrumenten eine *geeignete Kombination* auswählen. Dabei ist zu berücksichtigen, daß außer dem beabsichtigten Haupteffekt - der ökologischen Wirkung - zusätzliche Nebeneffekte in Form von fiskalischen, wettbewerbspolitischen und verteilungspolitischen Wirkungen entstehen. Weiter muß die staatliche Umweltpolitik eine gewisse Kontinuität aufweisen, um einen stabilen Handlungsrahmen für unternehmerische Entscheidungen zu bilden.

---

35) Vgl. Wicke / Schafhausen [1982], S. 460 ff.

Wicke betont die Möglichkeit, durch marktkonforme staatliche Maßnahmen die Rahmenbedingungen so zu setzen, daß durch Ausnutzung des Eigeninteresses der Unternehmer ein
"grünes Wirtschaftswunder" entsteht.[36] In diesem Zusammenhang wird auch ein entsprechender ökologischer Rahmen als Weiterentwicklung der sozialen Marktwirtschaft skizziert.[37]

Den vielfach hochgespielten Kosten des Umweltschutzes läßt sich entgegenhalten, daß positive Auswirkungen von Umweltschutzinvestitionen sowohl auf das Wirtschaftswachstum[38] als
auch auf die Beschäftigung[39] nachgewiesen worden sind. Da ständig neue Schadstoffe und
Wirkungsketten erkannt werden, ist eine kontinuierliche Fortschreibung und Verschärfung der
Umweltpolitik erforderlich.

1.2.3.2 Umweltschutz in der Betriebswirtschaftslehre

Die Diskussion der Auswirkungen von Umweltverschmutzung und Umweltschutz hat in der
Betriebswirtschaftslehre im Vergleich zur Volkswirtschaftslehre erst relativ spät begonnen.[40]
Erst in den letzten Jahren hat eine systematische Aufarbeitung der Umweltproblematik unter
verschiedenen betriebswirtschaftlichen Aspekten eingesetzt.[41]

Aufgabe der Betriebswirtschaftslehre ist die Analyse sowie die Gestaltung des betrieblichen
Geschehens als Reaktion auf *veränderte Rahmenbedingungen*. Als Zielsetzung einzelwirtschaftlicher Entscheidungen wird dabei in der Regel das erwerbswirtschaftliche Prinzip bzw.
die *langfristige Gewinnmaximierung* zugrundegelegt. Darunter versteht man im Gegensatz zu
kurzfristiger Gewinnmaximierung eine Strategie, in deren Rahmen in Erwartung späterer Vorteile auch solche Maßnahmen ergriffen werden, die zunächst den Gewinn reduzieren.

Sowohl die staatliche Umweltpolitik als auch die veränderte gesellschaftliche Einstellung zum
Umweltschutz zählen zu den Rahmenbedingungen, die mit dazu führen, daß aktive Umwelt-
schutzmaßnahmen sich mehr und mehr als vorteilhaft für die Stellung eines Unternehmens im
Konkurrenzkampf erweisen. Dieser Einfluß ist in Abbildung 6 dargestellt.

---

36) Vgl. Wicke [1986], S. 151 ff. sowie S. 232.
37) So bei Wicke / de Mazière / de Mazière [1990]; vgl. auch Bonus [1980, 1984]; Glück / Huttner [1983]; Prosi
    [1989], S. 572.
38) Vgl. Wicke [1982].
39) Vgl. Frohn / Friedmann [1984]; Wicke [1985].
40) Zu den frühesten Veröffentlichungen zählen z.B. Eichhorn [1972]; von Zwehl [1973]; Heigl [1974].
41) Diese wird in Abschnitt 1.3 dargestellt.

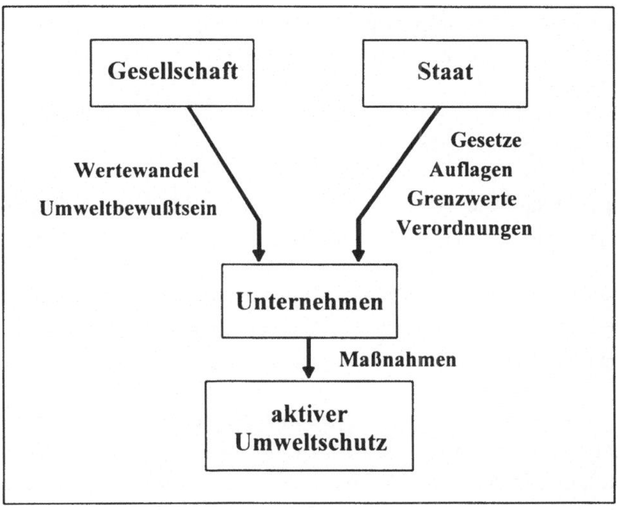

Abb. 6: Rahmenbedingungen des Umweltschutzes

Als weitere wichtige Anreize für verstärkte betriebliche Umweltschutzanstrengungen sind zu nennen:

- Durch die systematische Erforschung von Möglichkeiten des Umweltschutzes lassen sich noch nicht genutzte *Kostensenkungspotentiale* in den betrieblichen Prozessen erkennen, z.B. die Erhöhung des Wirkungsgrades von Kraftwerken durch Kraft-Wärme-Kopplung.

- Auf der Marktseite sind die *Reaktionen der Verbraucher* zu berücksichtigen, die vermehrt ihre Nachfrage auf umweltfreundliche Produkte verlagern und auch bereit sind, dafür höhere Preise zu zahlen. Meldungen über Umweltprobleme ziehen das öffentliche Interesse auf das Unternehmen, was z.B. zu Boykottaktionen gegen seine Produkte und damit zu empfindlichen Erfolgseinbußen führen kann.

- Weiter besteht ein Interesse des Unternehmens, ein positives *ökologisches Image* aufzubauen, wodurch z.B. die Kooperation mit den Behörden verbessert werden kann. Auch die in letzter Zeit in Mode gekommene Betonung der sozialen und *ethischen Verantwortung des Unternehmers* dient nicht zuletzt der Imagepflege nach innen und außen.

- Eine wichtige interne Rahmenbedingung ist die *Identifikation der Belegschaft* mit dem Unternehmen und seinen Produkten, die durch freiwillige Umweltschutzaktivitäten erhöht werden kann.

Betrieblicher Umweltschutz ist also im wesentlichen eine reaktive oder antizipative Anpassung an Veränderungen interner oder externer Rahmenbedingungen des Unternehmens, um langfristig sein Überleben und sein Erfolgspotential zu sichern. Der Umfang der Umweltschutzmaßnahmen eines Unternehmens hängt insbesondere davon ab, inwieweit ihm diese

Einflüsse bewußt sind und wie weit sein Planungshorizont reicht, d.h. bis zu welchem Zeitpunkt es voraussichtliche Entwicklungen berücksichtigt.

Andererseits gibt es eine Reihe von *Ausweichstrategien* für Unternehmen, die sich dem Umweltschutz so weit wie möglich entziehen möchten:

- Im politischen Bereich können neue oder verschärfte Regelungen durch den Einfluß von *Interessengruppen* wie Verbänden und Unternehmensvereinigungen verzögert werden.

- Die *Verletzung von Normen* ist so lange lohnend, wie ihre Einhaltung nicht kontrolliert wird, Verstöße nicht geahndet werden oder die verhängten Strafen niedriger sind als die für ihre Einhaltung erforderlichen Aufwendungen.[42]

Insgesamt läßt sich feststellen, daß sich angesichts der zunehmenden Umweltprobleme kein an langfristigen Zielen orientiertes Unternehmen der Notwendigkeit von Umweltschutzmaßnahmen entziehen kann. In Abschnitt 1.3 wird untersucht, inwieweit die Betriebswirtschaftslehre in ihren unterscheidlichen Teilbereichen Entscheidungshilfen bei der Umsetzung dieser Erkenntnis liefern kann.

Zunächst wird jedoch herausgearbeitet, wie sich auf verschiedenen Betrachtungsebenen ein optimales Niveau von Umweltschutzmaßnahmen ermitteln läßt.

1.2.3.3 Optimales Niveau von Umweltschutzmaßnahmen

Sowohl bei einzel- wie auch bei gesamtwirtschaftlicher Betrachtung stellt sich die Frage, in welchem Umfang der Umweltschutz verwirklicht werden soll, d.h. wann ein optimales Niveau von Umweltschutzmaßnahmen erreicht ist bzw. ob sich ein solches überhaupt ermitteln läßt.

(1) Unabhängig von ökonomischen Erwägungen läßt sich ein *ökologisch optimales Niveau* von Umweltschutzmaßnahmen bestimmen:[43] Geht man davon aus, daß aktiver Umweltschutz seinerseits Umweltbelastungen in anderen Bereichen hervorrufen kann, die mit dem Ausmaß, in dem die Maßnahmen eingesetzt werden, ansteigen, während ihre erwünschte zusätzliche Wirkung mit dem Niveau des Einsatzes abnimmt, so gibt es einen Punkt, ab dem die zusätzlichen Belastungen durch die Maßnahme ihren Nutzen überwiegen.

In Abbildung 7 sind die durch die Umweltschutzmaßnahme verursachten Umweltbelastungen durch die steigende Funktion V_1 dargestellt, die dadurch erreichte Umweltentlastung durch die fallende Funktion V_2. Bei Transformation dieser Wirkungen in eine geeignete Recheneinheit lassen sie sich zu der konvexen Funktion $V = V_1 + V_2$ zusammenfassen, deren Minimum das ökologisch optimale Umweltschutzniveau U^* bezeichnet.

---

42) Diese Abhängigkeit der Einhaltung von Vorschriften von der Sanktionswahrscheinlichkeit und -höhe wird von Rückle und Terhart ausführlich untersucht; vgl. Rückle / Terhart [1986].
43) Vgl. hierzu z.B. Schaltegger / Sturm [1990], S. 280 ff.

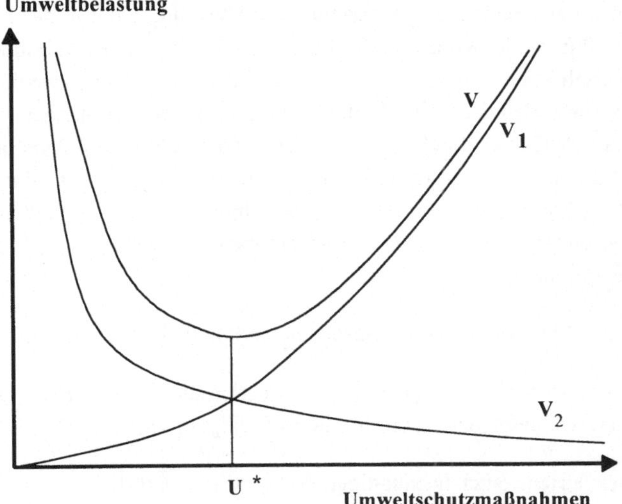

Abb. 7: Ökologisch sinnvolles Umweltschutzniveau

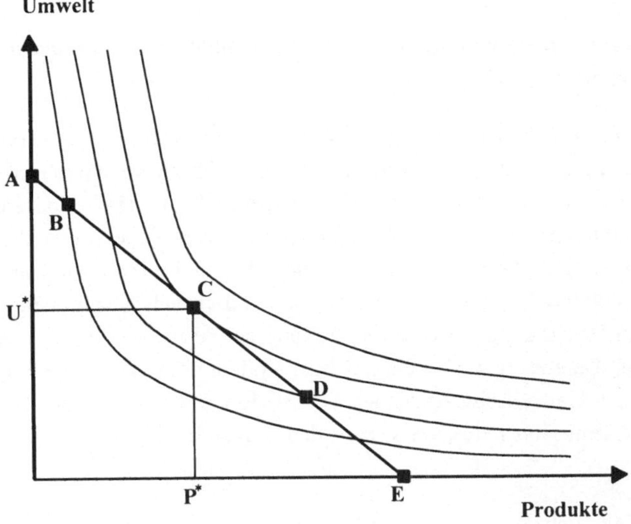

Abb. 8: Gesellschaftliche Nutzenmaximierung

(2) Geht man davon aus, daß eine Verbesserung der Umweltqualität in der Regel einen Verzicht auf Produktion oder Konsum erfordert, so ergibt sich der in Abbildung 8 als Gerade von Punkt A nach Punkt E dargestellte fallende Verlauf der Transformationskurve. Unterstellt man weiter, daß sich die Präferenzen gegenüber den beiden Güterkategorien "Umwelt" und "Produkte" durch eine konvexe Nutzenfunktion abbilden lassen, wie sie in Abbildung 8 durch einige Isonutzenlinien angedeutet ist, dann wird das *Wohlfahrtsmaximum der Gesellschaft* bei einer dem Tangentialpunkt C entsprechenden Aufteilung der Ressourcen erreicht; U* ist das zugehörige optimale Umweltniveau, P* die dabei erzielbare Güterversorgung.44)

Die anderen in Abbildung 8 explizit bezeichneten Punkte haben folgende Bedeutung:

- In Punkt A werden alle verfügbaren Ressourcen in die Verbesserung der Umweltqualität investiert, es bleibt kein Raum für die Befriedigung menschlicher Bedürfnisse.

- Punkt B entspricht einer nachhaltigen Nutzung der natürlichen Umwelt im Rahmen ihrer Regenerationskraft, wobei auf einen Teil der gewünschten Produktion verzichtet wird.

- Die aktuelle Situation der Umweltbeanspruchung läßt sich im Bereich von Punkt D ansiedeln; Wirtschaftswachstum und Versorgung mit Marktgütern haben Vorrang vor der Bewahrung der Umwelt.

- Punkt E würde eine vollständige Zerstörung der Umwelt durch Produktions- und Konsumrückstände bedeuten.

(3) Ein Ansatz zur Herleitung eines *ökonomisch optimalen Umweltschutzniveaus* ist in Abbildung 9 veranschaulicht.45)

Es wird angenommen, daß der durch eine weitere Umweltbelastung verursachte Schaden umso größer ist, je mehr die Umwelt bereits geschädigt ist, so daß man von einem ansteigenden Verlauf der Grenzschadenskurve ausgehen kann. Die erforderlichen Umweltschutzaufwendungen sind hingegen umso höher, je weiter die Umweltbelastung zurückgeführt werden soll: Während sich auf einem hohen Emissionsniveau eine bestimmte absolute Reduktion bereits mit geringem Aufwand erreichen läßt, steigt bei bereits fast vollständiger Beseitigung der Umweltbelastung der Aufwand für eine weitere Reduktion prohibitiv an. Daraus ergibt sich ein fallender Verlauf der Grenzkostenkurve. Das optimale Niveau der Umweltschutzausgaben U* ist dort erreicht, wo die Grenzkosten einer zusätzlichen Emissionsreduktion gerade dem dadurch vermiedenen Grenzschaden entsprechen.

Prinzipiell läßt sich so ein optimales Umweltniveau bestimmen, auf das der Einsatz des umweltpolitischen Instrumentariums abzustimmen ist. Dabei erfolgt eine *Separation* von einzel- und gesamtwirtschaftlichen Entscheidungen, indem der Staat die Rahmenbedin-

---

44) Vgl. die Darstellung bei Siebert / Mohr [1988], S. 414.
45) Vgl. Siebert / Mohr [1988], S. 415; Prosi [1989], S. 575.

gungen vorgibt und es den Unternehmen überläßt, sich diesen auf kostenminimale Weise anzupassen.

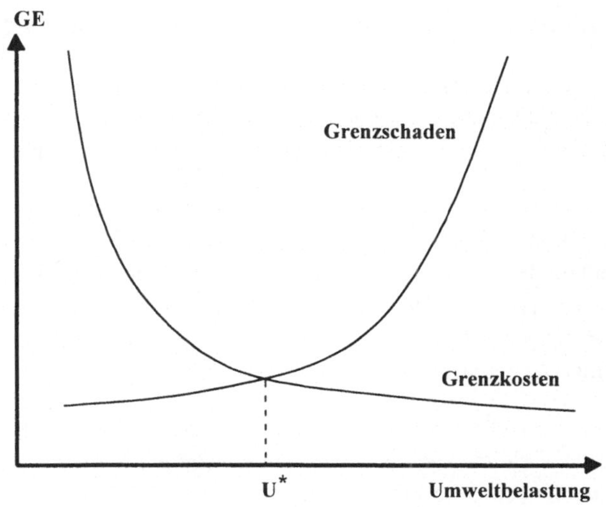

Abb. 9: Ausgleich der Grenzkosten

Die vorgestellten Modelle lassen sich nicht unmittelbar zur Ermittlung des optimalen Umweltschutzniveaus einsetzen, da die jeweiligen Funktionen nicht hinreichend genau quantifizierbar sind. Weiter würde die dazu notwendige Aggregation von Einzelwirkungen eine Gewichtung und damit eine politische Bewertung erfordern. Jedoch lassen sich anhand der Modelle grundlegende Zusammenhänge und Tendenzen aufzeigen, die bei der Entscheidungsfindung zu berücksichtigen sind.

1.3 Integration des Umweltschutzes in die Betriebswirtschaftslehre

Nachdem die Bedeutung des Umweltschutzes für betriebliche Entscheidungen herausgearbeitet worden ist, steht nun die Frage im Vordergrund, auf welche Weise seine Einbeziehung in die Betriebswirtschaftslehre erfolgen soll. Dieses Problem wird auf drei unterschiedlichen Ebenen angegangen: Zunächst wird die eher *wissenschaftstheoretische Frage* erörtert, ob die Umweltschutzproblematik eine völlig neuartige Ausrichtung der Betriebswirtschaftslehre erfordert oder sich durch die Übertragung herkömmlicher Methoden bewältigen läßt. Im zweiten Unterabschnitt wird von einer *institutionellen Sicht* der Betriebswirtschaftslehre ausgegangen, indem spezifische Umweltprobleme in verschiedenen Wirtschaftsbereichen herausgearbeitet werden. Im dritten Unterabschnitt schließlich wird eine *funktionelle Gliederung* der

Betriebswirtschaftslehre zugrundegelegt; es wird untersucht, wie Umweltschutzaspekte in den wichtigsten betrieblichen Funktionsbereichen erfaßt werden können.

1.3.1 Neuformulierung versus Erweiterung der Betriebswirtschaftslehre

Als grundlegendes Ziel einer Behandlung von Umweltschutzproblemen in der Betriebswirtschaftslehre kann die Aufhebung der vordergründigen Antinomie von Ökologie und Ökonomie angesehen werden. Dies ist von verschiedenen Ansatzpunkten aus möglich:

Vielfach wird die Forderung nach einer *ökologischen Unternehmensführung* erhoben, die den Umweltschutz als zentrale Aufgabe in den Mittelpunkt ihrer Überlegungen stellt. Diese Richtung geht vom Leitbild des ethisch motivierten und verantwortlich handelnden Unternehmers aus, der aus eigenem Antrieb Maßnahmen zum Schutz der Umwelt ergreift bzw. umweltschädliche Handlungen unterläßt, auch wenn dies zumindest vordergründig und kurzfristig nicht zum Erfolgsziel beiträgt.[46]

Da sich die herkömmliche Ökonomie zwar auf den Umgang mit knappen Ressourcen verstehe, aber nicht auf die Verhinderung von Knappheiten, wird ein *holistischer Ansatz* verlangt, der ökologische und ökonomische Entscheidungen in einem Totalmodell integriert. Ein solches *Totalmodell* erhebt den Anspruch, möglichst alle relevanten Interdependenzen explizit zu erfassen und bei der Planung optimal aufeinander abzustimmen. Gerade bei der Diskussion von Umweltproblemen taucht die Forderung nach ganzheitlicher Denkweise immer wieder auf und wird mit folgenden Argumenten unterstützt: Die Umweltverschmutzung ist eine alles umfassende Problematik; jede Aktion eines Unternehmens löst eine unübersehbare Kette von Wirkungen und Wechselwirkungen aus, die sich nicht auf einen - wie auch immer abgegrenzten - Bereich beschränken lassen. Daher ist jede partialanalytische Betrachtung mit Fehlern und Unzulänglichkeiten behaftet; es muß zumindest angestrebt werden, durch weitestgehende Integration der Interdependenzen die ökonomischen Entscheidungen auch ökologisch optimal zu gestalten.[47] Dafür wird die Entwicklung neuer betriebswirtschaftlicher Instrumente und Methoden notwendig. Mit der völligen Umgestaltung der Betriebswirtschaftslehre wird ein hoher Anspruch erhoben, der sich nur schwer einlösen läßt.

Trotz der zunächst einleuchtenden Rechtfertigung eines ganzheitlichen Ansatzes gerade bei Umweltproblemen stößt die Aufstellung eines solchen Modells auf die schon in anderen Bereichen erkannten *Probleme von Totalmodellen*:[48] Auf der konzeptionellen Ebene gilt, daß ein umfassendes Totalmodell seinen Problembezug verliert, da alle Bereiche, die Restriktionen setzen könnten, in das Modell integriert werden. Weiter stößt ein Totalmodell auf unüberwindliche Schwierigkeiten bei der Parametrisierung und der numerischen Lösung. Schließlich werden gerade bei den komplexen Wirkungszusammenhängen, um die es im ökologischen Bereich geht, Erkenntnisprobleme bei der Modellierung auftreten, d.h. die rele-

---

46) Vgl. z.B. Pfriem [1983, 1986]; Simonis [1986]; Stitzel [1987], S. 674 f.; Seidel / Menn [1988], S. 27 f.; Freimann [1990]; Winter [1990], S. 20 f.
47) Vgl. auch Beckenbach [1991].
48) Vgl. Bretzke [1980], S. 127 ff.

vanten Zusammenhänge werden unvollständig erfaßt, die zugehörigen Funktionen werden falsch oder unvollständig spezifiziert.

So ist auch bei der Erfassung von Umweltschutzaspekten in betriebswirtschaftlichen Modellen der Anspruch einer ganzheitlichen Betrachtung nicht erfüllbar; es ist einem adäquaten, d.h. auf den relevanten Problemausschnitt und die dort auftretenden Wirkungen beschränkten *Partialmodell* der Vorzug vor einem holistischen Ansatz zu geben. Innerhalb dieses Modells ist dann eine möglichst exakte und vollständige Modellierung der erfaßten Wirkungen und Wechselwirkungen anzustreben. Wichtige Einflußgrößen aus Bereichen außerhalb des Modells werden als Beschränkungsparameter erfaßt; ihr Einfluß kann z.B. mit Hilfe von Sensitivitätsanalysen untersucht werden. Bei der Auswahl der relevanten Beziehungen ist eine angemessene Aggregation notwendig, um nicht auch das Partialmodell auf einen unlösbaren Umfang anwachsen zu lassen.

Die entgegengesetzte Richtung geht daher von der These aus, daß bereits eine *Erweiterung* der Betriebswirtschaftslehre und ihrer Methoden um Umweltschutzaspekte zu zufriedenstellenden Ergebnissen führt. Ausgangspunkt ist hier das erwerbswirtschaftliche Ziel als Optimierung unter Rahmenbedingungen, wobei in erster Linie der Staat die Aufgabe hat, durch Aufstellung geeigneter Umweltschutzvorschriften auf die gesellschaftlich erwünschte Umweltinanspruchnahme hinzuwirken. Weitere in diesem Zusammenhang relevante Einflüsse auf unternehmerische Entscheidungen sind das wachsende Umweltbewußtsein der Bevölkerung und der zunehmende Problemdruck durch die fortschreitende Verschlechterung des Umweltzustands.

Wenn neben der Berücksichtigung von Umweltschutz als Rahmenbedingung auch die Datenbasis um relevante Umweltzustände und die Handlungsalternativen um Umweltschutzmaßnahmen erweitert werden, kann weiterhin das herkömmliche betriebswirtschaftliche Instrumentarium eingesetzt werden. Der Vorteil dieses Ansatzes liegt darin, daß durch den Verzicht auf eine holistische Sicht auch partielle Untersuchungen möglich werden, wie sie in den letzten Jahren von zahlreichen Autoren durchgeführt worden sind. Es handelt sich somit eher um eine Politik der kleinen Schritte, die sich auf das Machbare konzentriert.

Im weiteren Verlauf der Untersuchung wird der letztgenannte Ansatz zugrunde gelegt; es werden Möglichkeiten und Grenzen der Einbeziehung von Umweltschutzaspekten insbesondere im Produktionsbereich aufgezeigt und analysiert.

1.3.2 Umweltschutzprobleme in verschiedenen Wirtschaftsbereichen

In diesem Abschnitt werden Umweltschutzprobleme und Lösungsansätze in einigen besonders stark betroffenen Wirtschaftsbereichen aufgezeigt. Bei der Auswahl der behandelten Wirtschaftsbereiche wurde keine Vollständigkeit in bezug auf die Branchengliederung angestrebt, sondern vielmehr auf einen möglichst umfassenden Querschnitt bei den auftretenden Umweltproblemen geachtet.

(1) Chemieindustrie

Die *Chemieindustrie* mit ihren Produktbereichen Kunststoffe, Chemikalien, Farben, Arznei-mittel und Produkte für die Landwirtschaft wurde schon früh als ein Verursacher erheblicher Umweltbelastungen identifiziert. Bei ihren Produktionsprozessen handelt es sich überwiegend um Kuppelproduktionen, deren unerwünschte Nebenprodukte als Emissionen in Luft, Wasser und Boden einwirken, sofern sie nicht durch Umweltschutzmaßnahmen verhindert oder un-schädlich gemacht werden. Besondere Probleme entstehen dadurch, daß ein Teil der erzeugten Stoffe, die in der Natur nicht vorkommen, nicht durch natürliche Prozesse abgebaut werden kann, oder daß es sich um toxische oder genetisch schädliche Stoffe handelt, die als Sonderab-fall behandelt werden müssen.

Dementsprechend hat die Chemieindustrie als einer der ersten Industriezweige Umwelt-schutzmaßnahmen eingeführt, die zum Teil durch eine strenge Umweltschutzgesetzgebung für diesen Bereich erforderlich wurden, zum Teil auch freiwillig erfolgten. Die *Umweltschutzin-vestitionen* konzentrieren sich vor allem auf die Luftreinhaltung, den Gewässerschutz, die Ab-fallbeseitigung und die Lärmbekämpfung. Die Chemieindustrie führt eigene Forschung und Entwicklung im Umweltschutzbereich durch; dabei übernimmt sie teilweise sogar eine Vor-reiterrolle bei der Einführung neuartiger Problemlösungen, z.B. bei fortschrittlichen Klär-anlagen oder in der Sonderabfallbehandlung.

Durch einen Wechsel zu umweltverträglicheren Einsatzstoffen und Produkten sowie durch eine Umgestaltung der Produktionsverfahren, die eine möglichst vollständige Stoff- und Energieausnutzung sowie weitestgehendes Recycling bzw. eine Weiterverarbeitung nicht um-gesetzter Stoffe anstrebt, lassen sich weitere Erfolge erzielen. So sind in den letzten Jahren die erfaßten Umweltbelastungen durch die Chemieindustrie trotz gestiegener Produktionsmengen sowohl absolut als auch relativ zurückgegangen.[49] Den häufigen Angriffen aus der Öffent-lichkeit, z.B. als Reaktion auf Chemieunfälle, tritt die Chemieindustrie entgegen, indem sie den Umweltschutz als Unternehmensziel proklamiert und auf der Ebene der Geschäftsleitung verankert[50] und indem sie ihr verantwortungsbewußtes Handeln im Rahmen der Öffentlich-keitsarbeit herausstellt.

(2) Energiewirtschaft

Zur *Energiewirtschaft* zählen die Elektrizitätsversorgung, die Wärmeversorgung sowie die Versorgung mit Brennstoffen. Sie ist zu einem großen Teil in öffentlich-rechtlicher Hand kon-zentriert und weist stark monopolistische Strukturen auf. Da die Erzeugung und der Transport von Energie bzw. Energieträgern ein großes Umweltverschmutzungs- und Gefährdungspoten-tial aufweisen, war die Energiewirtschaft ähnlich wie die Chemieindustrie ein früher Ansatz-punkt von Umweltschutzgesetzgebung und Umweltschutzmaßnahmen.

Die Umweltwirkungen der Energieerzeugung aus fossilen Brennstoffen bestehen in erster Linie in *Emissionen in die Luft*: In konventionellen Kraftwerken werden vor allem Staub, Kohlendioxid, Schwefeldioxid und Stickoxide emittiert, in geringeren Mengen auch Kohlen-monoxid, Kohlenwasserstoffe und Fluorchlorkohlenwasserstoffe. Diese Emissionen sind in

---

49) Vgl. z.B. Breuer [1985], S. 3.
50) Vgl. z.B. die "Umweltleitlinien der chemischen Industrie".

den letzten Jahren in mehreren Stufen durch entsprechende Auflagen erheblich reduziert worden. Sie tragen zu Problemen wie Smog, dem Waldsterben, dem Ozonloch und dem Treibhauseffekt bei; weiter werden beim Abbau und Transport der Energieträger Landschaftsschäden verursacht. Die genannten Probleme fossiler Brennstoffe werden bei Atomkraftwerken zwar vermieden, jedoch treten spezielle Probleme der Kernenergie auf, wie z.B. radioaktive Emissionen auch im Normalbetrieb, die besonderen Gefahren bei Störfällen und die Notwendigkeit der Entsorgung und extrem langfristigen Überwachung von abgebrannten Kernbrennstäben sowie ausgedienten Kernreaktoren.

1987 erfolgten nach Angaben des Statistischen Bundesamtes ca. 25% der Gesamtinvestitionen der Energiewirtschaft in den Umweltschutz.[51] Entsprechend seiner Bedeutung hat der Umweltschutz in der Zielhierarchie der Energieversorgungsunternehmen schon seit einiger Zeit einen hohen Stellenwert. Es wird eine intensive Öffentlichkeitsarbeit betrieben, die zum einen die Anstrengungen der Unternehmen für den Umweltschutz herausstellt, zum anderen die Kundschaft zum verantwortungsvollen Umgang mit Energie und Energieträgern sowie zum Energiesparen erziehen soll.

Langfristig stellt sich der Energiewirtschaft das Problem, daß sie stark auf fossile Energieträger und Kernenergie, deren Vorräte in absehbarer Zeit erschöpft sein werden, ausgerichtet ist. Daher wird vor allem von Seiten der Umweltschutzgruppen eine Umstrukturierung der Energiewirtschaft zu kleinen, dezentralen Einheiten und eine stärkere Konzentration auf regenerierbare Energieträger wie Wasser, Wind, Sonne oder Biomasse gefordert.

(3) Automobilindustrie

Die *Automobilindustrie* ist ein bedeutender Wirtschaftsfaktor in den westlichen Industriestaaten. Wegen der großen Zahl von ihr direkt und indirekt abhängender Arbeitsplätze und der hohen gesellschaftlichen Wertschätzung der Produkte wird ihr Bestand politisch für notwendig gehalten. Neben den Umweltbelastungen, die typisch für die Metallindustrie sind - wie Abgasemissionen bei der Stahlerzeugung, Abwasserbelastung durch Einsatz von Lösungsmitteln bei der Metallbearbeitung und der Lackierung - werden vielfach auch die mit dem bestimmungsgemäßen Gebrauch des Produkts "Automobil" verbundenen Emissionen und das Problem der Entsorgung der nicht mehr nutzbaren Fahrzeuge kritisiert. Eigentlicher Verursacher der vom Auto ausgehenden Belastungen, wie Smog, Lärm, Beitrag zu Treibhauseffekt und Ozonloch sowie Verbrauch der knappen Vorräte an fossilen Brennstoffen, ist jedoch nicht die Automobilindustrie, sondern das *Mobilitätsstreben* der Bevölkerung.

Vielfach reagiert die Automobilindustrie recht sensibel auf gesetzliche Vorschriften sowie auf das wachsende Umweltbewußtsein ihrer Kunden, indem sie einerseits durch technische Maßnahmen wie die Konstruktion sparsamerer Motoren und den Einbau von Katalysatoren die Belastungen bei der Nutzung der Fahrzeuge verringert, zum anderen indem sie durch die aktive Herausstellung dieser Maßnahmen und neuerdings durch die freiwillige Verpflichtung zur Rücknahme und Verwertung der Fahrzeuge nach Ablauf der Nutzungsdauer ihre Verantwortung gegenüber der Umwelt betont und ein umweltverträglicheres Image ihrer Produkte aufbaut.

---

51) Vgl. Statistisches Bundesamt [1988].

(4) Landwirtschaft

Die Bedeutung der *Landwirtschaft* in einer arbeitsteiligen Gesellschaft besteht darin, daß sie
die Versorgung der in anderen Wirtschaftsbereichen beschäftigten Bevölkerung mit den wichtigsten Nahrungsmitteln sicherstellt. Durch fortschreitende Konzentration und Zusammen-
legung von Höfen wird diese Aufgabe von immer weniger Landwirten übernommen, die
daher mehr und mehr agroindustrielle Methoden wie großflächige Monokulturen, Massentierhaltung, Kunstdünger und Spritzmittel einsetzen und so verschiedenartige Umweltschäden
hervorrufen.

Durch Monokulturen werden natürliche Pflanzengemeinschaften verdrängt und die zugehörigen Arten vom Aussterben bedroht; durch Überdüngung kann es zu einer Auswaschung von
Nitraten und Phosphaten und deren Anreicherung sowohl im Oberflächen- als auch im
Grundwasser kommen. Die Züchtung von immer ertragreicheren Pflanzen- und Tierarten ver-
drängt die ursprünglichen Arten; die zum Schutz der empfindlichen Nutzpflanzen eingesetzten
Herbizide, Fungizide und Pestizide reichern sich in der Nahrungskette an und gefährden - wie
auch der hochdosierte Einsatz von Medikamenten in der Massentierhaltung - letztlich die
Gesundheit der Menschen. Ein weiterer Kritikpunkt ist, daß bei den derzeitigen hochtechni-
sierten und auf Chemieeinsatz angewiesenen Anbaumethoden letztlich mehr an fossilen
Energieträgern eingesetzt wird, als an Energiegehalt in den damit erzeugten Lebensmitteln
enthalten ist.[52]

Durch die mehrfachen, inzwischen fast alle Bereiche betreffenden Lebensmittelskandale
ändern sich langfristig die Wertvorstellungen und Anforderungen der Verbraucher. Als Reaktion entwickelt sich weiter eine *ökologische bzw. alternative Landwirtschaft*, die eine Rück-
kehr zu natürlicheren Anbaumethoden anstrebt und ihre - dadurch notwendig teureren - Produkte über spezielle Verbandsorganisationen an besonders umweltbewußte Kunden absetzt.
Untersuchungen haben gezeigt, daß die alternative Landwirtschaft seit 1978 jährliche
Zuwachsraten von 20% aufweist. Dies ist auf die hohe Akzeptanz ihrer Produkte zurückzuführen, für die sich Preisaufschläge bis zu 100% gegenüber herkömmlich erzeugten Nahrungsmitteln durchsetzen lassen.[53]

(5) Dienstleistungsbereich

Im Gegensatz zum produzierenden Gewerbe und zur Landwirtschaft sind die vom *Dienstleistungsbereich* ausgehenden Umweltbelastungen weniger offensichtlich. In einer Umstrukturierung der Gesellschaft zur *Freizeitgesellschaft* mit einem wesentlich erhöhten Anteil an
Dienstleistungsproduktion wird vielmehr ein Ausweg aus der Umweltproblematik gesehen,
bei dem der Verlust von Arbeitsplätzen durch Einschränkung besonders umweltbelastender
Fertigungsbereiche ausgeglichen werden kann.

Jedoch kann gerade die Inanspruchnahme von Dienstleistungen in der Freizeit ihrerseits zu
Umweltbelastungen durch den für die höhere Mobilität erforderlichen Energieverbrauch,
durch den Landschaftsverbrauch für den Bau von Freizeitanlagen und die zugehörige Infrastruktur sowie durch weitere Naturschäden führen. Weiter entstehen Umweltprobleme durch

---

52) Vgl. Priebe [1990].
53) Vgl. Universität des Saarlandes [1986].

die im Dienstleistungsbereich eingesetzten Geräte, z.B. durch den Energie- und Papierverbrauch und die Entsorgungsprobleme bei Computern.

Zwar treten die genannten Umweltprobleme bei sämtlichen Unternehmen des jeweiligen Wirtschaftszweiges auf, jedoch bilden *kleine und mittelgroße Betriebe* zahlenmäßig die größte Gruppe der betroffenen Wirtschaftseinheiten. Da sie verschiedenen Branchen angehören, sind auch ihre konkreten Probleme höchst unterschiedlich. Als gemeinsames Kennzeichen läßt sich jedoch feststellen, daß kleine und mittelgroße Betriebe häufig ihren Standort in *Gemengelagen* haben, d.h. in Gebieten mit gemischter Nutzung durch Wohnen und Gewerbe, so daß ihre Emissionen besonders leicht zu Nachbarschaftskonflikten führen.[54]

Die freiwillige Einführung von Umweltschutzmaßnahmen stößt bei diesen Betrieben häufig auf Finanzierungsprobleme und kann ihre Wettbewerbsfähigkeit gefährden, wenn die aufgrund der Maßnahmen erforderliche Preiserhöhung nicht durch die Kundschaft akzeptiert wird. Weiter ist in kleinen und mittelgroßen Betrieben häufig der Kenntnisstand über die von ihnen ausgehenden Umweltbelastungen und über Möglichkeiten, diese zu reduzieren, sehr gering. Da sich die Verantwortung für die Informationsbeschaffung und die Veranlassung von Umweltschutzmaßnahmen in der Regel auf die Person des Eigentümers konzentriert, hängt das Ausmaß, in dem Umweltschutzaktivitäten ergriffen werden, stark von dessen Einstellung und Bereitschaft ab. So trifft man einerseits völlige Ablehnung bzw. Ignoranz an, so daß Verbesserungen nur auf behördlichen Druck hin eingeführt werden, andererseits zählen aber gerade kleine und mittelgroße Betriebe häufig zu den Trägern von Innovationen und Pionierideen in der Umweltschutzindustrie.[55]

1.3.3 Umweltschutzaspekte in verschiedenen betrieblichen Funktionsbereichen

Die Integration von Umweltschutzaspekten in betriebliche Entscheidungen muß auf allen Ebenen und bei sämtlichen betrieblichen Funktionen erfolgen. Im folgenden werden Ansatzpunkte für Umweltschutzmaßnahmen in den Bereichen Unternehmensführung, Marketing, Rechnungswesen, Finanzwirtschaft und Produktion dargestellt.[56]

1.3.3.1 Umweltschutz in der Unternehmensführung

Eine Aufgabe der Unternehmensführung ist die Vorgabe von Zielsetzungen und strategischen Richtlinien, aus denen taktische und operative Maßnahmen und schließlich konkrete Handlungsanweisungen abgeleitet werden.[57] Da bei negativer öffentlicher Wahrnehmung eines Unternehmens als Umweltverschmutzer der Verlust von Akzeptanz und Marktanteilen sowie

---

54) Vgl. hierzu Umweltbundesamt [1990].
55) Vgl. Abschnitt 2.3.
56) Vgl. hierzu Steven [1991a], S. 39 - 41.
57) Vgl. z.B. Kreikebaum [1989], S. 56 f.

Umsatzeinbußen drohen, wird die Einbeziehung des Umweltziels in das *Zielsystem* der Unternehmung in zahlreichen neueren Veröffentlichungen diskutiert.[58]

Als *oberste Zielsetzung* der erwerbswirtschaftlichen Unternehmung ist die Gewinn- bzw. Rentabilitätsmaximierung zu nennen. Sie wird operationalisiert durch eine Reihe von *Neben- und Unterzielen*, z.B. Marktanteilsmaximierung, Umsatzmaximierung, Kostenminimierung, das Anstreben gesellschaftlicher Machtpositionen, Sozialziele sowie auch den Umweltschutz. Schon früh hat Heinen die Einbeziehung sozialer und ethischer Ziele aus individualethischer Motivation oder als gesellschaftlich institutionalisierte Norm vorgeschlagen.[59] Bei einigen Unternehmen ist das *Umweltziel* bereits im Zielsystem der strategischen Planung verankert.

Das Verhältnis der Ziele Umweltschutz und Gewinnmaximierung kann sowohl als konfliktär wie auch als komplementär angesehen werden.[60] Für eine *Antinomie* der beiden Ziele läßt sich anführen, daß Umweltschutzmaßnahmen zunächst Geld kosten und somit kurzfristig den Gewinn verringern, daß durch den Einsatz additiver Technologien häufig die Produktivität der betroffenen Produktionsprozesse zurückgeht, daß ernstgemeinter Umweltschutz eine teilweise Stillegung der Produktion erfordern kann oder daß durch Vorschriften wie die Umweltverträglichkeitsprüfung der technische Fortschritt gehemmt wird.

Eine Auflösung dieser Antinomie bis hin zur *Zielkomplementarität* liegt hingegen vor, wenn als Reaktion auf veränderte externe Rahmenbedingungen, wozu insbesondere das gestiegene Umweltbewußtsein zählt, langfristig eine Anpassung erfolgt oder wenn sich durch Umweltschutzmaßnahmen bislang nicht genutzte Kostensenkungspotentiale eröffnen, die z.B. in der Reduktion von Faktoreinsatzmengen, in der Energieeinsparung oder in der Erhöhung des Wirkungsgrades von Prozessen durch integrierte Umweltschutzmaßnahmen bestehen können.

Die bewußte Einbeziehung des Umweltschutzes in unternehmerische Entscheidungen wird vielfach so gedeutet, daß dadurch ein *neuer Typ von Unternehmer* entsteht, wie er in den Unternehmerzusammenschlüssen future e.V., B.A.U.M. usw. bereits zahlreich auftritt. Dabei wird der Umweltschutzgedanke in der Planungs- und Entscheidungshierarchie auf höchster Ebene angesiedelt, explizit in die Unternehmensphilosophie aufgenommen und in die strategische Planung einbezogen. Dies zeigt sich z.B. in der Aufnahme von Fachleuten für Umweltschutz in die Unternehmensleitung von Großunternehmen.[61] Häufig wird die positive Einstellung des Unternehmens zum Umweltschutz nach innen und außen durch die Aufstellung von *Umweltschutzleitlinien* dokumentiert.

Entsprechend der Bedeutung, die dem Umweltschutz von der Unternehmensleitung zugewiesen wird, lassen sich unterschiedliche Strategien unterscheiden. In Anlehnung an klassische Portfoliokonzepte[62] werden in einem *ökologischen Strategieportfolio* Normstrategien für einen umweltbewußten Unternehmer in Abhängigkeit von der durch seine Produkte verursach-

---

58) Z.B. bei Coenenberg / Weise / Eckrich [1991]; Isfort [1977]; Pfriem [1983, 1986, 1989]; Senn [1986];
     Simonis [1986]; Brenken [1988]; Dyllick [1988, 1989]; Elkington / Burke [1989]; de Haas [1989];
     Hopfenbeck [1989, 1990]; Kreikebaum [1989]; Oberholz [1989]; Schmid [1989]; Kirchgeorg [1990]; Winter
     [1990]; Nitze [1991].
59) Vgl. Heinen [1971], S. 80 f.
60) Vgl. z.B. Wagner [1990b], S. 12 ff.
61) So die Berufung von Prof. Steger von der European Business School in den Vorstand der Volkswagen AG.
62) Vgl. z.B. Hinterhuber [1984]; Kreikebaum [1989], S. 85 f.

ten Umweltbelastung und der langfristigen Attraktivität des jeweiligen Marktes zusammengestellt. Ein solches Strategieportfolio ist in Abbildung 10 dargestellt.

**Umweltbelastung
durch die Produkte**

	defensives Verhalten - Kostenminimierung - Aufgabe von Produkten	**offensives Verhalten** - Umweltschutz als Chance - Produktinnovationen
hoch		

niedrig	**passives Verhalten**
	
	- minimale Umweltschutz-
	  maßnahmen
	
	- kontinuierliche Preis-
	  politik
		aktives Verhalten
		
		- Unterschreitung
		  gesetzlicher Normen
		
		- Differenzierung von
		  der Konkurrenz

niedrig　　　　　　　　　　**hoch**　**Marktattraktivität**

Abb. 10: Strategie-Portfolio[63]

Die einzelnen Felder der Portfoliomatrix lassen sich wie folgt interpretieren:

- Wenn ein Produkt nur geringfügige Umweltbelastungen verursacht und keine überragenden Zukunftsaussichten hat, ist eine *passive Strategie* ausreichend, bei der gerade die unbedingt erforderlichen Umweltschutzmaßnahmen ergriffen werden und das Produkt unverändert angeboten wird, ohne daß Umsatzeinbußen zu erwarten sind.

- Befindet sich ein Produkt mit geringfügigen Umweltbelastungen hingegen in einem attraktiven Marktsegment, so bietet sich eine *aktive Strategie* an. Hierbei wird durch freiwillige Umweltschutzmaßnahmen über die gesetzlichen Vorschriften hinaus, die sich als Vorsprung vor den Konkurrenzprodukten vermarkten lassen, eine Ausweitung des Marktanteils angestrebt.

- Ein Produkt mit hoher Umweltbelastung in einem wenig attraktiven Markt ist für das Unternehmen in erster Linie eine Belastung. Durch eine *defensive Strategie* der Produktelimination werden die erwarteten zukünftigen Kosten und Risiken des Produktes vermieden.

---

63) In Anlehnung an Steger [1988], S. 151 sowie Meffert et al. [1986], S. 152.

- Um die Chancen, die ein Produkt mit hoher Umweltbelastung in einem attraktiven Markt bietet, zu nutzen, ist eine *offensive Strategie* erforderlich. So kann durch Forschungsanstrengungen und daraus resultierende ökologisch fortschrittliche Verfahren und Produkte ein künftiges Erfolgspotential aufgebaut werden.

Durch die Einbeziehung von Umweltwirkungen der Produkte in strategische Entscheidungen wird eine frühzeitige Vermeidung von Risiken und die Wahrnehmung von Chancen ermöglicht.

1.3.3.2 Ökologieorientiertes Marketing

Auch beim ökologischen Marketing handelt es sich um einen Bereich, der schon relativ früh als erfolgversprechendes Aufgabenfeld in einer umweltorientierten Unternehmung erkannt wurde.[64] Die Notwendigkeit einer ökologischen Orientierung des Marketing ergibt sich aus dem fortschreitenden *Wertewandel* in der Gesellschaft, durch den das Bewußtsein für Umweltprobleme immer stärker ausgeprägt wird, sowie aus der Entstehung eines *ökologiebewußten Kundensegments*, das ein beachtliches Nachfragepotential nach umweltverträglichen Produkten darstellt.

In den letzten Jahren war ein offensichtlicher Markterfolg solcher Produkte zu beobachten, die als besonders umweltfreundlich herausgestellt wurden. Einige Beispiele dafür sind:

- Haushaltsgeräte mit geringerem Wasser- und Energieverbrauch

- Verzicht auf aggressive Substanzen in Haushaltsreinigern und Waschmitteln

- Recyclingversuche und Rücknahmegarantien in der Automobilindustrie

- quecksilberfreie Batterien

- Produkte aus Altpapier

Derartige Maßnahmen werden sowohl im Konsumgüterbereich, wo die Nachfrage der ökologiebewußten Kunden wirksam wird, als auch bei den Investitionsgütern, bei denen ein ökologisches Image immer wichtiger wird, eingesetzt. Nachdem die Umweltfreundlichkeit von Produkten als bedeutender Wettbewerbsfaktor erkannt worden ist, wurden umfassende Strategien für ein ökologieorientiertes Marketing entwickelt. Ansatzpunkte bestehen bei sämtlichen absatzpolitischen Instrumenten:[65]

(1) Im Rahmen der *Produktpolitik* sind Produktinnovationen, Produktvariationen und Produkteliminationen so vorzunehmen, daß sukzessiv umweltschädliche durch umweltverträglichere Produkte ersetzt werden. Dies trägt dazu bei, daß sich das ökologische Image des Unternehmens verbessert und mehr und mehr umweltbewußte Kundengruppen erschlossen werden können.

---

64) Vgl. z.B. Raffée [1979]; Meffert et al. [1986]; Brandt et al. [1988]; Burghold [1988]; Heinz [1988]; Pieroth / Wicke [1988]; Bruhn / Tilmes [1989]; Zillessen / Rahmel [1991]; Meffert / Kirchgeorg [1992].
65) Vgl. Meffert et al. [1986], S. 153 ff.

(2) Wenn umweltverträgliche Produkte höhere Produktionskosten verursachen, stellt sich die Frage, ob eine Überwälzung auf die Kunden möglich ist. Häufig besteht für umweltverträgliche Produkte aufgrund eines materiellen[66] oder immateriellen Zusatznutzens eine höhere Preisbereitschaft. Durch eine *Preispolitik* mit entsprechender Preisdifferenzierung läßt sich mit den Öko-Produkten ein ökonomischer Erfolg erzielen.

(3) Eine umweltbezogene *Kommunikationspolitik* sorgt in Abstimmung mit den anderen Marketinginstrumenten dafür, daß mit Hilfe von umweltschutzbezogenen Werbebotschaften der Bekanntheitsgrad und das Image der Unternehmung und ihrer Produkte positiv beeinflußt werden.

(4) Auch die physische *Distribution* der Produkte ist unter Umweltschutzgesichtspunkten durchzuführen. Derartige Überlegungen sind bei der Auswahl und Gestaltung von Transportsystemen und Lagerstandorten zu berücksichtigen. Darüberhinaus ist der Einsatz von *Retrodistributionssystemen* zu erwägen, die eine Rückführung von gebrauchten Produkten und Verpackungen zum Hersteller sicherstellen.

Damit die Implementierung einer solchen ökologieorientierten Marketingkonzeption gelingt, müssen sämtliche Instrumente in einer Marketing-Mix-Strategie untereinander, aber auch mit den traditionellen absatzpolitischen Instrumenten abgestimmt werden.

1.3.3.3 Umweltrechnungslegung

Eine bedeutende Entwicklungsrichtung des betrieblichen Rechnungswesens ist die Tendenz zur zunehmenden Berücksichtigung von externen Effekten.[67] Die ersten Ansätze zur freiwilligen Erweiterung der Aussagekraft des gesetzlich vorgeschriebenen Jahresabschlusses finden sich in den 70er Jahren in Form von *Sozialbilanzen*.[68] Sie dienen vor allem der Verbesserung des Images der Unternehmung bei den Mitarbeitern sowie in der öffentlichen Meinung.

Der Anspruch einer *Umweltrechnungslegung*[69] ist, alle umweltrelevanten Unternehmensaktivitäten zunächst quantitativ zu erfassen, anschließend konsistent zu bewerten und auf eine einheitliche Maßeinheit umzurechnen. Ihr Endziel ist die Monetarisierung und Internalisierung aller vom Unternehmen ausgehenden externen Effekte. Wenn sie analog zur handels- und steuerrechtlichen Rechnungslegung aufgebaut würde, wäre schließlich eine Integration der Umweltrechnungslegung mit diesen Rechnungen möglich.

Um eine durchgehende Verwendung und einen einheitlichen Aufbau dieses Instruments zu erreichen, sind allerdings entsprechende gesetzliche Vorschriften notwendig, die eine weitere

---

66) Z.B. geringere Betriebskosten bei umweltfreundlichen Haushaltsgeräten.
67) Vgl. Albach [1988], S. 1168.
68) Vgl. insbesondere von Wysocki [1981] sowie Heymann et al. [1984].
69) Der Begriff Umweltrechnungslegung geht zurück auf Heigl [1974]; er wird hier als Oberbegriff für sämtliche in diesem Bereich gebräuchliche Bezeichnungen verwendet, z.B.
  - ökologische Buchhaltung: Müller-Wenk [1978]; Braunschweig [1988]
  - Öko-Bilanz: Hallay [1989]
  - Öko-Controlling: Wagner / Janzen [1991]
  Einen aktuellen Überblick über Verfahren zur Umweltrechnungslegung gibt Roth [1992].

Rahmenbedingung für die unternehmerische Tätigkeit bedeuten würden. So wäre allgemeinverbindlich festzulegen, welche Umwelteinflüsse im einzelnen zu berücksichtigen sind,[70] wie diese erfaßt werden sollen und anhand welcher Wertansätze sie zu beurteilen sind. Da weder allgemein akzeptierte Meßvorschriften für alle Umwelteinflüsse existieren noch für die Bewertung auf Marktpreise zurückgegriffen werden kann, wären diese Daten vom Gesetzgeber vorzugeben und regelmäßig zu aktualisieren.

Die Anwendung einer Umweltrechnungslegung ist zwar vom Konzept her sehr überzeugend; jedoch erscheint sie aufgrund der genannten Probleme als wenig operational. Dennoch soll im folgenden kurz auf zwei recht unterschiedliche Ansätze eingegangen werden.

Das Grundkonzept für eine *ökologische Buchhaltung* wurde von Müller-Wenk formuliert.[71] Er bewertet die relative Knappheit von Umweltgütern mittels *Äquivalenzkoeffizienten*, die er für erschöpfbare und regenerierbare Ressourcen unterschiedlich ermittelt. Umwelteinwirkungen werden in Schadeinheiten umgerechnet und jeweils dem Unternehmen zugerechnet, das sie verursacht, d.h. es erfolgt eine Belastung mit Schadeinheiten aus Lieferungen von anderen Unternehmen und eine Entlastung durch Lieferungen an andere Unternehmen. Der wesentliche *Vorteil* des Konzepts besteht darin, daß von einer umfassenden Sichtweise ausgegangen wird, d.h. die Beurteilung einer Maßnahme erfolgt unter Berücksichtigung sämtlicher Umweltwirkungen und Wechselwirkungen. Die nach einheitlichen Vorschriften ermittelten Äquivalenzkoeffizienten oder andere gemeinsame Maßeinheiten können unternehmensintern als Grundlage z.B. für produktpolitische Entscheidungen und Investitionsentscheidungen dienen; als externes Informationsinstrument würden sie eine Grundlage für staatliche Maßnahmen sowie für eine Beurteilung im Vergleich mit anderen Unternehmen darstellen, wenn eine Operationalisierung möglich wäre.

Einen andersartigen Ansatz zur Erfassung der Umweltwirkungen eines Produktes unter Verzicht auf explizite Bewertungen bildet die *Produktlinienanalyse* des Öko-Instituts Freiburg.[72] Ihr wesentliches Instrument ist die Produktlinienmatrix, in der vertikal die Umweltbeziehungen des Produktes in der zeitlichen Reihenfolge ihres Auftretens - d.h. Entwurf, Produktion, Konsum, Entsorgung - und horizontal die möglicherweise dadurch betroffenen Bereiche - insbesondere Natur, Gesellschaft, Wirtschaft - dargestellt werden. Indem die tatsächlich auftretenden Einflüsse in ihrer geschätzten Höhe in die entsprechenden Matrixfelder eingetragen werden, läßt sich ein Vergleich der Umweltwirkungen verschiedener Produkte oder eines Produktes im Zeitablauf vornehmen. Problematisch sind jedoch auch bei diesem Ansatz die Quantifizierung der Einflüsse sowie die Notwendigkeit der Aggregation unterschiedlicher Wertdimensionen zu einem einheitlichen Maßstab, wenn eindeutige und nachvollziehbare Entscheidungen getroffen werden sollen.

---

70) D.h. analog zur handels- und steuerrechtlichen Rechnungslegung sind Bilanzierungspflicht, -verbote und -wahlrechte für Umwelteinwirkungen zu definieren.
71) Vgl. Müller-Wenk [1978, 1986].
72) Vgl. Öko-Institut [1987].

1.3.3.4 Investitionsentscheidungen und Finanzierung bei Umweltschutzmaßnahmen

Die Einführung von betrieblichen Umweltschutzmaßnahmen erfordert in der Regel Investitionen in Anlagen, die die gewünschte Umweltentlastung bewirken. Solche Investitionen werden entweder nachträglich vorgenommen, um den Schadstoffausstoß einer Anlage an den aktuellen Stand der Umweltauflagen anzupassen, oder bei der Anschaffung einer Anlage wird ein Teil der Investitionssumme für den Umweltschutz ausgegeben. Man spricht in diesem Zusammenhang von *additiven* bzw. *integrierten Umweltschutzinvestitionen*.[73]

Während additive Umweltschutzmaßnahmen häufig unter großem Zeitdruck durchgeführt werden müssen und in erster Linie zusätzliche Kosten verursachen, kann die Einführung integrierter Technologien langfristig im Rahmen eines systematischen Investitionsprogramms geplant werden. Dabei lassen sich generell die herkömmlichen Verfahren der Investitionsrechnung einsetzen, die um Umweltkriterien zu erweitern sind.[74] So müssen bei Anwendung dynamischer Investitionsrechnungsverfahren die Umweltentlastungen durch die neue Anlage und gegebenenfalls realisierbare positive Imagewirkungen monetarisiert und in die Zahlungsreihe einbezogen werden. Gerade integrierte Umweltschutzmaßnahmen weisen häufig eine hohe Rentabilität auf, so daß sie auch ohne behördlichen Zwang durchgeführt würden. Dabei kann eine vordergründig höhere Kosten verursachende Übererfüllung von Vorschriften als Investition in die Zukunftssicherung des Unternehmens angesehen werden, die sich bei späterer Verschärfung der Vorschriften auszahlt, indem keine Nachrüstung erforderlich wird.

Da im Zeitpunkt der Investition meist ein gewisser Spielraum bei der Ausgestaltung von Anlagen besteht, ist die Umweltfreundlichkeit der Maschinen als zusätzliches Entscheidungskriterium bei allen Arten von Investitionen zu berücksichtigen, d.h. bei Ersatz-, Rationalisierungs- und Erweiterungsinvestitionen, insbesondere aber bei der Errichtung neuer Anlagen.[75]

Bei jeder Investition besteht gleichzeitig die Aufgabe, diese zu finanzieren, d.h. das notwendige Kapital zu beschaffen. Wenn Umweltschutzinvestitionen nicht vollständig aus zusätzlichen Umsatzerlösen amortisiert werden, treten Schwierigkeiten bei der Beschaffung und Besicherung entsprechender Kredite auf. Zum Teil können *staatliche Investitionshilfen* in Anspruch genommen werden, und zwar in Form von zinsverbilligten Darlehen, Zinszuschüssen, staatlichen Bürgschaften, Steuervergünstigungen oder Investitionszuschüssen. Diese Hilfen werden, meist in Form spezieller *Förderungsprogramme*, von unterschiedlichen Stellen zur Verfügung gestellt, z.B. von der EG, dem Bund, den Ländern, aus dem ERP-Sondervermögen des Bundes, von der Kreditanstalt für Wiederaufbau oder vom Umweltbundesamt.[76]

Allerdings ist die Vergabe solcher Hilfen oft an Bedingungen geknüpft, die ihre *ökologische Wirksamkeit* unter das maximal mögliche senken: so stehen sie in der Regel nur für Investitionen in additive Technologien zur Verfügung, da bei integrierten Umweltschutzmaßnahmen keine klare Abgrenzung von Umweltschutz- und Modernisierungsinvestitionen möglich ist.

---

73) Vgl. z.B. Strebel [1991], S. 5; Kreikebaum [1991 b], S. 47 f.
74) Vgl. Rückle [1989].
75) Dieser Aspekt wird ausführlich in Abschnitt 5.3 behandelt.
76) Vgl. z.B. Heigl [1975]; Bundesministerium für Umwelt, Naturschutz und Reaktorsicherheit [1986]; Metzger [1987]; Kreditanstalt für Wiederaufbau [1989].

Weiter orientieren sich die staatlichen Auflagen, durch die diese Investitionen ausgelöst werden, meist am Stand der Technik, so daß innovative Maßnahmen gehemmt werden.

1.3.3.5 Umweltprobleme in der Produktion

Durch die zunehmende Bedeutung von Umweltschutzproblemen und -maßnahmen bei unternehmerischen Entscheidungen richtet sich die Aufmerksamkeit verstärkt auf die *Produktion*, von der die umweltbelastenden Emissionen hauptsächlich ausgehen. Die Umweltwirkungen der Produktion sind vielfältig: betrachtet man die natürliche *Umwelt als Produktionsfaktor*, so tritt sie nicht nur durch den Einsatz von Rohstoffen auf der Inputseite des Produktionsprozesses auf, sondern auch als Entsorgungskapazität auf der Outputseite, d.h. als Aufnahmemedium für Abfälle und unerwünschte Nebenprodukte.

Es bestehen folgende Ansatzpunkte zur Verminderung der von der Produktion ausgehenden Umweltbelastungen:

- Auf der *Beschaffungsseite* wird eine Umweltentlastung insbesondere durch Maßnahmen zur Rohstoffeinsparung, z.B. durch eine Steigerung der Effizienz der Produktionsprozesse, sowie durch die Substitution schädlicher Einsatzstoffe durch umweltverträglichere Substanzen bewirkt.

- Auf der *Ausbringungsseite* können zum einen die erwünschten Produkte umweltverträglicher gestaltet werden, indem z.B. ihre Lebensdauer verlängert, die bei ihrem Gebrauch entstehenden Emissionen verringert, ihre Gebrauchssicherheit erhöht und ihre Entsorgung gesichert werden. Weitere Maßnahmen setzen an den schädlichen Emissionen als unerwünschten Kuppelprodukten im Fertigungsprozeß selbst an; diese sind sowohl quantitativ als auch in ihren qualitativen Auswirkungen zu verringern.

- Auch durch *Recycling* lassen sich die negativen Umweltwirkungen der Produktion reduzieren: Rückstände eines Prozesses oder abgenutzte Produkte gehen als Einsatzstoffe in denselben oder einen anderen Prozeß ein, so daß sowohl Ressourcen geschont als auch Abfälle vermieden werden.

Trotz der herausragenden Bedeutung der Produktion für die von einem Unternehmen ausgehende Umweltbelastung steht bislang häufig die ingenieurwissenschaftliche und technische Seite der Produktionsprozesse im Vordergrund von Untersuchungen. Betriebswirtschaftliche Veröffentlichungen zu diesem wichtigen Aufgabenfeld konzentrieren sich vor allem auf Teilaspekte wie die Behandlung von Schadstoffen als Kuppelprodukte, die Abfallwirtschaft und das Recycling,[77] vernachlässigen aber bislang eine grundlegende theoretische Aufarbeitung.

---

77) Vgl. z.B. Jaeger [1976]; Berg [1979]; Schmidtchen [1980]; Görg [1981]; Kistner [1983]; Kleinaltenkamp [1985]; Jahnke [1986]; Fandel [1987]; Ströbele [1987]; Wacker [1987]; Bunde / Zimmermann [1988]; Dinkelbach / Piro [1989, 1990]; Faber / Stephan / Michaelis [1989]; Kistner [1989].

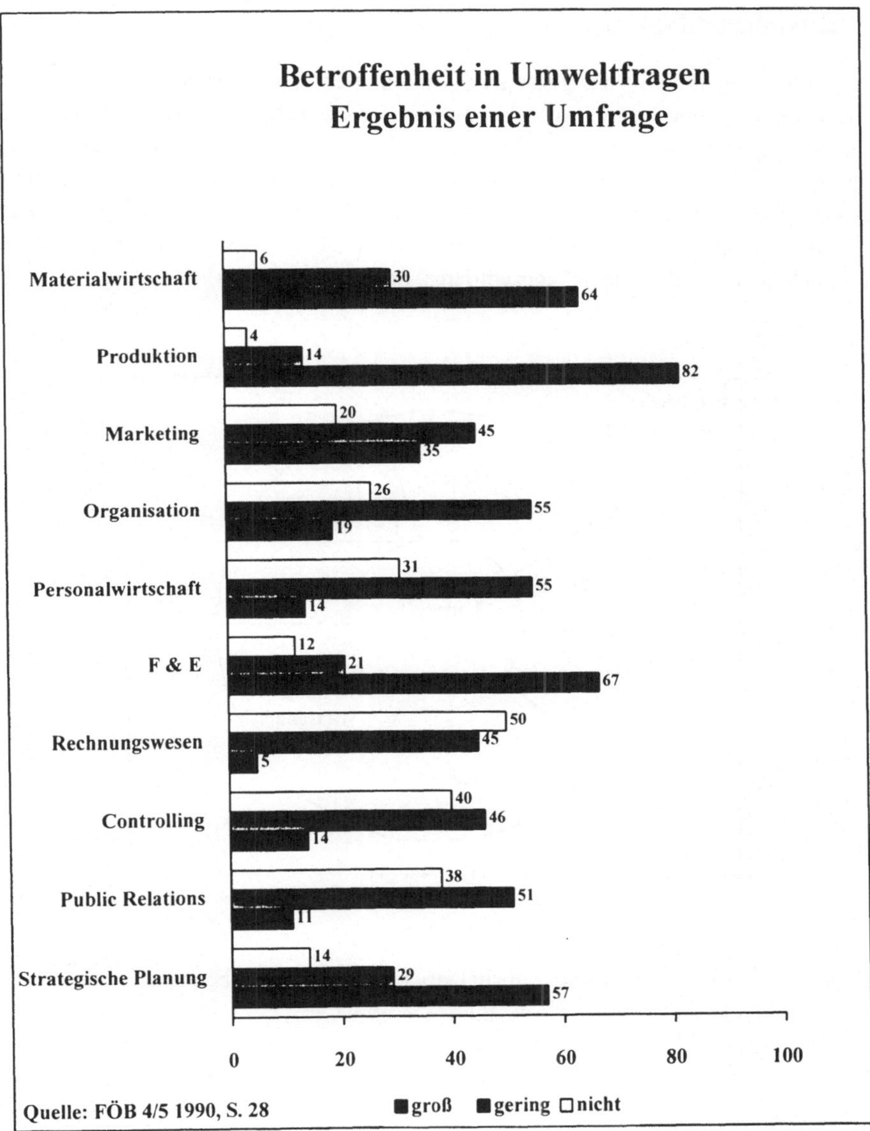

Abb. 11: Relevanz des Umweltschutzes

Dies steht in deutlichem Gegensatz zu der aus Abbildung 11 ersichtlichen hohen Betroffenheit des Produktionsbereichs durch Umweltprobleme, die bei einer Umfrage im Rahmen des Modellversuchs "Umweltorientierte Unternehmensführung" des Bundesministeriums für Umwelt, Naturschutz und Reaktorsicherheit deutlich wurde.[78]

78) Quelle: Forschungsdienst Ökologisch orientierte Betriebswirtschaftslehre, 4-5/1990, S. 26 - 28.

1.3.4 Zusammenfassung

Die Ausführungen in den vorangegangenen Abschnitten haben gezeigt, daß sämtliche betriebliche Entscheidungsbereiche von Umweltschutzvorschriften betroffen und bei der Entscheidung über Umweltschutzmaßnahmen zu beteiligen sind. Weiter wurde deutlich, daß in jedem Bereich eine *Erweiterung* herkömmlicher Methoden und Modelle um Umweltschutzaspekte möglich ist. Die übergreifende Bedeutung der Umweltschutzproblematik für die angesprochenen Bereiche wird in Abbildung 12 veranschaulicht. Dabei ist der Produktionsbereich, auf den sich die folgenden Kapitel konzentrieren, herausgehoben.

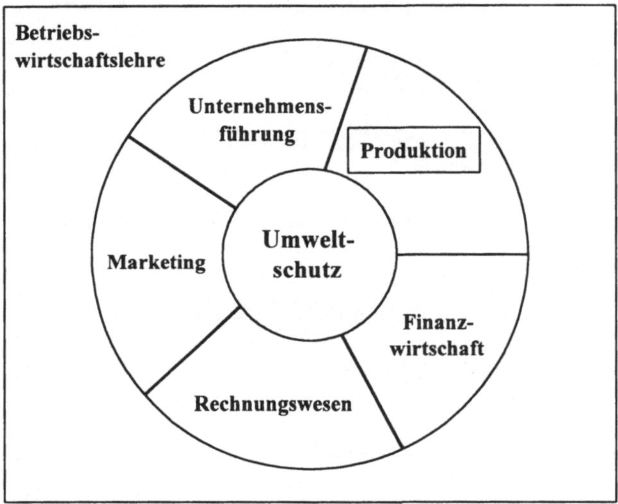

Abb. 12: Umweltschutz in betrieblichen Funktionsbereichen

2. Umweltschutz im Produktionsbereich

Nachdem zum Abschluß des ersten Kapitels die besondere Bedeutung des Produktionsbereichs für die von einem Unternehmen ausgehenden Umweltbelastungen deutlich wurde, ist dieser Bereich nun näher zu untersuchen. Unter Produktion wird im folgenden die *Erzeugung materieller Güter* verstanden. Damit stehen produzierende Unternehmen im Vordergrund, die Produkte für den Konsum- oder Investitionsgütermarkt erzeugen, aber auch solche Unternehmen, deren Produktionsleistung in der Beseitigung von Umweltschäden, der Entsorgung von Abfällen, der Behandlung von Produktionsrückständen oder verschiedenen Formen des Recycling besteht.

Die Produktion von Dienstleistungen wird nicht betrachtet, da entweder die von ihr hervorgerufenen Umweltwirkungen grundsätzlich anders geartet sind[1] oder die Ansatzpunkte für Umweltschutz fast ausschließlich im Bürobereich liegen und damit im Rahmen organisatorischer Entscheidungen prinzipiell bei allen Unternehmen vorhanden sind.[2]

Im ersten Abschnitt werden die verschiedenen Beziehungen der Produktion zur natürlichen Umwelt aufgezeigt und systematisiert. Als Teilbereiche der Produktionswirtschaft werden im zweiten Abschnitt die Standortwahl, die Produktionsprogrammplanung, die Materialwirtschaft, die Fertigung und die Abfallwirtschaft unter Umweltschutzaspekten analysiert. Schließlich wird im dritten Abschnitt ein Überblick über die Entwicklung der Umweltschutzindustrie und ihre Rolle bei der Lösung bestimmter Einzelprobleme im Umweltschutz gegeben.

2.1 Umweltbeziehungen der Produktion

Bei der Systematisierung von Umweltwirkungen der Produktion ist zu berücksichtigen, daß der Ablauf und der Wirkungsgrad der Produktionsprozesse in vielfältiger Weise durch Aktivitäten anderer Wirtschaftsbereiche sowie durch den Zustand der natürlichen Umwelt beeinflußt werden und ihrerseits auf diese zurückwirken. Zur Veranschaulichung derartiger Wechselwirkungen sind in Abbildung 13 die wesentlichen Beziehungen zwischen der Umwelt und dem ökonomischen Bereich dargestellt.

Im Mittelpunkt der Abbildung steht der *Produktionsbereich* mit den Funktionen Produktion und Entsorgung. Die *Produktion* entnimmt Rohstoffe aus der Umwelt in ihrer Funktion als Rohstoffreservoir und erhält Arbeitsleistungen von den Haushalten. Sie erstellt daraus sowohl marktfähige Güter, die den Haushalten zufließen, als auch Abfälle, die entweder geregelt entsorgt oder ungeregelt an die Umwelt abgegeben werden. Die *Haushalte* stellen dem Produktionsbereich ihre Arbeitskraft zur Verfügung und konsumieren die Erzeugnisse der Produktion. Neben diesen verbrauchen sie auch Stoffe, die direkt aus der Umwelt stammen; auch beim Konsumtionsprozeß entstehen Abfälle, die wiederum direkt in die Umwelt gelangen

---

1) Z.B. die Schädigung der Natur durch Freizeitnutzung.
2) Vgl. Winter [1990], S. 152.

oder durch die Entsorgung weiterbehandelt und der Produktion als Sekundärrohstoffe wieder zugeführt werden.

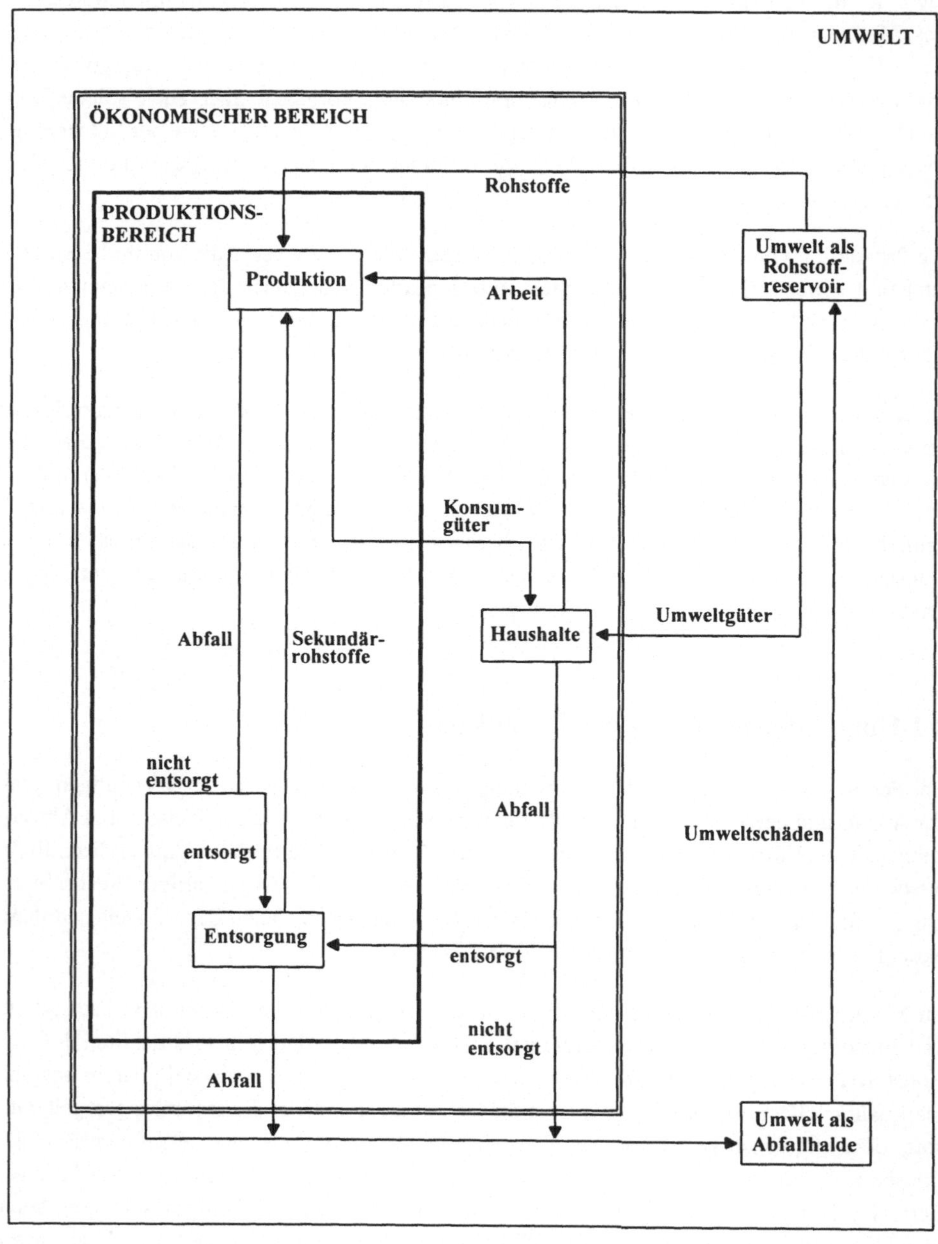

Abb. 13: Wechselwirkungen von Produktion und Umwelt

Die wesentlichen Funktionen der *Entsorgung* sind die Wiederaufbereitung bzw. das Recycling von Abfällen, um sie der Produktion als Sekundärrohstoffe zur erneuten Verwendung zur Verfügung zu stellen, sowie die Deponierung derjenigen Abfälle, bei denen ein Recycling aus technischen oder ökonomischen Gründen nicht vorgenommen wird. Der Unterschied zwischen dieser geregelten und einer ungeregelten Deponierung ist, daß sich bei ersterer die nachteiligen Auswirkungen der Abfälle auf die Umwelt besser kontrollieren und begrenzen lassen. Schließlich ist über die durch Produktion und Konsum entstehenden Umweltschäden eine Rückwirkung von der "Umwelt als Abfallhalde" auf die "Umwelt als Rohstoffreservoir" festzustellen.

In der betriebswirtschaftlichen Produktionstheorie wird als *Produktion* die Kombination der Produktionsfaktoren Werkstoffe, Betriebsmittel, Arbeitskraft und ihre Transformation in Güter oder Dienstleistungen bezeichnet.[3] Dieser Zusammenhang ist in Abbildung 14 dargestellt. Dabei ist zu berücksichtigen, daß alle Phasen der Produktion, d.h.

- der Faktoreinsatz,
- der Transformationsprozeß als Verfahren zur Herstellung der Produkte aus den Produktionsfaktoren,
- die Produkte als Ergebnis der Produktion

notwendig in Beziehung zur natürlichen Umwelt stehen.[4]

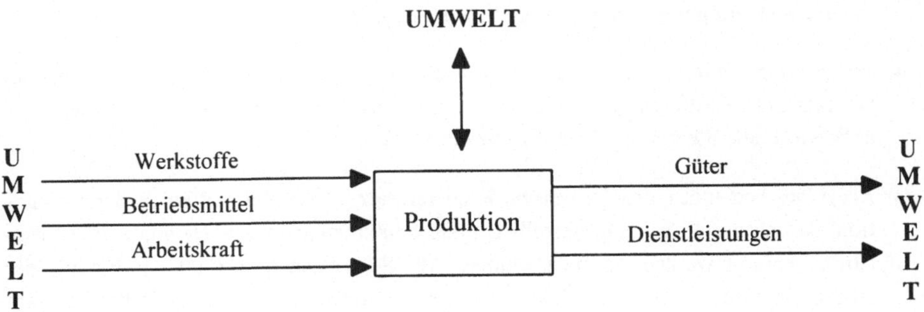

Abb. 14: Umweltbeziehungen der Produktion

Eine vollständige Vermeidung von *Umweltwirkungen der Produktion* ist nur durch ihre Einstellung möglich, d.h. durch Verzicht auf die damit erzeugten Güter. Daher besteht Umweltschutz im Produktionsbereich aus Maßnahmen zur weitestgehenden Reduktion der negativen Umweltwirkungen in den betroffenen Bereichen:

---

3) Vgl. Gutenberg [1951], S. 2 ff.; Kistner [1981], S. 13 f.
4) Vgl. Steven [1991b], S. 513 f.

(1) Der Einsatz der Produktionsfaktoren Betriebsmittel, Werkstoffe und Arbeitskraft läßt sich immer auf den *Einsatz natürlicher Ressourcen* zurückführen. Da letztlich alle Rohstoffe und auch die häufig noch immer als freie Güter angesehenen Elemente Luft und Wasser nicht unbeschränkt verfügbar sind, ist ihre Einsatzmenge auch im einzelnen Betrieb nach oben zu begrenzen. Die Schonung natürlicher Ressourcen durch *Reduktion von Faktoreinsatzmengen* ist daher ein Ansatzpunkt für produktionsorientierte Umweltschutzmaßnahmen.

(2) Neben den erwünschten Produkten entstehen bei der Produktion Schadstoffe als *unvermeidbare Kuppelprodukte*, die in die Umwelt eingebracht werden.[5] Da diese die einzelnen Schadstoffarten nur begrenzt aufnehmen kann, müssen bei der Produktion entsprechende Emissionsobergrenzen berücksichtigt werden. Ein Ansatzpunkt für Umweltschutzmaßnahmen auf der Ausbringungsseite der Produktion ist daher die *Verminderung des Schadstoffausstoßes*.

(3) Der *Produktionsprozeß* selbst wird in der Produktionstheorie als "Black Box" angesehen, d.h. es interessiert lediglich die Umwandlung von Einsatz- in Ausbringungsmengen und nicht, auf welche Art diese bewirkt wird. Die Darstellung von Umweltschutzmaßnahmen, die am Produktionsprozeß selbst ansetzen, erfordert auch eine Betrachtung von Vorgängen innerhalb der Black Box. Solche Maßnahmen lassen sich wie folgt klassifizieren:

- *Additiver Umweltschutz*[6] liegt vor, wenn dem ursprünglichen technischen Verfahren ein weiteres Verfahren, z.B. ein Filter oder ein Katalysator, hinzugefügt wird, so daß die Umweltbelastung verringert wird. In diese Kategorie gehören auch Entsorgungsmaßnahmen zur geregelten Beseitigung von Abfallstoffen.

- *Integrierter Umweltschutz* verändert das ursprüngliche technische Verfahren so, daß weniger Schadstoffe emittiert oder weniger Produktionsfaktoren benötigt werden; d.h. er bewirkt eine Steigerung der Effizienz der Prozesse.

- *Recycling* bedeutet einen teilweisen Wiedereinsatz von Abfallstoffen in der Produktion, so daß zur Erzeugung derselben Endproduktmenge sowohl weniger Primärrohstoffe benötigt werden als auch weniger Abfälle entstehen. Erfolgt der Einsatz der Abfälle in einem anderen Produktionsprozeß, so treten sie einerseits als Produkt, andererseits als Einsatzfaktor auf. Häufig ist vor dem Wiedereinsatz eine Aufarbeitung notwendig, die in einem zusätzlichen Produktionsprozeß erfolgt.

Die Beurteilung derartiger Maßnahmen darf nicht isoliert, sondern muß aus einer *integrierten, übergreifenden Sicht* erfolgen. So ist zu berücksichtigen, daß durch einen Wechsel des technischen Verfahrens nicht nur der direkte Rohstoffeinsatz in Form von Werkstoffen verändert wird, sondern häufig neue Betriebsmittel erforderlich sind, die ihrerseits produziert werden müssen, und daß die alten Anlagen (teilweise) als Abfall anfallen. Die dadurch entstehende Umweltbelastung ist zu den erwarteten Entlastungen ins Verhältnis zu setzen.

---

5) Vgl. z.B. Schmidtchen [1980]; Kistner [1983, 1989].
6) Man spricht dabei auch von "End-of-Pipe-Technologien".

2.2 Umweltrelevante Aspekte der Produktionswirtschaft

Es bestehen vielfältige Ansatzpunkte für Umweltschutzmaßnahmen im Zusammenhang mit der betrieblichen Produktion. Als wesentliche Teilbereiche der Produktionswirtschaft, die vom Umweltschutz betroffen werden, wird im folgenden auf

- die Standortwahl,

- die Produktionsprogrammplanung,

- die Materialwirtschaft,

- die Wahl von Fertigungsverfahren,

- die Abfallwirtschaft

näher eingegangen.[7]

2.2.1 Standortentscheidungen

Mit der Wahl des Standortes für eine Produktionsanlage trifft ein Unternehmen eine Entscheidung, die es längerfristig an diesen Ort und seine Gegebenheiten bindet. Daher sind *Standortentscheidungen* auf der strategischen Planungsebene angesiedelt und in enger Abstimmung verschiedener innerbetrieblicher Interessen sowie unter Beachtung externer Gegebenheiten zu treffen. Die *klassische Standortfaktorenlehre*[8] hat eine Reihe von Einflußgrößen herausgearbeitet, die bei der Ansiedlung eines Industriebetriebes zu beachten sind:

- Bodenbeschaffenheit

- Verkehrsanbindung

- Möglichkeiten der Beschaffung und Entsorgung

- Absatzmöglichkeiten

- Quantität und Qualität des Arbeitskräftepotentials

- soziale Infrastruktur

- staatliche Einflußgrößen

Immer größeres Gewicht bei Standortentscheidungen erhalten in letzter Zeit die *Umweltqualität* des in Aussicht genommenen Geländes sowie die für die Region geltenden *Umweltauflagen*:

(1) Die Ansiedlung auf einem Gelände, das vorher bereits anderen produktiven Zwecken gedient hat, kann dazu führen, daß das Unternehmen später für eventuelle *Altlasten* verantwortlich gemacht bzw. durch diese in seiner Tätigkeit behindert wird. Dieses Problem stellt sich zur Zeit besonders in den neuen Bundesländern. Allerdings führt der aus dieser

---

7) Vgl. hierzu auch Steven [1992a], S. 35 - 39, 105 - 111.
8) Vgl. z.B. Weber [1922]; Behrens [1971]; Bloech [1990].

Sicht verständliche *Wunsch nach unbelasteten Standorten* zu einem ökologisch bedenklichen Verbrauch bislang naturbelassener Landschaft auf der einen und zu verlassenen Industrieruinen auf der anderen Seite.

(2) Die Ansiedlung in einer bereits stark mit Schadstoffen belasteten Gegend bedeutet, daß bei der Konstruktion von neuen Anlagen *besondere Vorkehrungen* zu treffen sind. So muß z.B. die chemische Industrie verschmutzten Flüssen entnommenes Kühlwasser zunächst reinigen, um eine Korrosion ihrer Leitungen zu verhindern.

(3) Regional unterschiedliche Umweltstandards, Haftungsbestimmungen und Ausgestaltungen der Genehmigungsverfahren können zwar kurzfristig die Attraktivität von Standorten beeinflussen oder sogar eine Verlagerung der Produktion in das Ausland nahelegen; langfristig ist jedoch aufgrund der *globalen Interdependenzen* der Umweltbelastungen mit einer Angleichung der Grenzwerte zu rechnen.

Neben diesen direkten Wirkungen der natürlichen Umwelt auf die Standortwahl treten *indirekte Wirkungen* über die traditionellen Standortfaktoren auf:

(1) Eine weitgehend intakte Umwelt mit hohem Erholungswert wird ein immer wichtigeres Kriterium bei der Anwerbung von *Arbeitskräften.*

(2) Die *Absatzmöglichkeiten* insbesondere für Lebensmittel werden durch eine hohe Schadstoffbelastung der Ursprungsregion eingeschränkt.

(3) Die Notwendigkeit einer geregelten *Abfallbeseitigung* wird zu einer immer wichtigeren Rahmenbedingung der Produktion.

Die Bedeutung der *Umwelt als Standortfaktor* ist in bestimmten Industriezweigen, z.B. der Energiewirtschaft, dem Bergbau, der Chemie und dem Nahrungsmittelgewerbe besonders hoch; in anderen Branchen wie der Elektroindustrie fällt sie kaum ins Gewicht. Abbildung 15 gibt einen Überblick über die relative Bedeutung der klassischen Standortfaktoren und der Umweltqualität für die verschiedenen Branchen des produzierenden Gewerbes[9].

Ein langfristig planendes Unternehmen wird seine Produktion nach Möglichkeit an solchen Standorten ansiedeln, an denen die Umwelt sowohl die erforderlichen Ressourcen in der gewünschten Qualität bereitstellen als auch die durch die Betriebstätigkeit verursachten Einwirkungen verkraften kann. Daher erscheint es sinnvoll, die Reihe der Standortfaktoren um einen gleichrangigen Faktor "natürliche Umwelt" zu ergänzen.

---

9) Die Gliederung erfolgte in Anlehnung an das Statistische Jahrbuch; vgl. Statistisches Bundesamt [1990].

Standortfaktoren Branchen	Grund Boden	Verkehr	Beschaf-fung Entsor-gung	Absatz	Arbeit	soziale Infra-struktur	Staat	Umwelt
Energie- und Wasserwirtschaft	++	+	+++	++	o	o	++	+++
Bergbau, Steine, Erden	++	+++	+++	+	+	+	++	+++
Eisen- und Metallindustrie	++	+++	++	+	++	+	++	++
Maschinen-, Stahl- und Fahrzeugbau	+	++	++	+	+++	++	+	+
Chemieindustrie	++	++	+++	+	++	+	+	+++
Elektroindustrie und Feinmechanik	o	++	+	+++	+++	++	o	o
Holz-, Papier- und Druckindustrie	+	+++	++	+++	+	o	+	++
Nahrungs- und Genußmittelindustrie	+	+++	++	++	+	+	+	+++
Textil- und Bekleidungsindustrie	++	+	++	+	++	+	+	+

Legende: o   - kein Einfluß
        +   - geringer Einfluß
       ++ - mittlerer Einfluß
     +++ - starker Einfluß

Abb. 15: Bedeutung der Standortfaktoren

2.2.2 Produktionsprogrammplanung

Im Rahmen der *langfristigen Produktionsplanung* werden Entscheidungen über die Zusammensetzung des *Produktionsprogramms* getroffen. Bei der Berücksichtigung von Umweltschutzanforderungen ist zu erwarten, daß Produkte mit besonders hoher Umweltbelastung sukzessiv durch *umweltverträglichere Produkte* ersetzt werden. Dabei sind die Umweltwirkungen nicht nur direkt bei der Produktion, sondern auch beim Gebrauch und bei der späteren Beseitigung der Produkte, die sich z.B. im Rahmen einer Produktlinienanalyse ermitteln lassen, zu berücksichtigen.

Die *mittelfristige Produktionsplanung* geht von einem vorgegebenen Produktionsprogramm und vorhandenen Kapazitäten aus. Sie legt die in einem bestimmten Zeitraum herzustellenden Produkte nach Art, Menge und Termin fest, wobei eine bestimmte Zielsetzung - in der Regel Gewinnmaximierung bzw. Kostenminimierung - zugrunde gelegt wird und verschiedene Restriktionen in bezug auf mögliche Absatzmengen, verfügbare Faktoreinsatzmengen, technologisch vorgegebene Produktionsreihenfolgen usw. einzuhalten sind.10)

Da in fast jedem Produktionsprozeß neben den erwünschten Produkten auch Abfälle bzw. Schadstoffe als unerwünschte Kuppelprodukte entstehen, ist mit einem bestimmten Produktionsprogramm notwendig auch ein gewisser Schadstoffausstoß verbunden. Eine *Begrenzung der Emissionen* läßt sich erreichen, indem entsprechende zusätzliche Restriktionen bei der Planung berücksichtigt werden.11) Scharfe Emissionsgrenzen können bewirken, daß verstärkt solche Produkte hergestellt werden, bei denen die Emissionskoeffizienten für den jeweiligen Schadstoff besonders gering sind.

2.2.3 Materialwirtschaft

Die Aufgabe der Materialwirtschaft umfaßt im weitesten Sinne die *Steuerung und Kontrolle* des gesamten *Materialflusses*, d.h. sämtlicher Materialbewegungen, die durch den betrieblichen Umsatzprozeß ausgelöst werden. Dieser beginnt bei der Bestellung und Einlagerung von Rohstoffen und endet mit der Auslieferung der Fertigprodukte; dabei werden die *Teilbereiche* Einkauf, Lagerhaltung und Transportwesen unterschieden.

In allen diesen Phasen bestehen Ansatzpunkte für eine umweltgerechte Gestaltung im Sinne einer *ökologischen Materialwirtschaft*, die die optimale Wahl von Stoff- und Energieeinsätzen sowie die Minimierung von Schadstoffbelastungen für ein vorgegebenes Produktionsprogramm anstrebt:12)

(1) Der *Einkauf* nimmt durch die Beschaffung von Rohstoffen und Bauteilen einen wesentlichen Einfluß auf die Umweltbelastungen, die später vom Produktionsverfahren und von den Produkten ausgehen. Er kann bei der *Auswahl von Stoffen* die Umweltverträglichkeit als zusätzliches Kriterium heranziehen, das zumindest als gleichrangig mit den her-

---

10) Vgl. z.B. Kistner / Steven [1993], S. 228 ff. sowie Abschnitt 4.4.1.
11) Vgl. Strebel [1980], S. 112 ff.; Kistner [1989].
12) Vgl. hierzu insbesondere Stahlmann [1988].

kömmlichen Kriterien - Preis, Lieferbedingungen und Gebrauchseigenschaften - anzusehen ist. Im Rahmen der Qualitätsanforderungen des Produktionsverfahrens ist dann eine *Substitution von umweltbelastenden Materialien* durch umweltverträglichere möglich, für die gegebenenfalls ein Wechsel der Lieferanten erforderlich wird. Die umweltorientierte Einkaufsstrategie eines Unternehmens kann damit eine *Sogwirkung* über seine Zulieferer auf den gesamten Industriezweig ausüben.

Allerdings ist für die Beurteilung der Umweltverträglichkeit von Stoffen ein *hoher Informationsstand* erforderlich: Neben ihrer Zusammensetzung müssen auch ihre direkten und indirekten Wirkungen und Wechselwirkungen und deren *ökologische Bewertung* bekannt sein, um nicht bei der Substitution die Entlastung eines Umweltmediums durch schwerwiegende Belastungen in anderen Bereichen zu erkaufen. Dabei wird eine gewisse Hilfestellung z.B. durch Produktkennzeichnungen oder durch Umweltverträglich- keitsprüfungen gegeben. Auch eine *Umweltrechnungslegung*[13] kann die benötigten Informationen bereitstellen.

Umweltorientierter Einkauf ist nicht nur im Produktionsbereich, sondern auch für die in der Verwaltung benötigten Büromaterialien sinnvoll.

(2) Auch bei der *Lagerhaltung* müssen Umweltauswirkungen beachtet werden: Eine Minimalanforderung stellt die *sichere Lagerung* von umweltgefährdenden Stoffen und Abfällen dar, durch die sich die aus dem verschärften Umwelthaftungsrecht resultierenden Risiken begrenzen lassen. Ein weiterer Ansatzpunkt ist die *Vermeidung von Resten, Ausschuß und Verderb* sowie von *Schwund* der gelagerten Güter. Dies läßt sich insbesondere durch Reduzierung der Materialvielfalt und der Lagerbestände erreichen. Soweit diese Maßnahmen gleichzeitig Kostensenkungen bewirken, tragen sie auch zur direkten Verfolgung ökonomischer Ziele bei.

(3) *Transportvorgänge* finden sowohl innerbetrieblich als auch zwischen dem Unternehmen und seinen Lieferanten und Abnehmern statt. Ein *umweltverträgliches Transportsystem* zeichnet sich insbesondere durch

- geringen Energieverbrauch,

- geringe Emissionen,

- hohe Sicherheit bzw. geringe Störanfälligkeit

aus. Innerbetrieblich ist dabei z.B. auf kurze Wege zu achten, außerbetriebliche Maßnahmen sind z.B. die Vermeidung von Leerfahrten oder die Verlagerung der Transporte von der Straße auf die Schiene oder das Wasser. Industrielle Lieferbeziehungen orientieren sich zunehmend am *Just-in-Time-Konzept*,[14] bei dem der Lieferant die Ware gerade zu dem Zeitpunkt anliefert, in dem sie der Produzent benötigt. Damit dies nicht zu einer Verlagerung der Lagerhaltung auf die Transportwege mit der Folge unnötigen Energie-

---

13) Zu den Problemen einer Umweltrechnungslegung vgl. Abschnitt 1.3.3.3.
14) Vgl. z.B. Wildemann [1988]; Reese [1993].

verbrauchs und Schadstoffausstoßes führt, ist eine besonders sorgfältige Planung der Bedarfszeitpunkte und die Abstimmung aller Beteiligten nötig.

Zahlreiche Maßnahmen der Materialwirtschaft können zu einer noch stärkeren Umweltentlastung führen, wenn sie in *Abstimmung* mit der Produktionsprogrammplanung sowie der Fertigung getroffen werden; z.B. kann die Materialsubstitution durch einen Prozeßwechsel ergänzt werden.

2.2.4 Fertigungsverfahren

Ein Wechsel der in der Produktion eingesetzten *Fertigungsverfahren* wird durchgeführt, um sich an neue oder veränderte gesetzliche Rahmenbedingungen und Umweltschutzanforderungen, die auf das Unternehmen in Form von Grenzwerten, Auflagen, Abgaben, Stoffgeboten oder -verboten zukommen, anzupassen oder um diesen im Rahmen einer zukunftsorientierten Unternehmensstrategie zuvorzukommen. Die *umweltfreundliche Gestaltung der Produktionsprozesse* kann in unterschiedlichem Ausmaß vorgenommen werden:[15]

- Die stärkste Anforderung ist die Orientierung der Maßnahmen am *"Stand von Wissenschaft und Forschung"* als der fortschrittlichsten in Entwicklung befindlichen Anlage. Dadurch übernimmt das Unternehmen eine *Vorreiterrolle* im Umweltschutz und setzt Maßstäbe für künftige Maßnahmen der Konkurrenten, aber auch für künftige Anforderungen durch Grenzwerte.

- Der *"Stand der Technik"* entspricht der fortschrittlichsten bereits eingesetzten Technologie; er wird mit einer gewissen zeitlichen Verzögerung gegenüber dem "Stand von Wissenschaft und Forschung" fortgeschrieben.

- Staatliche Anforderungen verlangen häufig nur die Ausrichtung an den *"allgemein anerkannten Regeln der Technik"*, d.h. der von der Mehrzahl der Betreiber ähnlicher Anlagen eingesetzten Technologie.

In letzter Zeit ist eine Tendenz von additiven Umweltschutzmaßnahmen, den End-of-Pipe-Technologien, zu integrierten Verfahren zu beobachten. Da bei einer solchen grundlegenden Umgestaltung des Produktionsverfahrens nicht nur die Umweltbelastung verringert wird, sondern gleichzeitig eine Erweiterung bzw. Modernisierung der Anlagen erfolgt, lassen sich häufig auch *ökonomische Vorteile* in Form von höheren Wirkungsgraden der Prozesse und von Kostensenkungen realisieren. Für additive Verfahren spricht hingegen, daß häufig nur für diese *staatliche Investitionshilfen* vergeben werden, da sie sich eindeutig von Rationalisierungs- und Erweiterungsinvestitionen abgrenzen lassen. Weiter kann auch bei Ausfall einer nachgeschalteten Anlage der Betrieb noch weiterlaufen, wobei dann allerdings die Grenzwerte bewußt überschritten werden, während eine Störung bei einem integrierten Verfahren die Stillegung des gesamten Prozesses erfordert.[16]

---

15) Vgl. auch Steven [1991a], S. 41.
16) Vgl. Hartje [1990], S. 151.

Nach der Art des Umgangs mit den relevanten Schadstoffen lassen sich zwei *grundsätzliche Strategien* unterscheiden:[17]

(1) Bei den *passiven Strategien* wie der Filterung und der Deponierung bleiben die bei der Produktion entstehenden Schadstoffe im wesentlichen erhalten; es wird lediglich dafür gesorgt, daß die von den Emissionen unmittelbar ausgehenden Gefahren und Umweltbeeinträchtigungen reduziert werden.

- Eine solche Strategie ist die *Verteilung* bzw. *Verdünnung* der Schadstoffe, z.B. über hohe Schornsteine oder durch Einleitung in Oberflächengewässer. Dadurch wird die als Grenzwert vorgegebene Schadstoffkonzentration am Produktionsstandort eingehalten. Es hat sich jedoch gezeigt, daß die "Politik der hohen Schornsteine" zu Beeinträchtigungen an entfernten Orten führt; weiter hat die Gesamtbelastung der Oberflächengewässer durch Emissionen inzwischen ein bedrohliches Ausmaß angenommen. Nur soweit die Regenerationskräfte der Natur in der Lage sind, die Schadstoffmengen zu neutralisieren, kann dieses Vorgehen zu einem Gleichgewichtszustand führen, in dem die Emissionen die natürliche Umwelt nicht nachhaltig beeinträchtigen.

- Eine vom Ansatzpunkt her entgegengesetzte passive Strategie ist die *Konzentration* der Schadstoffe, z.B. durch Trocknung von Schlämmen, Müllverbrennung, Ausfällung von Säuren, getrennte Sammlung von verschiedenen Abfallarten. Langfristig wird eine *Trennung der Schadstoffe von der Natur* beabsichtigt; durch die Konzentration wird eine dem jeweiligen Gefährdungspotential der Stoffe angemessene Behandlung ermöglicht und knapper Deponieraum eingespart. Allerdings werden bei diesem Vorgehen häufig die langfristigen und globalen Auswirkungen nur unzureichend berücksichtigt, wie die Häufung von Altlasten an Industrie- und Deponiestandorten und die Diskussion um die Dioxinentstehung bei der Müllverbrennung zeigen.

(2) Die *aktiven Strategien* zielen hingegen auf eine Reduktion der Schadstoffe ab, die sich durch unterschiedliche Maßnahmen erreichen läßt:

- In einigen Fällen lassen sich die entstehenden Schadstoffe reduzieren, indem *andere Rohstoffe* eingesetzt werden, z.B. beim Ersatz von stark schwefelhaltiger Braunkohle durch Anthrazit in Verbrennungsprozessen. Eine solche Faktorsubstitution erfolgt insbesondere als Reaktion auf eine Erhöhung von Emissionsabgaben; sie bedeutet dann den Übergang zu einer neuen Minimalkostenkombination in einem gegebenen Produktionsprozeß.[18]

- Auch die *Verfahrensoptimierung*, d.h. die optimale Einstellung technischer Parameter, ist ein Ansatzpunkt zur Reduktion der Emissionen bei den vorhandenen Anlagen. Dies läßt sich z.B. durch Maßnahmen der intensitätsmäßigen Anpassung erreichen. Dabei wird das Prozeßniveau der Produktionsverfahren so gewählt, daß bei gleichen oder auch etwas verringerten Produktionsmengen die entstehenden Schadstoffe in einem bestimmten Umfang zurückgehen.

---

17) Vgl. Plein [1989], S. 80 ff.
18) Vgl. hierzu ausführlich Abschnitt 5.3.

- Bei einer Prozeßsubstitution wird ein *neues technisches Verfahren* eingesetzt, das die erwünschten Güter mit geringerem Schadstoffausstoß erzeugen kann, d.h. das Unternehmen wechselt zu einer neuen Produktionsfunktion.

- Ein weiterer Ansatzpunkt zur aktiven Verringerung der Umweltbelastung ist die Produktgestaltung: Bereits bei der *Konstruktion* können die Produkte so ausgelegt werden, daß bei ihrer Herstellung und ihrem Gebrauch möglichst wenig Schadstoffemissionen entstehen. Durch eine *Verlängerung der Lebensdauer* der Produkte läßt sich darüberhinaus die durch das Wegwerfen gebrauchter Produkte verursachte Abfallmenge verringern.

Die Umweltverträglichkeit von Produktionsprozessen und Produkten läßt sich nicht nur durch die Reduktion von Schadstoffemissionen, sondern auch durch die *Verminderung* der bei der Herstellung und dem Gebrauch der Produkte benötigten *Rohstoffmengen* erhöhen.

Ein weiterer Ansatzpunkt, um mehr Umweltschutz in den Produktionsbereich einzuführen, ist das *Recycling*. Man versteht unter Recycling die Rückführung von Material und Energie, die bei der Produktion als Rückstand oder bei der Konsumtion als Hausmüll anfallen, als Einsatzstoffe bzw. Sekundärrohstoffe in Produktionsprozesse.[19] Es wird das Ziel verfolgt, einerseits natürliche Rohstoffe zu substituieren und damit ihre Bestände zu schonen, andererseits die entstehenden Abfallmengen zu reduzieren, und somit partiell eine Umstellung von einer *Durchfluß-* zu einer *Kreislaufwirtschaft* zu erreichen.

Nach dem *Ort des Wiedereinsatzes* der Stoffe läßt sich Recycling einteilen in innerbetriebliches Recycling und interindustrielles Recycling.[20] Eine Klassifikation nach *technologisch-produktionswirtschaftlichen Kriterien* unterscheidet danach, ob der Stoff überarbeitet oder direkt verwendet wird und ob er im Ursprungsprozeß oder in einem anderen Prozeß eingesetzt wird. Daraus ergeben sich die in Abbildung 16 veranschaulichten Recyclingarten:

- Bei der *Wiederverwendung* wird ein Stoff ohne größere Überarbeitung für denselben Zweck benutzt. Ein Beispiel sind Pfandflaschen, die nach einer Reinigung wiederverwendet werden können.

- *Weiterverwendung* liegt vor, wenn Stoffe, die in einem Produktionsprozeß zwangsläufig als Abfall anfallen, in einem anderen Prozeß eingesetzt werden können. So wird z.B. der Gips aus Rauchgasentschwefelungsanlagen im Hoch- und Tiefbau als Füllmaterial eingesetzt.

- Ein Stoff wird *wiederverwertet*, wenn er nach einer Überarbeitung für seinen ursprünglichen Zweck eingesetzt werden kann, z.B. Altpapier oder runderneuerte Autoreifen.

- Bei der *Weiterverwertung* schließlich wird ein Stoff nach Überarbeitung in einem anderen Prozeß eingesetzt, z.B. bei der Herstellung von Parkbänken aus Kunststoffgranulat.

---

19) Vgl. Berg [1979], S. 201; zur Abgrenzung verschiedener Recycling-Definitionen vgl. Rautenstrauch [1993].
20) Vgl. Jahnke [1986], S. 29 ff.

	Einsatz im	
	Ursprungsprozeß	**anderen Prozeß**
ohne Überarbeitung	**Wieder-verwendung**	**Weiter-verwendung**
mit Überarbeitung	**Wieder-verwertung**	**Weiter-verwertung**

Abb. 16: Formen des Recycling nach technologischen und produktionswirtschaftlichen Kriterien[21]

Auch wenn Recycling einzel- und gesamtwirtschaftlich sicherlich zu einer besseren Stoffausnutzung beitragen kann, stößt es auf *Grenzen und Widerstände* verschiedener Art:

- Eine *technische Grenze* des Recycling ist gegeben, wenn die Qualität der Sekundärrohstoffe mit jedem Aufbereitungsvorgang zurückgeht. Daher ist meist keine vollständige Verwertung der Stoffe möglich, sondern nur ein bestimmter, prozeßbedingter Anteil an Altstoffen darf zugegeben werden.[22]

- Aus *ökonomischer Sicht* muß Recycling sich lohnen; eine Grenze ist daher durch hohe Aufbereitungskosten gegeben. Durch steigende Abfallgebühren und Schadstoffabgaben wird diese Grenze zwar hinausgeschoben, andererseits steigen die Aufbereitungskosten mit dem Anteil der Altstoffe in der Regel an.

- Aus *ökologischer Sicht* ist Recycling dann abzulehnen, wenn die bei der Aufbereitung zusätzlich eingesetzten Stoffe und Energien den Ertrag an Sekundärrohstoffen übersteigen bzw. wenn die im Recyclingprozeß entstehenden Reststoffe und Emissionen die Umwelt stärker belasten als eine Deponierung des Ausgangsstoffs.

- Weiter stößt Recycling auf *psychologische Widerstände* in Form von Ablehnung im Unternehmen und auf dem Markt; häufig wird bei Produkten aus Sekundärstoffen eine geringere Qualität vermutet.

Aus den genannten Gründen sowie aufgrund des zweiten Hauptsatzes der Thermodynamik[23] ist ein kompletter Übergang von der Durchfluß- zur Kreislaufwirtschaft nicht möglich; Recycling stellt jedoch neben Rohstoffeinsparung und Effizienzsteigerung der Produktionsprozesse ein weiteres Mittel für umweltverträglicheres Wirtschaften dar.

---

21) In Anlehnung an Berg [1979], S. 202.
22) Vgl. hierzu insbesondere Behrens [1993], S. 150 f.
23) In geschlossenen Systemen gibt es keine irreversiblen Prozesse, daher nimmt die Entropie ständig - auch bei Recyclingprozessen - zu; vgl. Faber / Niemens / Stephan [1983a], S. 80 f.

2.2.5 Abfallwirtschaft

Die bei der betrieblichen Produktion entstehenden Abfälle werden vor dem Hintergrund begrenzter Aufnahmefähigkeit der Natur und *knappen Deponieraums* sowie steigender Abfallbeseitigungskosten und Abfallabgaben zu einem immer größeren Problem, das bei der Planung und Durchführung der Produktion entsprechend zu berücksichtigen ist. Unter *Abfall* versteht man nach § 1 des Abfallgesetzes von 1986 solche Stoffe, deren sich der Besitzer entledigen will (subjektiver Abfallbegriff) oder deren ordnungsgemäße Beseitigung im öffentlichen Interesse geboten ist (objektiver Abfallbegriff). Nach dem betroffenen Umweltmedium kann man unterscheiden in:[24]

- *Abluft*: durch Gase, Dämpfe, Stäube usw. verunreinigte Luft.

- *Abwasser*: physikalisch, chemisch oder biologisch verunreinigtes Wasser.

- *Abfall*: feste Reststoffe des Produktionsprozesses, die sich weiter einteilen lassen in hausmüllartige Abfälle und Sonderabfälle.

Auch die derzeit gültigen *gesetzlichen Rahmenbedingungen* für den Umgang mit Abfällen werden durch das Abfallgesetz vorgegeben, in dem ein Vorrang von Maßnahmen zur Abfallvermeidung vor der Abfallverwertung und weiter der Abfallverwertung vor der Abfallbeseitigung festgeschrieben ist. *Ergänzende Vorschriften* finden sich insbesondere in der Technischen Anleitung Abfall, der Technischen Anleitung Luft, dem Wasserhaushaltsgesetz und dem Bundesimmissionsschutzgesetz[25] in den jeweils aktuellen Fassungen.

In Abbildung 17 sind die *stofflichen Wirkungen der Produktion* mit Schwerpunkt auf der Abfallentstehung und -behandlung dargestellt: Energie und Rohstoffe gehen in die Produktion ein, durch die Produkte, aber auch Ausschuß und Abfälle erzeugt werden. Die dabei entstehenden Abfälle werden entweder deponiert oder stofflich bzw. thermisch verwertet, wodurch Sekundärrohstoffe bzw. Energie entstehen, die wiederum in der Produktion eingesetzt werden können. Die nicht verwertbaren Reste müssen in jedem Fall entsorgt werden.

Weiter geht aus Abbildung 17 hervor, wie sich die drei im Abfallgesetz angesprochenen Strategien den verschiedenen Phasen des Produktionsprozesses zuordnen lassen:

(1) Abfallvermeidung läßt sich in erster Linie durch *prozeßorientierte Maßnahmen* erreichen, wie sie bereits in Abschnitt 2.2.4 angesprochen wurden: Durch die Reduktion von Ausschuß und von prozeßbedingten Reststoffen lassen sich die als Kuppelprodukte entstehenden und weiter zu behandelnden Abfälle verringern.

---

24) Vgl. Domschke [1979], Sp. 516 - 517.
25) Gesetz zum Schutz vor schädlichen Umwelteinwirkungen durch Luftverunreinigungen, Geräusche, Erschütterungen und ähnliche Vorgänge (Bundesimmissionsschutzgesetz) von 1974, i.d.F. von 1990.

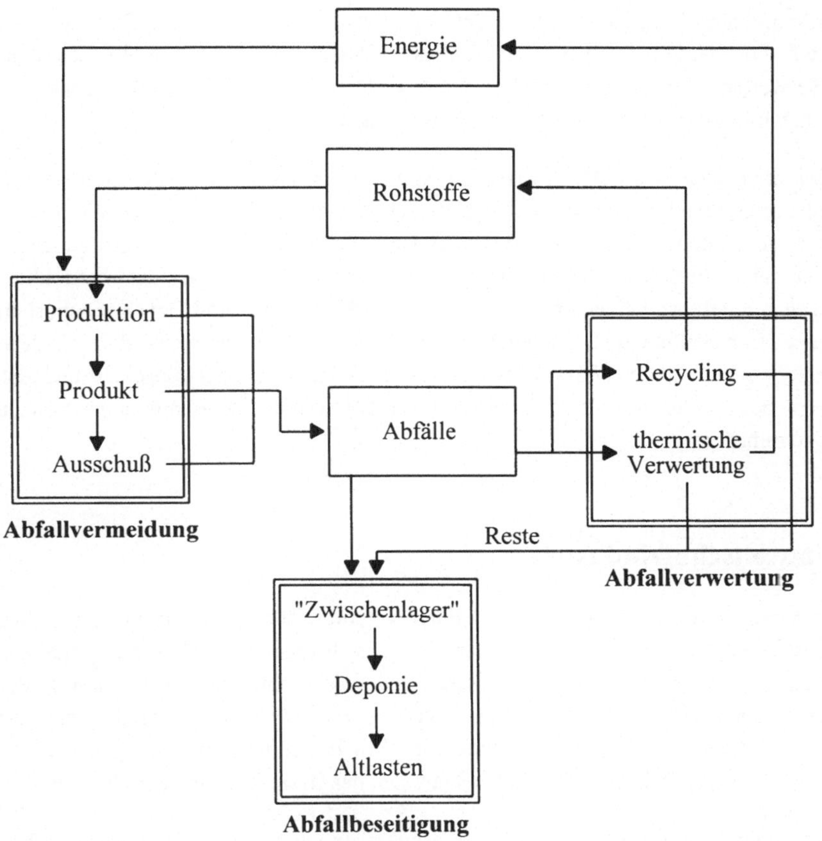

Abb. 17: Strategien der Abfallbehandlung

(2) Abfallverwertung ist eine *inputorientierte Maßnahme*, da die beim Recycling entstehenden Sekundärrohstoffe sowie die durch Müllverbrennung erzeugte Energie Eingang in Produktionsprozesse finden und dabei andere Stoffe und Energien ersetzen.

(3) Abfallbeseitigung schließlich setzt am *Output des Produktionsprozesses* an. Geordnete Abfallentsorgung hat so zu erfolgen, daß von den Stoffen voraussichtlich keine Gefährdung der natürlichen Umwelt ausgeht, d.h. als *Verbringung auf geeignete Deponien*. Dabei werden an die Endlagerung von Sonderabfällen, zu denen in der Regel auch die Rückstände der Abfallverwertung zählen, höhere Anforderungen gestellt als an relativ unproblematische Abfallarten wie hausmüllartige Abfälle oder Bauschutt. Häufig werden bestimmte Stoffe, deren Entsorgung noch ungeklärt oder sehr teuer ist, zunächst auf unbestimmte Zeit zwischengelagert. Sowohl Deponie- als auch Produktionsstandorte können sich häufig im Laufe der Zeit als *Altlasten* erweisen, von denen erhebliche und unvorhergesehene Beeinträchtigungen der natürlichen Umwelt ausgehen.

Durch Abbildung 17 wird verdeutlicht, daß der Übergang von einer Durchfluß- zur Kreislauf-wirtschaft nur partiell erfolgen kann. Selbst bei ökonomisch und ökologisch sinnvoller Abfallverwertung entstehen regelmäßig nicht weiter umsetzbare Reststoffe; andere Abfälle lassen sich im Grunde keiner geeigneten Verwertung zuführen.

Das *Ziel der betrieblichen Abfallwirtschaft* ist es, die im Abfallbereich entstehenden Kosten bei Einhaltung der relevanten gesetzlichen Vorschriften möglichst gering zu halten. Dazu sind die oben genannten Maßnahmen so einzusetzen, daß kostspielig zu entsorgende Abfälle entweder gar nicht erst entstehen oder aber im eigenen Betrieb oder extrabetrieblich einer Verwertung zugeführt werden können. Die von den Kommunen und Genehmigungsbehörden erlassenen Vorschriften und Gebührenordnungen stellen die Parameter dar, an denen die Unternehmen ihre *Abfallbehandlungsstrategie* ausrichten: Je unerwünschter und damit je teurer ein bestimmter Abfallstoff wird, desto größer werden die Bemühungen sein, dessen Anfall zu reduzieren.

2.3 Umweltschutzindustrie

Die Vermeidung von Umweltbelastungen durch vorsorgenden Umweltschutz sowie die Repa-ratur bereits entstandener Umweltschäden durch nachsorgende Maßnahmen erhalten einen immer größeren Stellenwert in der politischen und gesellschaftlichen Diskussion. In den letz-ten Jahren haben öffentliche Institutionen, Unternehmen und private Initiativen durch umfang-reiche Investitionen in den Umweltschutz zum Teil beachtliche Entlastungen bei einzelnen Umweltmedien erzielt. Dennoch verschlechtert sich der Gesamtzustand der Umwelt, da

- Belastungen häufig lediglich von einem Medium in ein anderes oder von einer Region in eine andere verlagert werden;

- trotz reduzierter Eintragsraten die Konzentration von Schadstoffen, z.B. Schwermetallen, Schwefelsäure, Kohlendioxid oder FCKW, weiter zunimmt;

- ständig neue problematische Stoffe und Wechselwirkungen erkannt werden.

Da sich auch in Zukunft die Vorschriften der nationalen und internationalen Umweltgesetzge-bung immer weiter verschärfen werden, muß die Wirtschaft verstärkte Anstrengungen für eine umweltverträglichere Ausgestaltung ihrer Produkte und Produktionsprozesse sowie für die Entsorgung ihrer Rückstände unternehmen. Diese Aufgaben werden häufig nicht von den be-troffenen Unternehmen selbst übernommen, sondern im Rahmen einer gesamtwirtschaftlichen Arbeitsteilung auf die *Umweltschutzindustrie* übertragen. Hierunter versteht man Anbieter von Umwelttechnologien und Umweltschutzdienstleistungen, die sich auf bestimmte Problembe-reiche spezialisiert haben. Die Aufgaben und die Bedeutung der Umweltschutzindustrie werden im folgenden eingehender untersucht.

2.3.1 Bedeutung der Umweltschutzindustrie

Ein einzelnes Unternehmen ist oft nicht oder nur zu sehr hohen Kosten in der Lage, seine Produktion an die geltenden bzw. erwarteten Umweltschutzvorschriften anzupassen. Die Unternehmen der *Umweltschutzindustrie* sehen hierin ihre Chance und vermarkten aktiv die Kenntnisse und Erfahrungen im Umweltschutzbereich, über die sie verfügen. Es handelt sich bei der Umweltschutzindustrie um einen innovativen Wirtschaftszweig, dessen Nachfragepotential direkt von den staatlichen Umweltschutzvorschriften abhängt und somit in den letzten Jahren ständig angestiegen ist.

2.3.1.1 Aufgabenbereiche der Umweltschutzindustrie

Entsprechend der interdisziplinären Bedeutung der Umweltproblematik hat auch die Umweltschutzindustrie vielfältige und verschiedenartige Aufgaben zu bewältigen. Ihre *Tätigkeitsbereiche* liegen in sämtlichen Problemfeldern der verschiedenen Umweltmedien, insbesondere:[26]

- Kläranlagen und Abwassertechnik

- Luftreinhaltung

- Entsorgung von Müll und Sonderabfall

- Lärmbekämpfung

- Recycling

- Meß- und Regeltechnik

- Altlastensanierung

- Entwicklung regenerativer Energien

- Umweltberatung und Anlagenplanung

- Gutachten bei Umweltverträglichkeitsprüfungen[27]

Beispiele für Entwicklungen von Unternehmen, die in den verschiedenen Bereichen der Umweltschutzindustrie tätig sind, nennt Oberholz.[28] Weiter lassen sich Informationen über Anbieter von Umwelttechnologie z.B. aus Anbieterverzeichnissen und Messekatalogen entnehmen.

Aufgrund der Vielzahl unterschiedlicher Aufgaben läßt sich die Umweltschutzindustrie nicht eindeutig einer bestimmten Branche zuordnen. Sie führt vielmehr Kenntnisse unter anderem aus dem Maschinen- und Anlagenbau, der chemischen Verfahrenstechnik, der Mikroelektro-

---

26) Vgl. auch Steven [1992a], S. 110
27) Diese Bereiche werden zum Teil in Abschnitt 2.3.2 genauer untersucht.
28) Vgl. Oberholz [1989], S. 117 - 213.

nik und der Werkstoffkunde zusammen. Ein Schwerpunkt ihrer Tätigkeit liegt im Bereich der Investitionsgüterindustrie, ein anderer bei den Umweltschutzdienstleistungen.[29]

Während die Zuordnung eines Unternehmens, das additive Umweltschutztechnologien wie Entsorgungs- und Emissionsminderungsverfahren anbietet, zur Umweltschutzindustrie eindeutig möglich ist, fällt bei integrierten Umweltschutzverfahren die Abgrenzung zwischen der Umwelttechnologie und normalem technischem Fortschritt oft recht schwer.

2.3.1.2 Entwicklung der Umweltschutzindustrie

Bei der Umweltschutzindustrie handelte es sich ursprünglich um einen "state-guaranteed market", da der Staat einerseits die relevanten Rahmenbedingungen setzt, andererseits als ein bedeutender Nachfrager auftritt. Die Entwicklung der Umweltschutzindustrie erfolgte im wesentlichen parallel zu den Stufen der Umweltschutzgesetzgebung, durch die jeweils eine Nachfrage nach entsprechenden Technologien ausgelöst wird, hat jedoch in den letzten Jahren zusätzlich eine beachtliche *Eigendynamik* entfaltet.

So wurde in der Bundesrepublik Deutschland die Umwelttechnik Anfang der 70er Jahre als lohnender Geschäftsbereich entdeckt, d.h. zu einer Zeit, als die ersten Umweltgesetze verabschiedet wurden. Entsprechend der wechselnden Schwerpunktsetzung der Umweltpolitik lagen die *Hauptaktivitäten* der Umweltschutzindustrie nacheinander in den Bereichen Luftreinhaltung, Wasserreinhaltung und Abfallentsorgung. Durch die zunehmende Regelungsdichte der umweltrelevanten Gesetze hat sich der Bedarf an Umweltschutztechnologien mittlerweile auf fast alle Wirtschaftsbereiche ausgedehnt.

Bei allen Schwierigkeiten, die Zugehörigkeit eines Unternehmens zur Umweltschutzindustrie festzustellen, läßt sich dennoch ein rasches Wachstum dieses Bereiches konstatieren: Während 1982 noch 1.200 Unternehmen dazugerechnet wurden,[30] waren es 1989 bereits über 2.000 Unternehmen.[31] Diese Zahlen beruhen in erster Linie auf einer Selbstdeklaration der betroffenen Unternehmen sowie auf Erhebungen von Wirtschaftsforschungsinstituten. 1989 waren bereits 433.000 Arbeitsplätze direkt oder indirekt vom Umweltschutz abhängig.[32] Die zahlenmäßige Entwicklung der Unternehmen in den verschiedenen Aufgabenbereichen wird in Abbildung 18 dargestellt.

Der *Einstieg in den Umweltschutzmarkt* erfolgt häufig, indem ein Unternehmen eine zunächst für den Eigenbedarf entwickelte technische Problemlösung den Konkurrenten zum Kauf anbietet und anschließend aktiv umwelttechnische Innovationen vornimmt.[33] Derartige Lösungen werden nur selten als Massengüter produziert, sondern sind eher einzelfallbezogene, maßgeschneiderte, komplexe technische Anlagen. Dabei dominiert das Angebot von Paketlösungen, bei denen der Anbieter die jeweiligen Anlagen und das erforderliche Zubehör

---

29) Vgl. Ullmann / Zimmermann [1982], S. 23.
30) Vgl. Sprenger / Knödgen [1983], S. 99 ff.
31) Vgl. Oberholz [1989], S. 84.
32) Vgl. Sprenger [1989], S. 8 ff.
33) Vgl. Oberholz [1989], S. 159 ff.

nicht nur produziert, sondern auch selbst den Verkauf und die Anwenderberatung übernimmt. Daraus ergibt sich, daß es sich häufig um gemischte Unternehmen handelt, die den Umweltschutzbereich neben ihren bisherigen Produktionszweigen betreiben und dabei entstehende Synergieeffekte ausnutzen können.

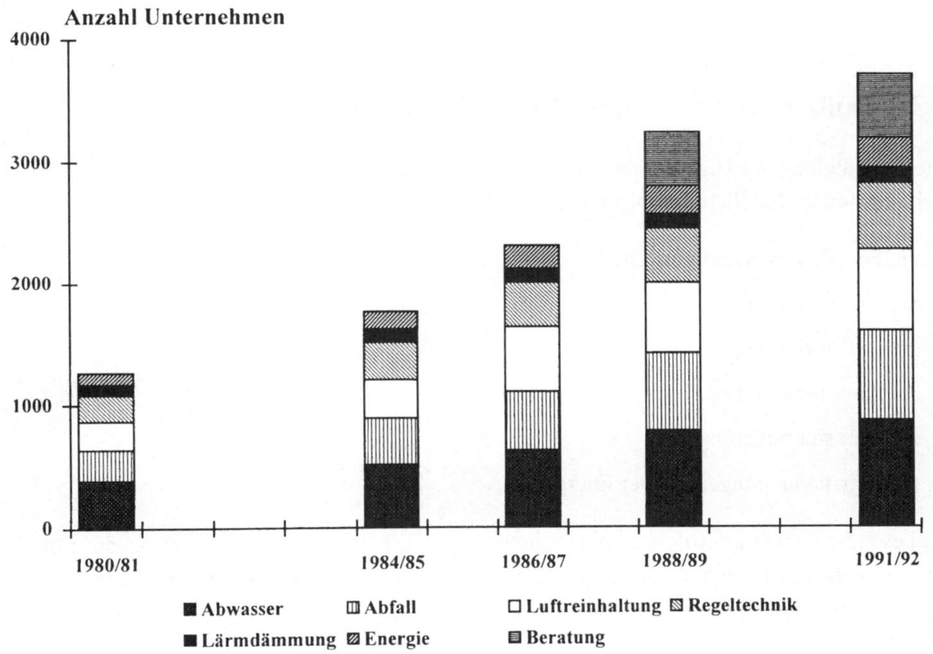

Abb. 18: Entwicklung der Umweltschutzindustrie[34]

2.3.1.3 Erscheinungsformen der Umweltschutzindustrie

Die Unternehmen der Umweltschutzindustrie sind vielfach *kleine und mittelständische Unternehmen*, die flexibel auf neuartige Anforderungen reagieren und sich bietende Marktchancen wahrnehmen können. Einige in besonders attraktiven Branchen tätige Umweltschutzunternehmen konnten in den letzten Jahren ein beachtliches *Wachstum* verzeichnen.

Die Unternehmen der Umweltschutzindustrie werden hauptsächlich in der *Rechtsform* der GmbH bzw. der GmbH & Co. KG geführt, die für die mittelständische Industrie sowie für besonders risikoreiche Tätigkeitsfelder typisch ist, mitunter auch als Einzelfirma. Der Markteintritt erfolgte seit Anfang der 70er Jahre, verstärkt seit ca. 1979, so daß es sich noch um junge

---

34) Quelle: Umweltmarkt von A - Z, entsprechende Jahrgänge

Unternehmen handelt.[35] Da die Entwicklung maßgeschneiderter technologischer Innovationen eines ihrer Haupttätigkeitsfelder ist, ist das *Ausbildungsniveau* der Beschäftigten in der Umweltschutzindustrie überdurchschnittlich hoch.

Die *Standorte* der Umweltschutzindustrie befinden sich im wesentlichen dort, wo sich ihre Abnehmer konzentrieren, d.h. in industriellen Agglomerationsgebieten mit großen Umweltproblemen, insbesondere in Nordrhein-Westfalen und Baden-Württemberg.

2.3.2 Teilbereiche der Umweltschutzindustrie

Die Entwicklung der Umweltschutzindustrie erfolgte in den verschiedenen Teilbereichen zum Teil sehr unterschiedlich. Im folgenden wird daher auf

- die Forschungsanstrengungen,

- die Abwasserreinigung,

- die Luftreinhaltung,

- die Abfallbeseitigung,

- die Altlastensanierung,

- die Entwicklung regenerativer Energien

als besonders wichtige Aufgabenfelder eingegangen. Da sich die Umweltberatung auf sämtliche der genannten Teilbereiche beziehen kann, wird sie anschließend in einem gesonderten Abschnitt behandelt.

2.3.2.1 Forschung und Entwicklung

Ziel der Forschung im Umweltschutzbereich ist zum einen die Entwicklung von neuen Produkten und Verfahren, bei denen gegenüber der bisherigen Lösung Umweltbelastungen vermieden oder reduziert werden können, zum anderen die Schaffung neuer Einsatzmöglichkeiten oder umweltverträglicherer Beseitigungsmöglichkeiten für unerwünschte Produktionsrückstände. *Umweltbezogener technischer Fortschritt* wird sowohl im Bereich der additiven Technologien, z.B. in Form neuer Entsorgungs-, Schadstoffbeseitigungs- und Abfallbehandlungsverfahren, als auch bei den integrierten Technologien realisiert, z.B. durch Innovationen zur Verringerung des Schadstoffanfalls, neue Recyclingverfahren sowie durch die Entwicklung von Produkten und Verfahren, die das erwünschte Produktionsprogramm mit geringerem Rohstoff- und Energieeinsatz oder geringerem Schadstoffausstoß herstellen.

Die Umweltschutzindustrie ist eine sehr forschungs- und innovationsorientierte Branche, die von der Vermarktung umwelttechnischen Know-hows lebt. Aufgrund des hohen Ausbildungsniveaus ihrer Mitarbeiter ist sie in der Lage, ihr Angebot zum großen Teil auf eigenen

---

35) Vgl. Sprenger / Knödgen [1983], S. 132 ff.

Entwicklungen aufzubauen. Es läßt sich feststellen, daß die Aufwendungen für Forschung und Entwicklung in der Umweltschutzindustrie höher sind als in Unternehmen der klassischen Investitionsgüterindustrie.[36] Eine intensive Forschungstätigkeit auf dem Umweltsektor und daraus resultierende Innovationen sind eine unabdingbare Voraussetzung zur Bewältigung der heutigen und künftigen Umweltprobleme.

2.3.2.2 Abwasserreinigung

Die *Abwasserreinigung* bildet einen wichtigen Aufgabenbereich der Umweltschutzindustrie, da durch die industrielle Tätigkeit unerwünschte Eingriffe in den natürlichen Wasserhaushalt vorgenommen werden, deren Vermeidung bzw. Reparatur erforderlich ist. Die relevanten Probleme sind insbesondere die Verschmutzung der Oberflächengewässer durch Einleitung von nicht oder unzureichend geklärten Abwässern und daraus langfristig resultierende Grundwasserschäden.

Rechtliche Grundlagen für den Gewässerschutz finden sich im Wasserhaushaltsgesetz sowie im Abwasserabgabengesetz.[37] Dort sind z.B. Regelungen über die planmäßige Abwasserbeseitigung, den Bau und Betrieb von Abwasserreinigungsanlagen und die Sicherstellung der Wasserversorgung enthalten.

In den letzten Jahren ist ein ständiger Anstieg von Wasserbedarf und Abwasseraufkommen zu verzeichnen. Daraus resultiert eine Erhöhung der Zahl der Kläranlagen sowohl in kommunaler Hand als auch der betriebseigenen Einrichtungen und ihrer Reinigungsintensität von mechanischer über biologische Reinigung bis hin zur dritten, der chemischen Reinigungsstufe. Der durch die Verschärfung der gesetzlichen Regelungen und das steigende Abwasservolumen verursachte Kostenanstieg löst auf Seiten der Umweltschutzindustrie Innovationen bei Sparmaßnahmen und Reinigungsanstrengungen aus.

Die Haupttätigkeitsfelder der Umweltschutzindustrie im Abwasserbereich liegen auf Gebieten, in denen sie ergänzend oder in Konkurrenz zur Gemeinde auftreten:

- Sammlung und Transport

- Aufbereitung und Reinigung

- Klärschlammbehandlung

- Trinkwasserbereitstellung[38]

Wichtige Einzelaufgaben sind die Vervollständigung des Anschlusses der Kommunen an die Kanalisation, die Erneuerung von alten, brüchigen Kanalnetzen, die Nachrüstung der dritten Reinigungsstufe in Kläranlagen sowie das Aufholen der Rückstände in den neuen Bundeslän-

---

36) Vgl. Sprenger / Knödgen [1983], S. 151 ff.
37) Gesetz zur Ordnung des Wasserhaushalts (Wasserhaushaltsgesetz) von 1976, i.d.F. von 1987; Gesetz über Abgaben für das Einleiten von Abwasser in Gewässer (Abwasserabgabengesetz) von 1976, i.d.F. von 1989
38) Vgl. Umweltmarkt von A - Z [1991], S. 124 f.

dern. Dabei handelt es sich zum Teil um klassische Aufgaben des Tiefbaus, für die in der Umweltschutzindustrie innovative Verfahren entwickelt werden.

Weitere Verschärfungen auf Seiten der Gesetzgebung im Abwasserbereich sind zu erwarten. So muß z.B. bis zum Jahr 2005 in der gesamten Europäischen Gemeinschaft sichergestellt sein, daß keine ungereinigten Abwässer in Oberflächengewässer eingeleitet werden. Daraus ergibt sich ein hohes Nachfragepotential für die nächsten Jahre. Seit 1980 ist die Zahl der Unternehmen im Abwasserbereich bereits von 382 auf 880 angestiegen.[39]

2.3.2.3 Luftreinhaltung

Umweltprobleme im Bereich der *Luftreinhaltung* ergeben sich aus gasförmigen Emissionen verschiedener Schadstoffe durch die Industrie und die Haushalte in die Atmosphäre. Dadurch werden Umweltbeeinträchtigungen wie das Waldsterben, die Smoggefahr bei Inversionswetterlagen, der Treibhauseffekt und das Ozonloch verursacht, die zu Schäden bei Menschen, Tieren und Pflanzen führen.

Im Rahmen der systematischen Umweltgesetzgebung wurden schon früh gesetzliche Regelungen zur Luftreinhaltung erlassen, wie das Bundesimmissionsschutzgesetz (1974) und die Technische Anleitung Luft (1974).

Die Zahl der Unternehmen, die im Bereich Luftreinhaltung tätig sind, ist seit 1980 von 232 auf 674 angestiegen.[40] Obwohl bei der Luftreinhaltung schon beachtliche Erfolge erzielt worden sind, wie die weit fortgeschrittene Entstickung und Entschwefelung von Kraftwerken, die Einführung von Abgaskatalysatoren bei Kraftwagen oder auch die spürbare Verbesserung der Belastungssituation in industriellen Ballungsräumen wie dem Ruhrgebiet zeigen, nehmen die Probleme weiter zu.

Insbesondere ist zu beachten, daß eine Verringerung der Schadstoffeintragsraten nur dann zu einer Verbesserung der Umweltsituation führt, wenn die Eintragsrate unter der natürlichen Regenerationsrate des betroffenen Umweltmediums liegt. Andernfalls findet eine Akkumulation der Schadstoffe statt, wie es z.B. bei der Versauerung der Böden durch Auswaschung von Luftschadstoffen der Fall ist. Weiter werden ständig neue Probleme aufgedeckt, die u.a. durch Synergieeffekte zwischen einzelnen Schadstoffen entstehen.

2.3.2.4 Abfallbeseitigung

Der *Abfallbereich* ist durch ständig ansteigende Abfallmengen und einen zunehmenden Grad der Gefährlichkeit der Abfälle geprägt. Der daraus resultierende Mengenanstieg bei den Sonderabfällen hängt zum einen mit dem steigenden Bewußtsein für das Gefahrenpotential bestimmter Stoffe, die zuvor bedenkenlos zum Hausmüll gezählt wurden, zum anderen mit

---

39) Vgl. Abbildung 18.
40) Vgl. Abbildung 18.

den Reinigungsanstrengungen in anderen Umweltmedien zusammen: So fallen die festen Rückstände der Müllverbrennung und die Klärschlämme aus der Abwasserreinigung als hochbelasteter Sonderabfall an. Das (Sonder-)Abfallproblem verschärft sich weiter durch die zunehmende Knappheit des Deponieraums.

Gesetzliche Regelungen für den Abfallbereich finden sich z.B. im Abfallgesetz,[41] in der Klärschlammverordnung und der Verpackungsverordnung, wobei im Laufe der Jahre ein Anstieg der Regelungsdichte und -schärfe festzustellen ist.

Dies eröffnet ein beachtliches Marktpotential für die *Entsorgungsindustrie* als auf die Abfallbehandlung und -beseitigung spezialisierter Bereich der Umweltschutzindustrie. Die Zahl der hier tätigen Unternehmen ist von 256 im Jahr 1980 auf 735 in 1991 angestiegen,[42] die sowohl in kommunaler als auch in privatwirtschaftlicher Regie tätig werden. Sie sind im Bundesverband der Deutschen Entsorgungswirtschaft (BDE) zusammengeschlossen. Die Hauptaufgabenbereiche sind:

* Sammlung und Transport von Abfällen

* Abfallbehandlung und -ablagerung

* Kanal- und Straßenreinigung

Aufgrund der technischen Verzahnung dieser Aufgaben ist ein umfassendes Logistikkonzept erforderlich, das durch ein abgestimmtes Containersystem und Spezialfahrzeuge eine reibungslose Erfassung, Sammlung, Beförderung und Behandlung der Abfälle erlaubt.[43] Als Maßnahmen der Abfallbehandlung stehen z.B. biologische Verfahren wie die Kompostierung, chemisch-physikalische Verfahren, die jedoch andere Abfälle erzeugen, und die Müllverbrennung zur Verfügung.

Auch die Abfallverwertung gehört zu den Aufgaben der Umweltschutzindustrie im Abfallbereich. In einem Konzept der *integrierten Entsorgung* wird angestrebt, durch sortenreine Erfassung bzw. Sortierung der Abfälle die Recyclingquoten zu steigern, nicht trennbare Abfälle der thermischen Verwertung zuzuführen und lediglich die dann verbleibenden Reste zu deponieren.

Die Verwertung von Abfällen durch Recycling stößt häufig auf Informationsprobleme, die z.B. durch die Abfallbörsen (demnächst Recyclingbörsen) der Industrie- und Handelskammern überwunden werden sollen. In der früheren DDR wurde im Rahmen des SERO-Systems[44] die Sammlung von Sekundärrohstoffen in erheblichem Umfang betrieben, jedoch mittlerweile aus Kostengründen eingestellt. Auch in den alten Bundesländern werden bei einigen Gütern beachtliche Recyclingquoten erreicht:[45]

---

41) Gesetz über die Vermeidung und Entsorgung von Abfällen (Abfallgesetz) von 1986.
42) Vgl. Abbildung 18.
43) Ein solches Konzept ist z.B. bei der Firma Edelhoff verwirklicht.
44) "SERO" bedeutet "SEkundärROhstoffe".
45) Vgl. Hopfenbeck [1989], S. 902.

* Eisen / Stahl: 90%
* Altreifen: 80%
* Altpapier: 45%
* Weißblech: 37%
* Altglas: 35%

Eine aktuelle Aufgabe, die hohe Anforderungen an die Innovationsfähigkeit der Entsorgungswirtschaft stellt, ist die flächendeckende Einführung des "Dualen Systems", das zur Umsetzung der Verpackungsverordnung von 1991 konzipiert wurde, um die Rückführung sämtlicher Verpackungsabfälle zwecks Wiederverwertung bis zum Jahr 1993 zu gewährleisten. Auch durch die Rücknahmeverpflichtung der Hersteller von langlebigen Konsumgütern entstehen neue Anforderungen an die Entsorgungsindustrie.

2.3.2.5 Altlastensanierung

Als *Altlasten* bezeichnet man die Belastung von Flächen mit Schadstoffen. Sie sind als Folgeschäden aus industrieller oder militärischer Nutzung oder aus unkontrollierter Abfallablagerung entstanden, weisen eine hohe Konzentration hochgiftiger Reststoffe - wie Schwermetalle, Dioxine, halogenierte Kohlenwasserstoffe - auf und stellen dadurch eine Gefahr für die öffentliche Sicherheit und Ordnung dar. Derzeit gibt es in der (alten) Bundesrepublik Deutschland ca. 40.000 Flächen, die unter Altlastenverdacht stehen.[46] Da ständig neue Substanzen identifiziert und als gefährlich klassifiziert werden, wird diese Zahl weiter zunehmen.

Unter *Altlastensanierung* versteht man technische Maßnahmen, die die von den Altlasten ausgehenden Gefahren reduzieren und kontrollieren. Eine vollständige Sanierung im Sinne von Beseitigung der Gefahrenstoffe ist in der Regel nicht möglich. Durch die Maßnahmen werden vielmehr die Schadstoffe aus den Böden lediglich in andere Bereiche verlagert, z.B. auf die Sondermülldeponie, wo sie besser kontrolliert werden können. Da die Altlastensanierung großen finanziellen Aufwand erfordert, besteht ein deutlicher Anreiz zur Vermeidung künftiger Altlasten durch vorsorgenden Umweltschutz.

Die *Nachfrage* nach Altlastensanierung wird dadurch ausgelöst, daß Unternehmen auf der Grundlage des Verursacherprinzips sanierungspflichtig gemacht werden können, wenn sie durch ihre Tätigkeit derartige Umweltbelastungen verursacht haben. Dabei besteht eine ständige Unsicherheit bezüglich der Entwicklung der tolerierbaren Grenzwerte, anhand derer die Einordnung einer Fläche als Altlast vorgenommen wird. Das Altlastenrisiko ist inzwischen zu einem wichtigen Entscheidungsfaktor bei der Standortwahl geworden.

Das Problem der Altlasten wurde 1974 erstmals durch den Rat von Sachverständigen für Umweltfragen erwähnt. Daraufhin ist bei der Altlastensanierung ein deutlicher Anstieg der Zahl

---

46) Vgl. Wagner / Fichtner [1989], S. 35.

der *Anbieter* zu verzeichnen: Während 1975 erst 68 Unternehmen in diesem Bereich tätig waren, waren es 1988 bereits 372.

Die Aufgaben der Umweltschutzindustrie bei der Altlastensanierung liegen in den Bereichen

- Informationsbeschaffung,

- Beratung und Planung,

- geophysikalische, biologische und chemische Bodenanalysen,

- Entwicklung von Sanierungstechniken,

- Ausführung der Sanierung,

- Sonderleistungen.

Bei der Sanierungsausführung lassen sich die systematische und flächendeckende Erfassung, die Gefährdungsabschätzung durch Bestimmung der Ausbreitungspfade und des Verunreinigungsgrades, die eigentliche Sanierung und die anschließende Überwachung der Altlast als Bearbeitungsphasen unterscheiden. Als Sanierungsverfahren stehen verschiedene Dekontaminationsverfahren, die eine dauerhafte Sanierung durch Entfernung der Schadstoffe bewirken, und Sicherungsverfahren, die lediglich die Ausbreitung der Schadstoffe verhindern oder verringern, zur Verfügung.

2.3.2.6 Entwicklung regenerativer Energien

Ein wesentliches Kennzeichen der herkömmlichen industriellen Produktion ist der ständig zunehmende Energieverbrauch. Da die derzeit vorrangig eingesetzten fossilen und nuklearen Energieträger zum einen nicht unbegrenzt verfügbar sind, zum anderen durch ihre Emissionen an Schadstoffen bzw. Strahlung Probleme aufwerfen, besteht ein verstärktes Interesse an der Nutzung alternativer, regenerativer Energien.

Unter *regenerativen Energieträgern* werden solche nicht-fossilen und nicht-nuklearen Energien verstanden, die im Prinzip zeitlich unbegrenzt zur Verfügung stehen, insbesondere:

- kinetische Energien: Windkraft, Wasserkraft, Gezeitenenergie

- Wärme- und Strahlungsenergien: Solarenergie, Geothermie, Umgebungs- und Meereswärme

- chemische Energien: Biomasse, z.B. Energiepflanzen, Wasserstoff

Trotz eines beachtlichen Potentials ist die Forschung auf dem Gebiet der regenerativen Energien - mit Ausnahme der Wasserkraft - noch nicht weit fortgeschritten, die Anlagen befinden sich zum großen Teil noch im Versuchsstadium. Dadurch sind die Kosten je Energieeinheit sehr hoch, so daß sich die Anwendung lediglich in Einzelfällen, großtechnisch jedoch noch nicht, rechnet. Bei einem Übergang zur Massenproduktion ist zu erwarten, daß die Kosten der regenerativen Energien sinken werden. Eine Konkurrenzfähigkeit gegenüber den konventionellen Energieträgern wird sich jedoch nur ergeben, wenn diesen ihre sozialen Kosten aufgrund des Umweltverbrauchs zugerechnet werden.[47]

Allerdings gehen auch von den regenerativen Energien teilweise nachteilige Umweltwirkungen aus: So läßt sich die Wasserkraft vielfach nur durch gravierende Eingriffe in die Landschaft nutzen, weiter sind insbesondere Sonnenkollektoren und Windkrafträder mit einem erheblichen Landschaftsverbrauch verbunden.

2.3.3 Umweltberatung

Die *Umweltberatung* ist eine Dienstleistungsfunktion der Umweltschutzindustrie. Aufgrund der ständigen Änderungen bei den relevanten Gesetzen besteht ein großer Bedarf an fachkundiger Beratung bei der Planung und Durchführung von Umweltschutzinvestitionen. Weitere Beratungsaufgaben fallen bei der Durchführung von Umweltverträglichkeitsprüfungen oder beim Kauf von eventuell mit Altlasten behafteten Grundstücken an.

Eine *ehrenamtliche Beratung* als Information über die Möglichkeiten eines Unternehmens oder eines einzelnen, sich aktiv am Umweltschutz zu beteiligen, wird insbesondere durch Umweltschutzverbände, Verbraucherinitiativen und -zentralen, das Umweltbundesamt und die Kommunen durchgeführt.

Hauptamtliche Umweltberatung erfolgt durch Umweltberatungsstellen, wobei es sich um eine nicht geschützte Bezeichnung handelt. Dazu zählen insbesondere Unternehmensberatungen, die sich auf die Umweltberatung spezialisieren, sowie die Unternehmensinitiativen B.A.U.M. und future, die ein Unternehmen auf Ansatzpunkte für Umweltschutz in den Bereichen Energie, Wasser, Reinigung, Bürowesen z.B. anhand von Winter-Checklisten[48] überprüfen, einen Informationspool für umweltorientierte Managementkonzepte, Umweltrecht und andere Interessengebiete bereitstellen und Seminare, Workshops und Tagungen zu Umweltthemen durchführen. Insgesamt ist eine starke Tendenz zur Professionalisierung der Umweltberatung festzustellen, da sich mit zunehmendem Beratungsbedarf die Erfolgsaussichten in diesem Bereich erhöhen.

2.3.4 Zukunftsaussichten der Umweltschutzindustrie

Für die Zukunft lassen sich der Umweltschutzindustrie sehr gute *Wachstumschancen* prognostizieren, da immer schärfere und zusätzliche Anforderungen an die produzierenden Unternehmen zu erwarten sind, aus denen jeweils eine Nachfrage nach geeigneter Umwelttechnologie resultiert.[49] Aufgrund der besonders strengen deutschen Umweltschutzanforderungen weisen die Anbieter von Umwelttechnologien und -know-how einen *Vorsprung im interna-*

---

47) Vgl. Hohmeyer [1991], S. 558 ff.
48) Vgl. Winter [1990], S. 70 - 202.
49) Vgl. Oberholz [1989], S. 84 f.

tionalen Wettbewerb auf, der bei der zu erwartenden Angleichung von Anforderungen und Grenzwerten im Rahmen der EG-Harmonisierung ein bedeutendes Erfolgspotential dargestellt.

Kurzfristig ist vor allem die Weiterentwicklung von nachgeschalteten Umweltschutzverfahren zu erwarten, da diese am schnellsten zu einer spürbaren Umweltentlastung führen. *Mittelfristig* wird jedoch die Entwicklung von emissionsvermeidenden integrierten Verfahren und von Recyclingtechnologien im Vordergrund stehen, durch die sich gleichzeitig eine Schonung der natürlichen Ressourcen und eine Abfallreduktion erreichen läßt. *Langfristig* ist davon auszugehen, daß in bezug auf die heute bekannten Umweltbelastungen Umweltschutz zum selbstverständlichen Bestandteil der Produktion wird, so daß keine Trennung zwischen umweltbezogenen und herkömmlichen Investitionen mehr möglich ist. Jedoch ist zu erwarten, daß ständig neue Umweltprobleme erkannt werden, für die dann wieder innovative Lösungen erforderlich werden.

2.4 Zusammenfassung

Die vorstehenden Ausführungen haben einige Ansatzpunkte für Umweltschutz im Produktionsbereich sowie mögliche Maßnahmen und Problemlösungen aufgezeigt. Dabei wurde insbesondere deutlich, daß eine langfristige und vorausschauende Unternehmensstrategie über die kurzfristige Erfüllung der gerade geltenden Vorschriften hinausgeht, um dem Unternehmen *langfristige Erfolgs- und Wachstumschancen* zu sichern. Zu einer solchen Strategie gehören eine auf künftige Entwicklungen abgestellte Standortwahl und -sicherung, eine umweltorientierte Einkaufspolitik, durch die die von den Produkten ausgehenden Belastungen verringert werden, die Investition in integrierte Fertigungstechnologien, durch die aufwendig zu entsorgende Abfälle und Emissionen gar nicht erst entstehen, sowie eine Gestaltung von Produkten und Produktionsprozessen, die eine weitgehende Rückführung und Verwertung von Reststoffen durch Recycling erlaubt. Weiter wurde gezeigt, daß zahlreiche gesetzlich erzwungene oder freiwillig durchgeführte Umweltschutzmaßnahmen für das Unternehmen mit *Kostensenkungspotentialen* verbunden sind, also gleichzeitig eine Verfolgung ökonomischer und ökologischer Zielsetzungen ermöglichen.

3. Erfassung von Umweltwirkungen der Produktion

Nachdem in den vorangegangenen Kapiteln ein Überblick über die Bedeutung und die Auswirkungen der Umweltschutzproblematik in der Produktionswirtschaft gegeben wurde, steht im folgenden die theoretische Analyse im Vordergrund. In diesem Kapitel werden zunächst die Grundlagen für eine produktionstheoretische Erfassung der bereits in Abschnitt 2.1 dargestellten vielfältigen Umweltbeziehungen der Produktion gelegt. Dazu ist die Vorgabe sowohl eines Mengengerüsts als auch einer Bewertungsvorschrift für die relevanten Umweltwirkungen erforderlich. Die Bestimmung des Mengengerüsts setzt die quantitative Erfassung der Einwirkungen voraus. Daher wird zunächst herausgearbeitet, inwieweit sich die natürliche Umwelt als Produktionsfaktor bzw. als Gut auffassen läßt. Anschließend werden verschiedene - zum Teil zuvor bereits angesprochene - Wertansätze im Hinblick auf ihre Eignung für die konsistente Bewertung von Umweltwirkungen diskutiert.

3.1 Umwelt als Produktionsfaktor

3.1.1 Das Faktorsystem der Volkswirtschaftslehre

Mit dem Begriff *Produktionsfaktoren* bezeichnet man die Einsatzgüter, die zur Herstellung bestimmter Produkte notwendig sind.[1] Die Volkswirtschaftslehre hat bereits früh ein System elementarer Produktionsfaktoren entwickelt, die sich nach ihrem Anteil an der gesamtwirtschaftlichen Wertschöpfung und der daraus resultierenden Einkommensverteilung unterscheiden lassen. Es sind dies:

- *Arbeit*:   Für die Nutzung menschlicher Arbeitskraft ist *Lohn* zu zahlen.

- *Boden*:   Die Entlohnung des Produktionsfaktors Boden wird als *Rente* bezeichnet.

- *Kapital*:   Im Gegensatz zu den originären Produktionsfaktoren Arbeit und Boden ist das Kapital ein derivativer Faktor, der aus diesen im Zeitablauf hervorgeht. Seine Entlohnung ist der *Zins*.

Diese Produktionsfaktoren haben in verschiedenen Epochen und den zugehörigen volkswirtschaftlichen Denkansätzen jeweils unterschiedliches Gewicht gehabt. So hat sich die *Physiokratie* schwerpunktmäßig mit der Bedeutung des Bodens für die Gütererzeugung befaßt, die verschiedenen Ansätze der *Arbeitswertlehre* stellen die menschliche Arbeit in den Mittelpunkt ihrer Betrachtungen, die Rolle des Kapitals wird vor allem in der *Klassik* und *Neoklassik* untersucht.[2]

Die natürliche Umwelt wird in diesen Ansätzen weitgehend als *freies Gut* angesehen, das in unbegrenzter Menge zur Verfügung steht. Daher wird sie bei Allokationsentscheidungen weder als Mengen- noch als Kostengröße explizit berücksichtigt; ebensowenig werden die an-

---

1) Vgl. zum folgenden Steven [1991b], S. 510 - 511.
2) Vgl. z.B. Gide / Rist [1923]; Stavenhagen [1969].

gesichts der heutigen *Umweltprobleme* in das Blickfeld gerückten Einflüsse und Wirkungen der industriellen Produktion auf die natürlichen Lebensgrundlagen erfaßt.[3] Dies läßt sich zum einen damit begründen, daß solche Probleme zur Zeit ihrer Entstehung allenfalls lokal und zeitlich begrenzt auftraten, also nicht so dringlich waren, zum anderen standen damals die im Zuge der Industrialisierung auftretenden sozialen Probleme im Vordergrund volkswirtschaftlicher Untersuchungen.

3.1.2 Das Faktorsystem der Betriebswirtschaftslehre

Da die betriebswirtschaftliche Produktionstheorie die betriebliche Leistungserstellung sowie deren Steuerung und Kontrolle in den Vordergrund stellt, benötigt sie ein anderes Faktorsystem als die volkswirtschaftliche Verteilungstheorie. Das am weitesten verbreitete betriebswirtschaftliche Produktionsfaktorsystem nimmt eine Einteilung der Faktoren vor, die sich an den Möglichkeiten, sie den verschiedenen Produkten zuzurechnen, orientiert.[4] Es geht zurück auf E. Gutenberg, der die Produktion als Kombination der *Elementarfaktoren* Werkstoffe, Betriebsmittel und Arbeit auffaßt.[5]

- *Werkstoffe* sind dadurch gekennzeichnet, daß sie direkt in das Endprodukt eingehen. Sie werden auch als Verbrauchs- bzw. Repetierfaktoren bezeichnet. Zu den Werkstoffen zählen z.B. Rohstoffe, Vorprodukte, Energie oder Schmierstoffe.

- *Betriebsmittel* sind dazu bestimmt, längerfristig der Produktion zu dienen. Sie geben ihr Nutzungspotential nach und nach an die Produkte ab (abnutzbare Betriebsmittel) oder werden als unveränderlich angesehen (nicht abnutzbare Betriebsmittel). Zu den abnutzbaren Betriebsmitteln zählen insbesondere Maschinen und Gebäude, nicht abnutzbare Betriebsmittel sind Grundstücke und Katalysatoren. Andere Bezeichnungen, die den dauerhaften Charakter der Betriebsmittel zum Ausdruck bringen, sind Gebrauchs- bzw. Potentialfaktoren.

- Unter menschlicher *Arbeitskraft* als drittem elementaren Produktionsfaktor versteht Gutenberg die ausführende, objektbezogene Arbeit, die direkt der Leistungserstellung dient. Er unterscheidet sie von der dispositiven Arbeit, deren Aufgabe die Unternehmensführung, d.h. die Planung und Kontrolle der betrieblichen Prozesse, ist.

Auch in diesem Produktionsfaktorsystem wird die natürliche Umwelt nicht explizit erfaßt, sie steht allerdings als *Ressourcenlieferant* letztlich hinter allen genannten Faktoren.

Um die Rolle der natürlichen Umwelt bei der Produktion explizit zu erfassen, müßte das klassische betriebswirtschaftliche Faktorsystem um die "natürliche Umwelt" als Produktionsfaktor erweitert werden.[6] Auf den *Einsatz* von aus der Umwelt stammenden Ressourcen in der Leistungserstellung kann, wenn man vom theoretischen Ideal vollkommenen Recyclings ab-

---

3) Vgl. hierzu ausführlich Immler [1985].
4) Vgl. hierzu Steven [1991b], S. 511 - 513.
5) Vgl. Gutenberg [1951], S. 2 f.
6) Ansätze hierzu finden sich z.B. bei Jahnke [1986]; Plein [1989]; Dyckhoff [1990, 1992].

sieht, nicht verzichtet werden. Ein Grund für ihre bisherige Vernachlässigung ist, daß nur knappe Güter explizit als Produktionsfaktoren angesehen werden.7) Die Knappheit letztlich aller natürlichen Ressourcen, auch der sogenannten freien Güter wie Luft und Wasser, ist aber ein Tatbestand, dessen man sich lange nicht bewußt war.

Ebenso bedeutsam wie ihre Rolle als Ressourcenlieferant ist die Funktion der natürlichen Umwelt als *Aufnahmemedium* für Produktionsrückstände und Abfälle aller Art.8) Daß dies in wirtschaftlichen Betrachtungen bislang weitgehend vernachlässigt wurde, ist ebenfalls darauf zurückzuführen, daß man sich ihrer Knappheit nicht bewußt war.

Die Sonderstellung der natürlichen Umwelt als Produktionsfaktor kommt insbesondere darin zum Ausdruck, daß sie bezüglich verschiedener Kriterien, nach denen sich die klassischen Faktoren eindeutig einordnen lassen, eine *Zwischenstellung* einnimmt:

(1) Bestimmte Aspekte der Umwelt weisen ihr den Charakter eines *Potentialfaktors* zu, z.B. ihre längerfristige Nutzbarkeit im Rahmen der natürlichen Regenerationsfähigkeit, die örtliche Immobilität und die Limitationalität einzelner natürlicher Ressourcen bei bestimmten Prozessen. Andererseits erscheinen solche Rohstoffe, die unmittelbar in die Produkte eingehen, einzelwirtschaftlich als *Verbrauchsfaktoren*, bei mehrfachem Gebrauch durch Recycling gesamtwirtschaftlich jedoch eher als Potentialfaktoren.

(2) Während sich bei der üblichen Darstellung des betrieblichen Güterflusses für jeden elementaren Produktionsprozeß eindeutig angeben läßt, ob ein beteiligtes Gut Einsatzfaktor oder Produkt ist, tritt die Umwelt sowohl auf der Input- als auch auf der Outputseite der Produktionsprozesse auf.

- Während Rohstoffe und Energie vom Unternehmen auf den Beschaffungsmärkten entgeltlich erworben werden müssen und daher auch explizit als *Einsatzfaktoren* erfaßt werden, gelten Umweltmedien wie Luft und Wasser bislang vielfach noch als freie Güter. Obwohl sie ebenso unentbehrlich für die Leistungserstellung sind, wird ihr Verbrauch weder erfaßt noch bezahlt.

- Auf der *Outputseite* des Produktionsprozesses dient die Umwelt als Aufnahmemedium für Schadstoffe und Abfälle aller Art.

  - Direkt mit der Produktion verbunden sind Belastungen wie Abgase, Abwasser, Bodenverseuchung, Lärm, Staub, Abwärme oder Strahlung. Dieser *unerwünschte Output* fällt als unvermeidbares Kuppelprodukt der eigentlichen Erzeugnisse bei den Produzenten an.

  - Doch auch die *erwünschten Produkte* führen oft auf indirektem Wege zu Umweltbelastungen: ihre Verpackung fällt sofort als Abfall an, viele Produkte (z.B. Kraftfahrzeuge) führen bei bestimmungsgemäßem Gebrauch zu Emissionen und Abfällen verschiedener Art, schließlich wird auch das Produkt selbst nach seiner Nutzung zu Abfall.

---

7) Vgl. z.B. Bohr [1979], Sp. 1482.
8) Vgl. Abschnitt 2.1.

Beide Formen der Umweltinanspruchnahme, die Entnahme von Rohstoffen und die Einbringung von Abfällen, wirken direkt und indirekt auf alle Produktionsfaktoren und zahlreiche wirtschaftliche Prozesse ein. So führt eine Verschlechterung der Umwelt als Regenerationspotential für den Menschen einerseits zu einer verminderten Qualität der Arbeitskraft z.B. durch umweltbedingte Gesundheitsschäden, andererseits verändern sich das Freizeitverhalten und die Bedürfnisse der Konsumenten, was zu einer Umstrukturierung der Produktion führt, die wiederum auf die Umwelt zurückwirkt.

(3) Ein weiterer Unterschied der Umwelt zu den klassischen Produktionsfaktoren besteht darin, daß ihr produktiver Einsatz schwerer mengen- und wertmäßig zu erfassen ist. Zur Zeit haben viele Formen der Umweltnutzung noch einen Status als *öffentliches Gut* mit der daraus resultierenden Unmöglichkeit, einzelne an ihrer kostenlosen und oft übermäßigen Inanspruchnahme zu hindern.[9]

Es ist somit offensichtlich, daß eine einfache Erweiterung des Gutenberg'schen Faktorsystems um einen Produktionsfaktor Umwelt *nicht* möglich ist, sondern daß eine neuartige, erweiterte Begriffsbildung notwendig wird, um die besondere Qualität der vielfältigen Funktionen der natürlichen Umwelt bei der Leistungserstellung angemessen zu erfassen. Daher wird im folgenden Abschnitt geprüft, inwieweit sich die Rolle der natürlichen Umwelt mit dem *Güterbegriff* erfassen läßt.

3.2 Umwelt als Gut

3.2.1 Güterbegriff

Ein *Gut* wird in der ökonomischen Analyse durch folgende Eigenschaften charakterisiert:[10]

- Die *Qualität* gibt die Eignung eines Objektes für eine bestimmte Verwendung an. Alle Objekte, die bezüglich der relevanten Eigenschaften als gleichwertig angesehen werden, lassen sich zu einem homogenen Gut zusammenfassen.

- Die *Quantität* bezeichnet die Menge, in der ein Gut für die geplante wirtschaftliche Verwendung zur Verfügung steht oder beschafft werden kann.

- Ein wichtiges Kriterium ist der *Ort der Verfügbarkeit*; zwei identische Objekte, die sich an verschiedenen Stellen befinden, können nicht in gleicher Weise verwendet werden und stellen daher unterschiedliche Güter dar.

- Ähnliches gilt für den *Zeitpunkt der Verfügbarkeit*; nur solche Objekte, die im Bedarfszeitpunkt zur Verfügung stehen, sind für die geplante wirtschaftliche Verwendung geeignet.

Als Güter in diesem Sinne gelten nicht nur materielle Gegenstände, sondern auch immaterielle Objekte wie Dienstleistungen oder Nutzungspotentiale. Es ist offensichtlich, daß sich auch die

---

9) Vgl. Abschnitt 1.2.3.1.
10) Vgl. Debreu [1959], S. 28 f.

verschiedenen Beziehungen der Produktion zur natürlichen Umwelt, insbesondere in Form von Rohstoffbereitstellung, Entsorgungskapazitäten und Regenerationspotentialen, mit diesem Güterbegriff erfassen lassen.

Im Unterschied zu anderen Terminologien, die von Gütern, Ungütern, Übeln, Abprodukten, Residuen usw. reden,[11] sollen hier sämtliche Objekte, die in die Produktion eingehen oder aus ihr hervorgehen, einheitlich als *Güter* bezeichnet werden. Diese Güter lassen sich in verschiedene Kategorien einteilen, z.B. in erwünschte und unerwünschte Güter oder in herkömmliche Güter und Umweltgüter. Derartige Einteilungen werden in den folgenden Abschnitten vorgenommen.

3.2.2 Transformationsbeziehungen

Je nachdem, aus welcher Sicht man den Transformationsprozeß der Produktion betrachtet, ergeben sich unterschiedliche Interpretationen für die auftretenden Güterströme.

Bei der herkömmlichen Darstellung der Produktion als *mengenmäßige Transformation* treten auf der Inputseite knappe Produktionsfaktoren, die entgeltlich am Faktormarkt beschafft werden, und auf der Outputseite materielle Güter und Dienstleistungen als erwünschte Produkte, die auf dem Absatzmarkt veräußert werden können, auf. Dieser Zusammenhang ist nochmals in Abbildung 19 verdeutlicht.

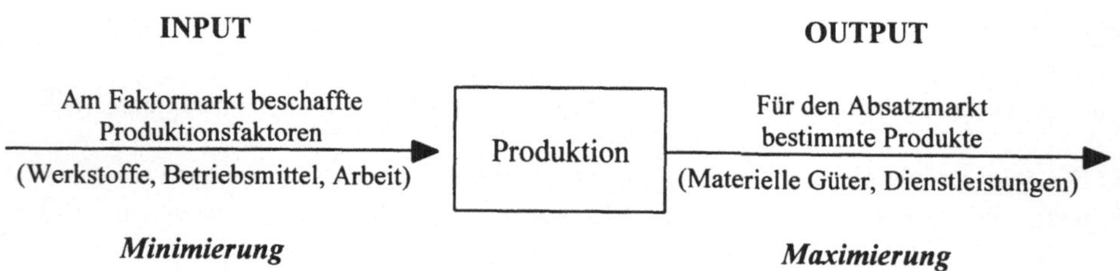

Abb. 19: Klassische Darstellung des Produktionsprozesses

In dieser Darstellung sind Umweltgüter nicht enthalten. Wenn sämtliche Wechselwirkungen der Produktion mit der natürlichen Umwelt erfaßt werden sollen, so ist die klassische mengenmäßige Transformationsbeziehung um folgende Aspekte zu erweitern:

(1) Auf der *Outputseite* sind zusätzlich die Emission von Schadstoffen und die Abgabe von Abfällen an die Umwelt zu berücksichtigen.

---

11) Vgl. z.B. Dyckhoff [1991]; Merk [1988]. Eine Übersicht über derartige Begriffsbildungen findet sich bei Müller [1991], S. 14 - 16.

- Zum einen handelt es sich dabei um Stoffe und Energien, deren Emission nicht bemerkt oder nicht sanktioniert wird. Dies ist der klassische Fall des "free disposal"; der Betrieb kann sich seiner unerwünschten Kuppelprodukte entledigen, ohne daß für ihn direkte Kosten entstehen. Die oft erst später bemerkbaren externen Kosten solcher Emissionen werden von der Allgemeinheit getragen. Für den Betrieb besteht kein Anreiz, die Entstehung dieser Produktarten zu reduzieren.

- Zum anderen entstehen bei der Produktion Stoffe und Energien, deren beliebige Einbringung in die Umwelt unerwünscht bzw. verboten ist. Es erfolgt eine Sanktionierung mittels der verschiedenen Instrumente staatlicher Umweltpolitik, insbesondere

  - Erhebung von Gebühren,

  - Festsetzung von Emissionsobergrenzen,

  - Androhung von Bestrafung.

  Da es für diese Güter nicht die Möglichkeit eines "free disposal" gibt, besteht ein Anreiz, ihre Entstehung soweit wie möglich zu verringern.

Für beide Güterarten gilt, daß sie bei gegebener Technologie zwangsweise als *Kuppelprodukte* neben den erwünschten Produkten entstehen, jedoch in der herkömmlichen Darstellung der Produktion nicht (hinreichend) erfaßt werden. Die Entstehung solcher Güter bedeutet letztlich eine unvollständige Umsetzung der Ausgangsstoffe in Endprodukte. Daraus ergibt sich ein zusätzlicher Anreiz, ihren Anfall soweit technisch möglich zu reduzieren.

(2) Auch auf der *Inputseite* des Produktionsprozesses ist eine Ergänzung der herkömmlichen Darstellung notwendig; neben den klassischen Produktionsfaktoren können folgende Güter zum Einsatz gelangen:

- Regelmäßig werden Umweltgüter als sogenannte "freie Güter" verwendet, für deren Nutzung kein Entgelt zu zahlen ist. Hierzu zählen z.B. der Luftsauerstoff, der in Oxidationsprozesse eingeht oder auch die Nutzung von Luft und Wasser zur Kühlung. Ähnlich wie bei den nicht sanktionierten Emissionen besteht auch hier das Problem, daß durch die einzelwirtschaftliche Nutzung natürlicher Ressourcen verursachte Umweltschäden von der Allgemeinheit als externe Kosten getragen werden müssen. Eine staatliche Regulierung derartiger Entnahmeaktivitäten, die zur Internalisierung der Kosten führen würde, erfolgt erst in Ansätzen, z.B. im Rahmen der Genehmigung bestimmter Anlagen an bestimmten Standorten.

- Ein anders gearteter Fall liegt vor, wenn zu den Einsatzstoffen der Produktion Abfälle oder Schadstoffe zählen, deren Beseitigung erwünscht ist. Dies ist insbesondere beim Recycling, bei Entsorgungsprozessen sowie bei der Sanierung von Umweltschäden als Aufgaben der Umweltschutzindustrie der Fall. Ein weiteres Beispiel ist eine Müllverbrennungsanlage, die durch "thermische Verwertung" aus Abfällen Energie in Form von Elektrizität und Wärme erzeugt;[12] doch auch die Rückführung von Abwärme, die

---

12) Vgl. Dyckhoff [1992], S. 67 ff.

Aufbereitung von Reststoffen und andere Formen des Recycling sind hier zu nennen. Ein derartiger Einsatz von Abfällen und Schadstoffen in der Produktion kann aus vielfachen Gründen erfolgen:

- Einsparung von externen Entsorgungskosten

- Substitution anderer, entgeltlich erworbener Faktorarten

- Befolgung von gesetzlichen Abfallverwertungsgeboten

- in der Umweltschutzindustrie: Erzielung von Erlösen

Im Gegensatz zu den herkömmlichen Einsatzfaktoren, die entgeltlich auf Faktormärkten erworben werden, so daß man ihren Einsatz zu minimieren versucht, führt die produktive Verwendung von Abfällen und Schadstoffen zu Kostenreduktionen bzw. zu Erlösen, so daß diese Stoffe in möglichst großen Mengen eingesetzt werden.

Ergänzt man die herkömmliche Darstellung des Produktionsprozesses um diese vier Güterarten, so gelangt man zur erweiterten Darstellung in Abbildung 20. Diese Darstellung orientiert sich an der *Stellung der Güter im Produktionsprozeß*, d.h. auf der Inputseite werden die Güterarten berücksichtigt, die in die Produktion eingehen, auf der Outputseite solche, die aus der Produktion resultieren.

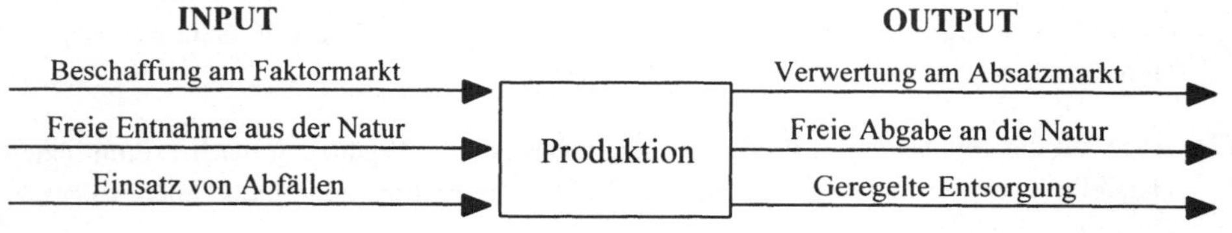

Abb. 20: Erweiterte Darstellung des Produktionsprozesses

Problematisch ist bei dieser Einteilung zunächst die explizite *Erfassung* aller relevanten Umweltnutzungen - häufig wird eine Gefährdung erst im nachhinein erkannt, wie das Beispiel der Altlasten zeigt - und anschließend ihre *Zuordnung* zu den Güterarten, die sich im Zeitablauf verschieben kann. Eine solche Verschiebung findet z.B. statt, wenn durch umweltpolitische Maßnahmen bislang freie Umweltnutzungen mit Kosten belastet werden oder wenn sich für einen bislang als Abfall angesehenen Stoff eine Einsatzmöglichkeit ergibt.

Bei der Klassifikation der Güterarten hat sich gezeigt, daß für ihre Einordnung und Beurteilung neben der Stellung im Transformationsprozeß weitere Kategorien relevant sind, und zwar zum einen die *Bewertung*, die hier auf das Vorzeichen des Preises des jeweiligen Gutes reduziert wird, zum anderen die einzel- und gesamtwirtschaftliche *Erwünschtheit*.

Während bei der herkömmlichen Betrachtungsweise alle drei Kategorien in die gleiche Richtung weisen - Inputs bedeuten Rohstoffeinsatz und verursachen Kosten, daher sollen sie minimiert werden; Outputs bedeuten Versorgung mit Gütern und erzielen Erlöse, daher sind sie zu maximieren - treten bei der erweiterten Betrachtungsweise Diskrepanzen auf, so daß jede Beurteilungskategorie zu einer anderen Einteilung der Güterarten führt.

- Faßt man die Produktion als *wertmäßige Transformation* auf, so sind auf der Kostenseite die Beschaffung von Produktionsfaktoren und die Entsorgung von Abfällen zu berücksichtigen, auf der Erlösseite die Verwertung der Endprodukte am Absatzmarkt und der produktive Einsatz von Abfällen und Schadstoffen, vgl. Abbildung 21. Da die Entnahme von "freien Gütern" und das nicht sanktionierte "free disposal" von Abfällen weder Kosten noch Erlöse bewirken, sind die beiden damit verbundenen Güterarten in dieser Darstellung nicht enthalten.

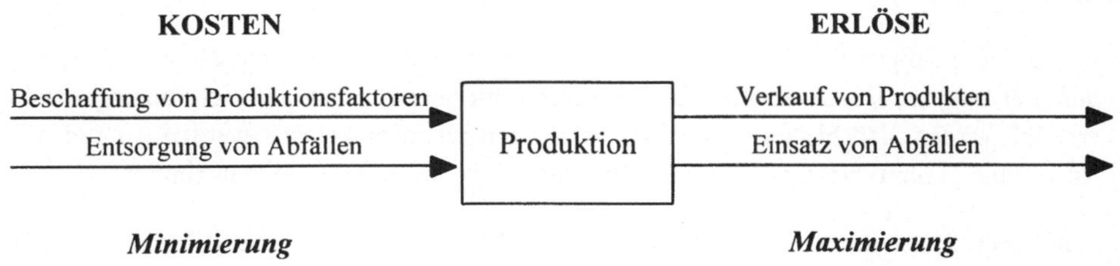

Abb. 21: Wertmäßige Darstellung des Produktionsprozesses

- Nimmt man eine Einteilung der Güterarten nach ihrer *einzelwirtschaftlichen Erwünschtheit* vor, so gelangt man zu demselben Ergebnis wie bei der wertmäßigen Betrachtung, da die Verursachung von Kosten einzelwirtschaftlich unerwünscht, die Erzielung von Erlösen erwünscht ist; die beiden pagatorisch unwirksamen Güterarten sind auch hier irrelevant.[13]

- Ein anderes Bild ergibt sich, wenn man die *gesamtwirtschaftliche Erwünschtheit* der Güterarten zugrundelegt. Im Gegensatz zur einzelwirtschaftlichen Betrachtung sind hier die beiden eine unentgeltliche Umweltnutzung bewirkenden Güterarten als unerwünscht anzusehen und somit explizit in die Betrachtung aufzunehmen, vgl. Abbildung 22.

---

13) Eine solche Klassifikation von Input- und Outputgütern in die Erwünschtheitskategorien "Gut", "Übel" und "Neutrum" nimmt Dyckhoff vor; vgl. Dyckhoff [1992], S. 65 ff.

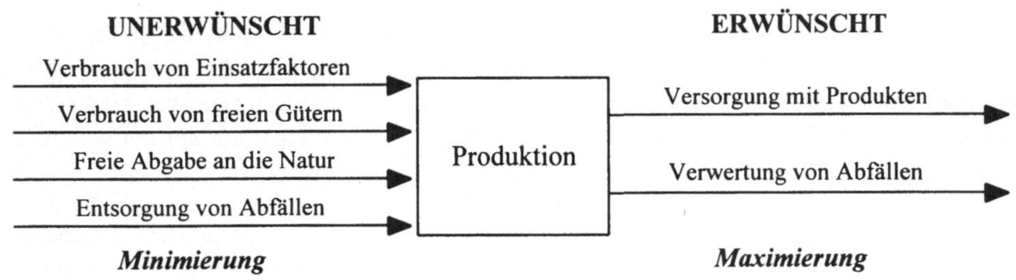

Abb. 22: Gesamtwirtschaftliche Erwünschtheit der Güter

Aus diesen Diskrepanzen der verschiedenen Betrachtungsebenen lassen sich *Ansatzpunkte für die staatliche Umweltpolitik* herleiten:

- An der wertmäßigen Darstellung des Produktionsprozesses in Abbildung 21 setzt eine *pretiale Lenkung* an: Durch die Vorgabe von Preisen für unerwünschte Umweltnutzungen soll erreicht werden, daß bislang kostenlose Nutzungen nunmehr belastet werden, so daß die einzel- und gesamtwirtschaftliche Wertschätzung der Umweltgüter übereinstimmen.

- Statt durch Preise kann die Steuerung auch mit Hilfe von Emissions- und Entnahmeraten erfolgen. Dies entspricht einer *mengenmäßigen Steuerung*, die an den Güterströmen in Abbildung 22 ansetzt. Durch solche Restriktionen werden die betroffenen Umweltgüter einzelwirtschaftlich knapp, so daß sie positive Opportunitätskosten bzw. Schattenpreise erhalten.[14]

Eine Minimierung der unentgeltlichen Umweltnutzung läßt sich also erreichen, indem für die bislang freien Güterarten Preise oder Mengenrestriktionen gesetzt werden, so daß

- ihr Verbrauch über einen Markt gesteuert wird,

- externe Kosten bei den Verursachern internalisiert werden,

- Anreize zur Einsparung dieser Kosten durch Umweltschutzmaßnahmen geschaffen werden.

Dabei kommt es für die Einordnung eines Gutes nicht auf die Höhe, sondern lediglich auf das Vorzeichen seines Preises bzw. Schattenpreises an. Im folgenden wird vorausgesetzt, daß diese Umgruppierung der zuvor freien Güter durch Maßnahmen der Umweltpolitik erreicht wurde, so daß lediglich die mit Kosten oder Opportunitätskosten verbundenen Güterarten betrachtet werden müssen. Dann wird die einzelwirtschaftlich gewinn- bzw. rentabilitätsmaximale Faktorallokation zugleich zu einem gesamtwirtschaftlichen Nutzenoptimum führen.

---

14) Zur Dualität der Steuerung durch Preis- bzw. Mengenvorgaben vgl. insbesondere Bonus [1984] sowie Kistner [1989], S. 40/41, S. 47; vgl. auch Abschnitt 4.4.2

3.2.3 Effizienzbetrachtungen

Die vorstehenden Überlegungen lassen sich mit Hilfe des *Effizienzkriteriums* formalisieren. In der herkömmlichen produktionstheoretischen Betrachtung[15] wird eine Produktionsalternative durch den Vektor $\underline{y}$ der beteiligten Gütermengen repräsentiert, der aus den Teilvektoren

$$\underline{r} = \left(r_1, ..., r_n\right) \geq \underline{0}$$

der Einsatzfaktormengen und

$$\underline{x} = \left(x_1, ..., x_m\right) \geq \underline{0}$$

der Produktionsmengen besteht:[16]

$$\underline{y} = \left(\underline{r}, \underline{x}\right)$$

Eine Produktionsalternative

$$\underline{y}^o = \left(\underline{r}^o, \underline{x}^o\right)$$

ist genau dann effizient, wenn es keine andere Produktionsalternative $\underline{y}$ gibt, so daß gilt:[17]

$$r_i \leq r_i^o \qquad \text{für alle } i = 1,..., n$$

$$x_j \geq x_j^o \qquad \text{für alle } j = 1,..., m$$

$$\text{und} \quad r_i < r_i^o \qquad \text{für mindestens ein } i$$

$$\text{oder} \quad x_j > x_j^o \qquad \text{für mindestens ein } j$$

Für die um Umweltgüter erweiterte Betrachtung ist eine Modifikation der Vektoren $\underline{r}$ und $\underline{x}$ notwendig: Bezeichnet man die in einem Prozeß entstehenden, unerwünschten Schadstoffe und Abfälle mit dem Vektor

$$\underline{X} = \left(X_1, X_2, ..., X_M\right)$$

und die in der Produktion eingesetzten Abfälle oder Schadstoffe mit

$$\underline{R} = \left(R_1, R_2, ..., R_N\right),$$

so lautet das Effizienzkriterium für um Umweltgüter erweiterte Produktionsalternativen:[18]

---

15) Vgl. z.B. Kistner [1993b], S. 4.

16) In anderen Darstellungen ist es üblich, die Inputs durch negative und die Outputs durch positive Vorzeichen zu charakterisieren; vgl. z.B. Debreu [1959], S. 38; Hildenbrand / Hildenbrand [1975], S. 25 f.; Fandel [1991], S. 35 f.

17) Vgl. nochmals Kistner [1993b].

18) Siehe auch Dyckhoff [1992], S. 73 ff.

Eine Produktionsalternative

$$\underline{y}^o = \left(\underline{r}^o, \underline{x}^o, \underline{X}^o, \underline{R}^o\right)$$

heißt genau dann effizient, wenn es keine andere Produktionsalternative

$$\underline{y} = \left(\underline{r}, \underline{x}, \underline{X}, \underline{R}\right)$$

gibt, so daß gilt:

$$r_i \le r_i^o \qquad \text{für alle } i = 1,...,\, n$$

$$x_j \ge x_j^o \qquad \text{für alle } j = 1,...,\, m$$

$$X_J \le X_J^o \qquad \text{für alle } J = 1,...,\, M$$

$$R_I \ge R_I^o \qquad \text{für alle } I = 1,...,\, N$$

$$\text{und} \quad r_i < r_i^o \qquad \text{für mindestens ein } i$$

$$\text{oder} \quad x_j > x_j^o \qquad \text{für mindestens ein } j$$

$$\text{oder} \quad X_J < X_J^o \qquad \text{für mindestens ein } J$$

$$\text{oder} \quad R_I > R_I^o \qquad \text{für mindestens ein } I$$

Das bedeutet, daß eine Produktionsalternative ineffizient ist, wenn sich eine andere finden läßt, die weniger Produktionsfaktoren benötigt, weniger Schadstoffe erzeugt, mehr Produkte liefert oder mehr Schadstoffe einsetzt, ohne dabei in irgendeinem Kriterium schlechter zu sein. Diese erweiterte Anwendung des Effizienzkriteriums ist ein Beispiel dafür, daß sich traditionelle Analyseinstrumente der Betriebswirtschaftslehre modifizieren lassen, um auch Umweltaspekte zu erfassen.

Durch die Betrachtung zusätzlicher Dimensionen lassen sich allerdings weniger Produktionsalternativen als ineffizient aus der Betrachtung ausscheiden, so daß die Bedeutung des Effizienzkriteriums als mengenmäßige Vorauswahl abnimmt und die sich anschließende *Bewertung* um so mehr Gewicht erhält. Daher werden im folgenden Abschnitt verschiedene Wertansätze auf ihre Eignung für die konsistente Bewertung von herkömmlichen Gütern und Umweltgütern untersucht.

3.3 Wertansätze für Umweltgüter

Um über die Vorauswahl effizienter Produktionsalternativen hinausgehende Entscheidungen zu treffen, ist eine *Bewertung* der Gütermengen erforderlich. Dadurch werden die heterogenen Maßstäbe, mit denen die Gütermengen gemessen werden, in den *Wert* als einheitliches Maß transformiert.

Auch wenn bei den vorangegangenen Überlegungen bereits verschiedentlich auf Preise und andere Wertansätze zurückgegriffen wurde, ist nun systematisch zu untersuchen, welche Bewertungskonzepte für die Erfassung von Umweltwirkungen der Produktion geeignet sind. Dabei wird auf verschiedene monetäre Bewertungen in Form von Preisen sowie auf nichtmonetäre Wertansätze eingegangen.

Als *Preise* sind in diesem Zusammenhang solche Wertansätze zu verstehen, die einen Vergleich verschiedener Güterarten durch Umrechnung in eine einheitliche Größe, das *Geld*, ermöglichen. Je nach Ursprung und Verwendungszweck der Wertansätze unterscheidet man:

(1) Pagatorische Bewertung

Die *pagatorische Bewertung* knüpft an tatsächlich geleistete Zahlungen für extern beschaffte Güter bzw. an mögliche Erlöse für die Produkte an. Durch Multiplikation von Gütermengen mit ihren *Marktpreisen* werden die Gütermengen in das Geld als einheitlichen Maßstab transformiert und somit vergleichbar gemacht. Im Marktpreis ist ein Maßstab gefunden, der das Bewertungsproblem so löst, daß die Ressourcen zu ihrer lohnendsten Verwendung gelenkt werden, d.h. er dient als gesamtwirtschaftlicher *Knappheitsindikator*.

Der Bewertung mit Marktpreisen liegt allerdings die Prämisse zugrunde, daß für jedes Gut an jedem Ort und zu jeder Zeit ein eindeutiger Preis existiert, zu dem benötigte Mengen gekauft oder überschüssige Mengen verkauft werden können. Damit wird letztlich das *Geld* als einziges knappes Gut angesehen. Der Wert jedes Gutes kann in Geldeinheiten gemessen werden; er entspricht der Geldmenge, die erforderlich ist, das Gut zu beschaffen bzw. der Geldmenge, die man erhält, wenn man es veräußert.

Jedoch setzt die pagatorische Bewertung voraus, daß für jedes Gut ein *vollkommener Markt* existiert, was gerade bei Umweltgütern nur beschränkt gegeben ist: Es sind Fälle denkbar, in denen Güter nur in begrenzten Mengen am Markt verfügbar oder am Markt absetzbar sind. So tritt derzeit an vielen Sekundärrohstoffmärkten ein Angebotsüberschuß auf; die verfügbaren Mengen können zu den geltenden Preisen nicht abgesetzt werden. Dies ist darauf zurückzuführen, daß der Preis zu hoch angesetzt ist. Auf einem vollkommenen Markt würde der Preis so weit sinken, daß Angebot und Nachfrage zum Ausgleich kommen, auch wenn dies erst bei einem negativen Preis, der einer Zuzahlung des Anbieters entspricht, der Fall ist.

Weiter gibt es Güter, für die kein Marktpreis existiert, weil sie nicht am Markt gehandelt werden. Dies gilt in der klassischen Betrachtung z.B. für Maschinenleistungen[19] und ist auch für die meisten Emissionen der Fall. Schließlich gibt es keinen Marktpreis für die nicht explizit in der Produktivitätsbeziehung erfaßten sogenannten freien Güter. In allen diesen Fällen muß eine Bewertung zu Marktpreisen scheitern.

(2) Opportunitätskosten

Da gerade bei Umweltgütern wie Emissionskontingenten oder Grenzwerten vielfach kein Marktpreis existiert, zu dem diese beschafft werden können, wird eine Obergrenze für ihre Inanspruchnahme vorgegeben. Dann sind bei der Entscheidung über den Einsatz dieser Güter in

---

19) Vgl. z.B. Kistner / Luhmer [1981, 1988].

der Produktion *Opportunitätskosten* bzw. Verrechnungspreise anzusetzen, die ihre innerbetriebliche Knappheit widerspiegeln:

- Wenn die gegebene Obergrenze eines Umweltgutes so hoch angesetzt ist, daß sie durch die geplante Produktion nicht ausgeschöpft wird, handelt es sich innerbetrieblich nicht um ein knappes Gut; daher ist ihm ein Verrechnungspreis von Null zuzuweisen.

- Ist die Obergrenze hingegen so bemessen, daß sie nur eingehalten werden kann, wenn entweder auf einen Teil der gewünschten Produktion verzichtet oder die Inanspruchnahme des Umweltgutes durch Umweltschutzmaßnahmen reduziert wird, so handelt es sich um ein innerbetrieblich knappes Gut, dem ein positiver Verrechnungspreis zuzuweisen ist.

Die Opportunitätskosten des Umweltgutes entsprechen dem zusätzlichen Gewinn, der sich erzielen ließe, wenn der Grenzwert um eine Einheit gelockert würde, bzw. den zusätzlichen Umweltschutzkosten bei einer marginalen Verschärfung. Sie orientieren sich also an pagatorischen Größen.

Wird für die Nutzung eines Umweltgutes sowohl ein Preis verlangt als auch eine Obergrenze der Inanspruchnahme vorgegeben, wie es z.B. im Abwasserbereich der Fall ist, so stimmen der externe Preis und der interne Verrechnungspreis so lange überein, wie die Obergrenze nicht bindend ist. Andernfalls ist das Gut innerbetrieblich knapper als gesamtwirtschaftlich, so daß der Verrechnungspreis über dem Marktpreis liegt.

Bei einer Steuerung der Umweltinanspruchnahme durch frei handelbare Umweltzertifikate wird sich ihr Preis am Markt so ergeben, daß er gerade den Opportunitätskosten des Grenzanbieters entspricht.

(3) Lenkpreise

Auch wenn für Umweltgüter häufig kein Markt besteht, ist dennoch eine Steuerung ihrer Inanspruchnahme durch Preissignale möglich. Dabei handelt es sich um staatlich vorgegebene *Lenkpreise*, die die gesamtwirtschaftliche Knappheit des Gutes indizieren und zu seinem sparsamen Gebrauch anhalten sollen. Beispiele dafür sind Abfallbeseitigungsgebühren oder die geplante Kohlendioxid-Abgabe. Die Höhe der Lenkpreise kann sich z.B. an den Opportunitätskosten desjenigen Produzenten orientieren, der gerade noch im Markt verbleiben soll. Wenn vorhersehbar ist, in welchem Maße und welchem zeitlichen Rhythmus eine Anhebung dieser Preise erfolgen wird, können sich die Unternehmen langfristig bei der Gestaltung ihrer Produktionsprozesse darauf einstellen.

(4) Nichtmonetäre Bewertungen

Auch wenn die Bewertung von Umweltgütern mit Preisen für ökonomische Analysen theoretisch geeignet ist, da sie sich problemlos in den herkömmlichen Planungskalkülen berücksichtigen läßt, ist jedoch eine exakte Monetarisierung von Umweltwirkungen der Produktion praktisch nicht möglich. Daher ist nun zu prüfen, inwiefern *nichtmonetäre Bewertungskonzepte* geeignet sind, die korrekte Steuerung der Umweltbeanspruchung zu gewährleisten. Diese Konzepte stellen darauf ab, die relative ökologische Schädlichkeit einer Umwelteinwirkung geeignet zu erfassen.

- Bereits im Zusammenhang mit der Umweltrechnungslegung wurde das Konzept der *Äquivalenzkoeffizienten* von Müller-Wenk angesprochen.[20] Dabei erfolgt eine Bewertung der Umweltgüter anhand ihrer Knappheit; je knapper ein Gut ist, desto höher wird sein Äquivalenzkoeffizient angesetzt.

- Durch *Schadkoeffizienten* werden die direkten und indirekten Auswirkungen einer Umweltinanspruchnahme in eine einheitliche Größe transformiert. Der Koeffizient wird umso höher angesetzt, je nachteiliger die Umweltwirkung ist; bei überwiegend positiven Effekten einer Maßnahme, z.B. der Aufforstung einer Fläche, kann er auch negativ in die ökologische Gesamtrechnung eines Unternehmens eingehen, d.h. zu einer Entlastung führen.

Letztlich nehmen auch die nicht-monetären Bewertungskonzepte lediglich eine Aggregation verschiedenartiger Umweltwirkungen in eine eindimensionale Größe vor. Da die Umweltwirkungen der Produktion mit anderen, pagatorisch meßbaren Einflüssen verglichen werden sollen, ist es notwendig, nicht-monetäre Bewertungen in monetäre Größen zu transformieren. Das Bewertungsproblem weist daher den gleichen Schwierigkeitsgrad auf wie bei den monetären Bewertungskonzepten. Allerdings können durch die erforderliche frühzeitige Aggregation und spätere Transformation der Auswirkungen Informationsverluste auftreten, die zu einer Verschlechterung der mit monetärer Bewertung erreichbaren Allokation führen.

3.4 Zusammenfassung

In diesem Kapitel wurde der begriffliche Rahmen für die nun folgenden produktionstheoretischen Untersuchungen der Rolle der natürlichen Umwelt in der Produktion bereitgestellt. Obwohl sich ihre Einordnung in die gängigen Produktionsfaktorsysteme als problematisch erwiesen hat, wurde gezeigt, wie sich Umweltgüter konsistent in der Betrachtung der Produktion als mengenmäßige Austauschbeziehung erfassen lassen. Schließlich wurde auf einige für Umweltgüter relevante Wertansätze eingegangen.

---

20) Vgl. nochmals Abschnitt 1.3.3.3 sowie Müller-Wenk [1978].

4. Statische Analyse des Umweltfaktors in der Produktion

Im Rahmen produktionstheoretischer Betrachtungen wird die Produktivitätsbeziehung zwischen Faktoreinsatz- und Ausbringungsmengen untersucht. Die Gesetzmäßigkeit der Zuordnung von verschiedenen Einsatzgütermengen zu erzielbaren Produktionsmengen wird in der *Produktionsfunktion* abgebildet. Unter Einbeziehung von Umweltgütern läßt sich eine Produktionsfunktion in der in Abschnitt 3.2.3 eingeführten Notation allgemein darstellen als:

$$\Phi\left(\underline{r}, \underline{x}, \underline{X}, \underline{R}\right) = 0$$

Diese Beziehung läßt sich unter verschiedenen Aspekten analysieren: Zum einen ist die *Produktivität* bzw. Ergiebigkeit der Produktionsfaktoren von Interesse, zum anderen die *Austauschrelationen* zwischen den zur Herstellung eines bestimmten Produktionsprogramms benötigten bzw. dabei anfallenden Gütermengen, soweit diese gegeneinander substituierbar sind.

In diesem Kapitel wird unter Verwendung des zuvor eingeführten, erweiterten Güterbegriffs untersucht, wie sich die Inanspruchnahme der natürlichen Umwelt durch Verbrauch von Ressourcen und Einbringung von Rückständen in der linearen *Aktivitätsanalyse* erfassen und interpretieren läßt.[1] Dabei wird zunächst eine statische Betrachtung für eine gegebene Technologie durchgeführt; die Erweiterung auf den dynamischen Fall unter Berücksichtigung von technischem Fortschritt und anderen langfristig relevanten Rahmenbedingungen ist Gegenstand des folgenden Kapitels.

Zunächst werden der zugrundegelegte Ansatz der Aktivitätsanalyse sowie das methodische Instrumentarium der parametrischen linearen Programmierung in Grundzügen eingeführt. Am Beispiel einer linearen Technologie werden mit Hilfe der parametrischen linearen Programmierung die Beziehungen zwischen den verschiedenen Güterarten untersucht. Anschließend werden die Auswirkungen einer Auflagen- bzw. Abgabensteuerung für Umweltgüter auf die Produktionsplanung dargestellt; und schließlich wird die Analyse auf die Erfassung ökologischer Risiken der Produktion ausgedehnt.

4.1 Grundlagen

4.1.1 Grundbegriffe der Aktivitätsanalyse

Die *Aktivitätsanalyse* leitet ihre Aussagen über Produktionsfunktionen aus wenigen Grundannahmen und Postulaten ab.[2]

Von grundlegender Bedeutung ist der Begriff der *Aktivität*. Darunter versteht man eine zulässige Kombination von Faktoreinsatzmengen, die zu einer bestimmten Ausbringung führt.

---

1) Zur besonderen Eignung der Aktivitätsanalyse für die Untersuchung von Umweltbeziehungen der Produktion vgl. Kistner [1983]; Dinkelbach / Piro [1989, 1990]; Dinkelbach [1990]; Steven [1991b].
2) Vgl. Kistner [1993b], S. 55

Unter Einbeziehung von Umweltgütern ist eine Aktivität darstellbar als ein Vektor im (n+m+M+N)-dimensionalen Güterraum:

$$\underline{y} = \left(r_1, ..., r_n; x_1, ..., x_m; X_1, ..., X_M; R_1, ..., R_N\right) \in IR_+^{n+m+M+N}$$

Dabei bezeichnen - wie in Abschnitt 3.2.3 eingeführt - die Teilvektoren

$$\underline{r} = \left(r_1, ..., r_n\right) \qquad \text{- die traditionellen Einsatzfaktoren,}$$

$$\underline{x} = \left(x_1, ..., x_m\right) \qquad \text{- die Produkte, deren Herstellung mit der Produktion beabsichtigt wird,}$$

$$\underline{X} = \left(X_1, ..., X_M\right) \qquad \text{- bei der Produktion entstehende Abfälle und Schadstoffe,}$$

$$\underline{R} = \left(R_1, ..., R_N\right) \qquad \text{- in der Produktion eingesetzte Abfälle und Schadstoffe.}$$

Die Menge der in einem Unternehmen technisch möglichen Aktivitäten heißt *Technologiemenge* T:

$$T := \left\{ \underline{y} = (\underline{r}, \underline{x}, \underline{X}, \underline{R}) \mid \underline{y} \text{ ist technisch möglich} \right\}$$

Dabei werden eventuell gegebene Beschränkungen bezüglich der Einsatz- oder der Ausbringungsmengen zunächst außer acht gelassen, da die *technische Durchführbarkeit* und nicht die rechtliche Zulässigkeit der Aktivitäten im Vordergrund steht. Gegenstand der linearen Aktivitätsanalyse ist eine spezielle Technologie, die durch folgende Eigenschaften charakterisiert werden kann:[3]

(1) Proportionalität

Falls eine Produktionsalternative $\underline{y}$ technisch möglich ist, kann jede Produktionsalternative $\underline{y}^* = \lambda \cdot \underline{y}$ für beliebige $\lambda \geq 0$ ebenfalls realisiert werden.

$$\underline{y} = \left(\underline{r}, \underline{x}, \underline{X}, \underline{R}\right) \in T$$

$$\underline{y}^* = \lambda \cdot \underline{y} = \left(\lambda \cdot \underline{r}, \lambda \cdot \underline{x}, \lambda \cdot \underline{X}, \lambda \cdot \underline{R}\right) \in T$$

Ein *Produktionsprozeß* ist die Zusammenfassung aller auf demselben technischen Verfahren beruhenden Aktivitäten. Diese ergeben sich durch die proportionale Variation einer Ausgangsaktivität $\underline{y}$:

$$\Pi := \left\{ \underline{y}^* \mid \underline{y}^* = \lambda \cdot \underline{y} = \left(\lambda \cdot \underline{r}, \lambda \cdot \underline{x}, \lambda \cdot \underline{X}, \lambda \cdot \underline{R}\right); \lambda \geq 0 \right\}$$

(2) Additivität

Falls die Produktionsalternativen $\underline{y}^1$ und $\underline{y}^2$ technisch möglich sind, läßt sich auch die Produktionsalternative $\underline{y} = \underline{y}^1 + \underline{y}^2$ realisieren.

---

3) Vgl. Kistner [1993b], S. 56 ff.

$$\underline{y}^1 = \left(\underline{r}^1, \underline{x}^1, \underline{X}^1, \underline{R}^1\right) \in T$$

$$\underline{y}^2 = \left(\underline{r}^2, \underline{x}^2, \underline{X}^2, \underline{R}^2\right) \in T$$

$$\underline{y} = \left(\underline{r}^1 + \underline{r}^2, \underline{x}^1 + \underline{x}^2, \underline{X}^1 + \underline{X}^2, \underline{R}^1 + \underline{R}^2\right) \in T$$

Durch Ausnutzung der Proportionalität und der Additivität von Aktivitäten ergibt sich die Möglichkeit, weitere Produktionsalternativen als Konvexkombinationen $\underline{y}^*$ der reinen Prozesse $\underline{y}^1$ und $\underline{y}^2$ zu realisieren:

$$\underline{y}^* = \lambda \cdot \underline{y}^1 + (1-\lambda) \cdot \underline{y}^2 \in T \qquad \text{für } 0 \leq \lambda \leq 1$$

Einen auf diese Art konstruierten Produktionsprozeß $\underline{y}^*$ bezeichnet man als gemischten Prozeß bzw. als *Prozeßkombination* der beiden reinen Prozesse $\underline{y}^1$ und $\underline{y}^2$.

(3) Möglichkeit der Verschwendung

Verschwendung bedeutet im herkömmlichen Sinn, daß ein Faktoreinsatz ohne Ausbringung technisch möglich ist, d.h. daß auf den produktiven Einsatz eines Faktors verzichtet wird:

$$\left(\underline{r}, \underline{0}\right) \in T$$

Weiter ist es möglich, ohne Faktoreinsatz auf produzierte Güter zu verzichten:

$$\left(\underline{0}, -\underline{x}\right) \in T$$

Unter Berücksichtigung von Umweltgütern ist der Verschwendungsbegriff dahingehend zu erweitern, daß es technisch möglich ist, Produktionsfaktoren zu vernichten und gegebenenfalls zusätzlich Schadstoffe zu erzeugen, ohne Leistungen zu erbringen, d.h. ohne Produkte zu erzeugen oder Schadstoffe zu vernichten bzw. auf erwünschte Güter zu verzichten:

$$\left(\underline{r}, \underline{0}, \underline{X}, \underline{0}\right) \in T \qquad\qquad \text{bzw.} \qquad\qquad \left(\underline{0}, -\underline{x}, \underline{0}, -\underline{R}\right) \in T$$

Aufgrund der Möglichkeit von Prozeßkombinationen gilt dann auch:

$$\left(\underline{r}, -\underline{x}, \underline{X}, -\underline{R}\right) \in T$$

Daß ein solches Verhalten *technisch* möglich ist, steht außer Frage. Es wird sich allerdings gegenüber Produktionsalternativen mit positiver Produktion oder Entsorgung als ineffizient erweisen; weiter wird es durch externe Rahmenbedingungen wie staatliche Umweltschutzvorschriften eingeschränkt.

Eine lineare Technologie unter Einbeziehung von Umweltaspekten, die sich aus den Postulaten (1) - (3) ergibt, läßt sich wie folgt darstellen:

$$T := \left\{ (\underline{r}, \underline{x}, \underline{X}, \underline{R}) \mid \quad \underline{A} \cdot \underline{z} \leq \underline{r}^0; \right. \tag{I}$$

$$\underline{B} \cdot \underline{z} \geq \underline{x}^0; \tag{II}$$

$$\underline{C} \cdot \underline{z} \leq \underline{X}^0; \tag{III}$$

$$\underline{D} \cdot \underline{z} \geq \underline{R}^0; \tag{IV}$$

$$\left. \underline{z} \geq \underline{0} \right\}$$

Es bedeuten:

$\underline{z}$ - Vektor der Prozeßniveaus, mit denen die Produktionsprozesse betrieben werden

$\underline{r}^0$ - Vektor der verfügbaren Einsatzmengen an Produktionsfaktoren

$\underline{x}^0$ - Vektor der Mindestproduktionsmengen der Produkte

$\underline{X}^0$ - Vektor der Emissionsgrenzen der Schadstoffe

$\underline{R}^0$ - Vektor der Mindesteinsatzmengen der Schadstoffe

$\underline{A}$ - Matrix der Produktionskoeffizienten

$\underline{B}$ - Matrix der Kopplungskoeffizienten der Produkte

$\underline{C}$ - Matrix der Emissionskoeffizienten

$\underline{D}$ - Matrix der Schadstoffvernichtungskoeffizienten

Die Matrixkoeffizienten sind auf ein Referenzprodukt normiert, das in dem jeweiligen Produktionsprozeß auch tatsächlich hergestellt wird.

Dabei geben die Restriktionen vom Typ (I) die Faktoreinsatzmengenbeschränkungen aufgrund vorhandener Bestände an, Typ (II) die geforderten Mindestproduktionsmengen der Produkte, Typ (III) die dem Unternehmen vorgegebenen Emissionsgrenzen und Typ (IV) die geforderte Schadstoffvernichtung. Die Möglichkeit der Verschwendung von Gütermengen kommt in der Formulierung der Restriktionen als Ungleichungen zum Ausdruck. Unter bestimmten Voraussetzungen ergibt sich die *Produktionsfunktion* des Betriebes als effizienter Rand der durch die Restriktionen beschriebenen konvexen Technologiemenge.

Es liegen bereits verschiedene Ansätze zur Erfassung von Umwelteinwirkungen und -aktivitäten auf der Grundlage der linearen Aktivitätsanalyse vor:

- Kistner untersucht die Auswirkungen einer *Einbeziehung von Schadstoffemissionen* bei der Produktion. Diese fallen als unerwünschte Kuppelprodukte in festen Relationen mit dem Hauptprodukt an; sie können durch (faktorverzehrende) Entsorgungsaktivitäten reduziert werden, um die Einhaltung von extern vorgegebenen Emissionsobergrenzen für die einzelnen Schadstoffe sicherzustellen.[4]

---

4) Vgl. Kistner [1983]; Kistner / Steven [1991].

- Dinkelbach und Piro stellen Möglichkeiten zur Erfassung der umweltbezogenen Aktivitäten *Entsorgung* und *Recycling* dar. Sie untersuchen insbesondere die Abhängigkeit der Produktionsmengen des Hauptprodukts von den Obergrenzen dieser Aktivitäten und die Auswirkung unterschiedlicher Preise für Entsorgung und Recycling auf das gewinnmaximale Produktionsprogramm.[5]

4.1.2 Grundbegriffe der parametrischen linearen Programmierung

Zur Untersuchung mengenmäßiger Austauschbeziehungen in einer linearen Technologie läßt sich das Instrumentarium der *parametrischen linearen Programmierung* einsetzen. Von besonderer Bedeutung ist hier die Fragestellung, wie die mindestens bzw. maximal eingesetzte bzw. entstehende Menge eines Gutes von der Variation der Menge eines anderen Gutes oder einer Gruppe von Gütern abhängt. Dies läßt sich analysieren, indem die dem ersten Gut zugeordnete Restriktion als Zielfunktion betrachtet wird und die Beschränkungskoeffizienten der Restriktionen für die Güter, an deren Einfluß man interessiert ist, parametrisch variiert werden.[6]

Man erhält ein *Maximierungsproblem*, falls die zugehörige Restriktion aus den Blöcken (II) oder (IV) der zuvor definierten linearen Technologie stammt, denn bei einer vorgegebenen Untergrenze der Herstellung bzw. des Einsatzes des entsprechenden Gutes ist davon auszugehen, daß man im Rahmen der technischen Möglichkeiten und der übrigen Restriktionen möglichst große Mengen des Gutes erzielen bzw. einsetzen will. Dementsprechend führt eine Restriktion aus den Blöcken (I) oder (III) der Technologie zu einer *zu minimierenden Zielfunktion*; da die vorgegebene Obergrenze eine Knappheit indiziert, ist es sinnvoll, den Einsatz bzw. die Entstehung des entsprechenden Gutes möglichst gering zu halten.

Das *Grundmodell* der parametrischen linearen Programmierung bei Variation des Beschränkungsvektors lautet:[7]

$$Z = \underline{c}'\underline{x} \ \Rightarrow \ \max! \ (\min!)$$

$$\text{u.d.N.:} \quad \underline{A}_1 \cdot \underline{x} \ \leq \ \underline{b}_1^o + \underline{b}_1^l \cdot t$$

$$\underline{A}_2 \cdot \underline{x} \ \geq \ \underline{b}_2^o + \underline{b}_2^l \cdot t$$

$$\underline{A}_3 \cdot \underline{x} \ = \ \underline{b}_3^o + \underline{b}_3^l \cdot t$$

$$\underline{x} \ \geq \ \underline{0}$$

Zu einem solchen parametrischen linearen Programm existiert ein abgeschlossenes Intervall, innerhalb dessen der Parameter t variiert und zu jedem Wert von t eine zulässige Lösung be-

---

5) Vgl. Dinkelbach / Piro [1989, 1990].
6) Vgl. Kistner [1993b], S. 64 ff.
7) Vgl. hierzu z.B. Dinkelbach [1969], S. 90 - 149; Kistner [1993a], S. 59 - 67; Kistner [1993b].

stimmt werden kann. Der qualitative *Verlauf* der jeweils betrachteten Austauschbeziehung läßt sich aus der Extremierungsrichtung der Zielfunktion und der Art der variierten Restriktion herleiten:

- Die parametrische Variation des Beschränkungsvektors führt in einem Maximierungsproblem zu einer *konkaven Funktion* des optimalen Zielfunktionswertes; bei einem Minimierungsproblem verläuft die Zielfunktion in Abhängigkeit von einem Parameter im Beschränkungsvektor *konvex*. In jedem Fall erhält man eine stückweise lineare Funktion mit einer endlichen Zahl von Knickpunkten.

- Die *Richtung* der Zielfunktion ergibt sich, indem man das Vorzeichen der der jeweils variierten Restriktion zugeordneten Dualvariable betrachtet:

  - Die Dualvariable ist in einem Maximierungsproblem bei Variation einer $\leq$-Restriktion positiv, so daß sich eine *monoton steigende Funktion* des optimalen Zielfunktionswertes ergibt; bei einer $\geq$-Restriktion ist sie negativ und führt zu einer *monoton fallenden Funktion* des Zielfunktionswertes.

  - Dementsprechend erhält man in einem Minimierungsproblem bei Variation einer $\leq$-Restriktion eine monoton fallende Funktion und zu einer $\geq$-Restriktion eine monoton steigende Funktion des Zielfunktionswertes.

  - Bei Variation einer Restriktion in Gleichungsform erhält man eine *unimodale Funktion* des optimalen Zielfunktionswertes, die im Minimierungsproblem konvex und im Maximierungsproblem konkav verläuft. Dies läßt sich wie folgt begründen: Eine Gleichung läßt sich formal auflösen in eine $\leq$- und eine $\geq$-Restriktion. Bei Variation des Beschränkungskoeffizienten erhält man jeweils einen Bereich, in dem die eine oder die andere Restriktion bindend ist; entsprechend wechselt das Vorzeichen der Dualvariablen. Allerdings kann einer der beiden Bereiche auch die leere Menge sein, so daß nur ein Ast der Zielfunktion relevant ist.

Die *grundlegenden Verläufe* der Zielfunktion in Abhängigkeit von der Extremierungsrichtung und dem Typ der variierten Restriktion sind für Minimierungsprobleme in Abbildung 23 und für Maximierungsprobleme in Abbildung 24 dargestellt.

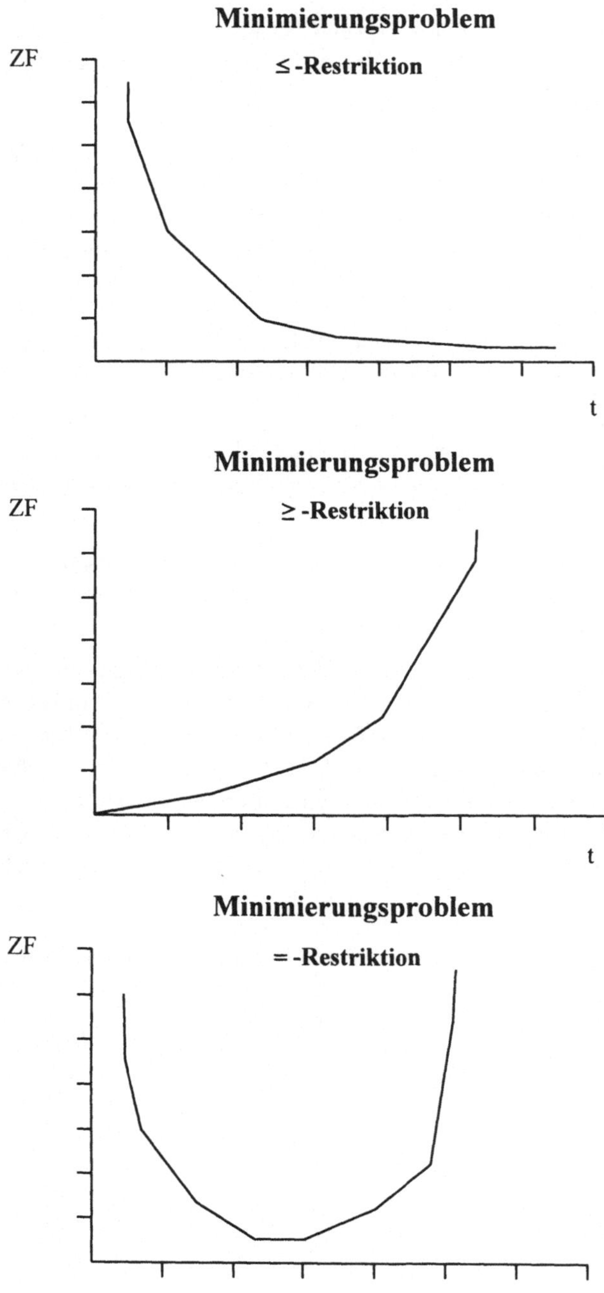

Abb. 23: Verläufe der Zielfunktion bei parametrischer linearer Programmierung eines
Minimierungsproblems

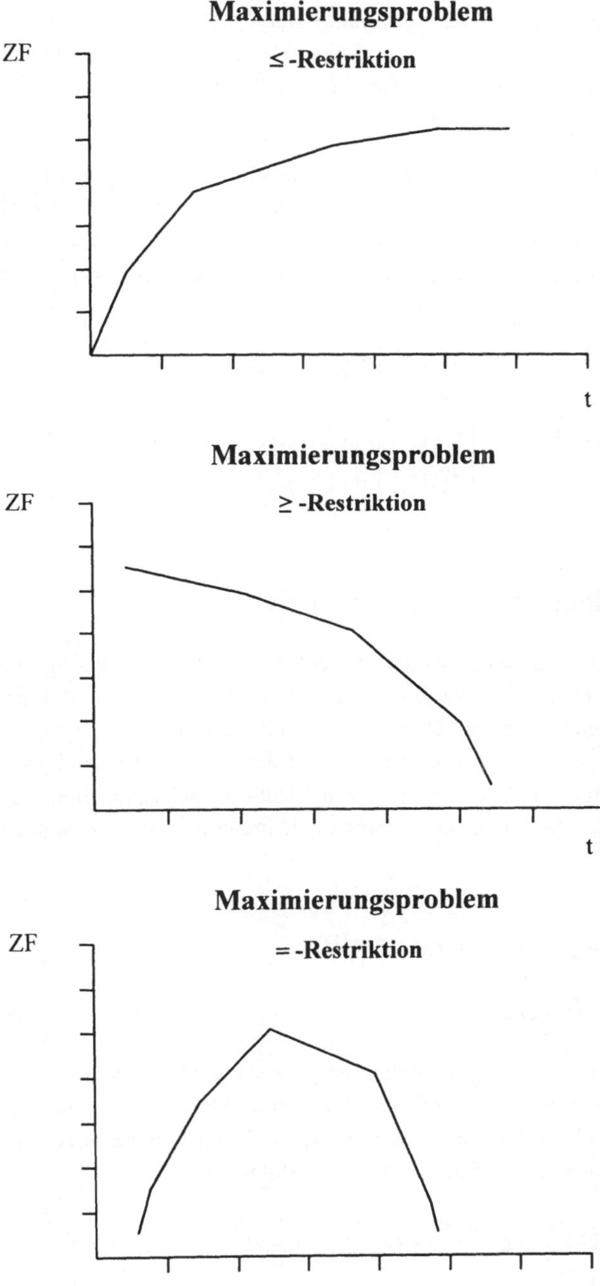

Abb. 24: Verläufe der Zielfunktion bei parametrischer linearer Programmierung eines Maximierungsproblems

Bei derartigen Betrachtungen werden *Schnitte durch den Güterraum* analysiert; die Abhängigkeit der Menge eines Gutes von der Menge *eines* anderen Gutes bedeutet einen achsenparallelen Schnitt, die Variation einer Gruppe von Restriktionen entspricht einem beliebigen Schnitt.

Ein achsenparalleler Schnitt läßt sich formal darstellen, indem in dem Beschränkungsvektor $\underline{b}^0$ eine Komponente auf Null gesetzt wird, während in dem Vektor $\underline{b}^1$ die entsprechende Komponente auf eins und alle anderen Komponenten auf Null gesetzt werden. Ohne Beschränkung der Allgemeinheit ergibt sich für die Variation des ersten Beschränkungskoeffizienten:

$$\underline{b} = \underline{b}^0 + \underline{b}^1 \cdot t = \begin{pmatrix} 0 \\ r_2^0 \\ \vdots \\ r_n^0 \end{pmatrix} + \begin{pmatrix} 1 \\ 0 \\ \vdots \\ 0 \end{pmatrix} \cdot t$$

4.2 Analyse einer linearen Technologie

Die verschiedenen Analysemöglichkeiten werden zunächst für den Einproduktfall ohne Berücksichtigung von Umweltwirkungen vorgestellt, dann wird auf den Mehrproduktfall übergegangen; anschließend werden zusätzlich Umweltgüter als Einsatzstoffe und als Ergebnisse der Produktion einbezogen. Diese Überlegungen werden jeweils anhand eines numerischen Beispiels veranschaulicht. Dabei werden zunächst lediglich achsenparallele Schnitte untersucht, später wird auch auf die gemeinsame Variation mehrerer Restriktionen eingegangen.

4.2.1 Technologie ohne Umweltgüter

4.2.1.1 Einproduktfall

Der Betrieb verfügt über mehrere Produktionsprozesse zur Herstellung eines Produktes. Diese werden durch ihre *Produktionskoeffizienten* eindeutig beschrieben, welche angeben, wieviele Einheiten der verschiedenen Einsatzfaktoren je Produkteinheit benötigt werden. Eine lineare Technologie läßt sich für den Einproduktfall wie folgt darstellen:[8]

$$T := \left\{ (\underline{r}; x) \mid \underline{A}\underline{z} \leq \underline{r}^0; \ \underline{1}'\underline{z} \geq x^0; \ \underline{z} \geq \underline{0} \right\}$$

mit: x^0 - Mindestproduktionsmenge des Produkts

       $\underline{1}' = (1, 1, ..., 1)$ - K-dimensionaler Summationsvektor

       $\underline{z} = (z_1, z_2, ..., z_K)'$ - Prozeßniveauvektor

---

8) Vgl. Kistner [1993b], S. 55 f.

$$\underline{r}^o = \left(r_1^o, r_2^o, \ldots, r_n^o \right)' \quad \text{- Einsatzmengenbeschränkungen der Produktionsfaktoren}$$

$$\underline{A} = \left(a_{ik} \right) \qquad \text{- Produktionskoeffizienten, Einsatz von Faktor i in}$$
Prozeß k je Produkteinheit

$$K \qquad \text{- Anzahl der verfügbaren Produktionsprozesse zur}$$
Herstellung von x, $k = 1, \ldots, K$

$$n \qquad \text{- Anzahl der benötigten Einsatzfaktoren, } i = 1, \ldots, n$$

Dabei wird jeder Produktionsprozeß k durch eine Spalte $\underline{a}^k$ in $\underline{A}$ abgebildet.

In ausführlicher Schreibweise läßt sich diese Technologiemenge wie folgt darstellen:

$$
\begin{array}{rcccccccccc}
(I) \quad a_{11}z_1 &+& a_{12}z_2 &+& \cdots &+& a_{1k}z_k &+& \cdots &+& a_{1K}z_K &\leq& r_1^o \\
a_{21}z_1 &+& a_{22}z_2 &+& \cdots &+& a_{2k}z_k &+& \cdots &+& a_{2K}z_K &\leq& r_2^o \\
\vdots & & \vdots & & & & \vdots & & & & \vdots & & \vdots \\
a_{i1}z_1 &+& a_{i2}z_2 &+& \cdots &+& a_{ik}z_k &+& \cdots &+& a_{iK}z_K &\leq& r_i^o \\
\vdots & & \vdots & & & & \vdots & & & & \vdots & & \vdots \\
a_{n1}z_1 &+& a_{n2}z_2 &+& \cdots &+& a_{nk}z_k &+& \cdots &+& a_{nK}z_K &\leq& r_n^o \\
z_1 &+& z_2 &+& \cdots &+& z_k &+& \cdots &+& z_K &\geq& x^o
\end{array}
$$

$$z_1, z_2, \ldots, z_K \geq 0$$

Diese lineare Technologie wird nun mit Hilfe achsenparalleler Schnitte durch den Güterraum analysiert, indem jeweils n-1 Zeilen konstant gesetzt werden, eine Zeile parametrisch variiert und eine als Zielfunktion betrachtet wird. Dadurch läßt sich der Einfluß des variierten Faktors auf die maximal mögliche Ausbringungsmenge bzw. auf die mindestens erforderliche Einsatzmenge eines anderen Faktors untersuchen.

Die Extremierungsrichtung hängt von der Art der als Zielfunktion zugrundegelegten Ungleichung ab: Da die Einsatzfaktoren möglichst sparsam verwendet werden sollen, ergibt sich für eine der $\leq$-Restriktionen als Zielfunktion ein Minimierungsproblem. Vom Endprodukt hingegen soll bei gegebenen Faktorrestriktionen möglichst viel hergestellt werden, also erhält man für die $\geq$-Restriktion als Zielfunktion ein Maximierungsproblem.

Im Einproduktfall bestehen drei qualitativ unterschiedliche Untersuchungsmöglichkeiten:

(1) Untersucht man die Reaktion der Ausbringungsmenge x auf die Variation eines beliebigen Einsatzfaktors r_g, so erhält man eine *Produktionsfunktion bei partieller Faktorvariation*.

(2) Untersucht man die Abhängigkeit der Einsatzmenge eines Faktors r_g von der Variation der Menge eines beliebigen anderen Faktors r_h bei Konstanz aller anderen Faktorbestände und der Ausbringungsmenge, so gelangt man zum Konzept der *Isoquante*. Diese gibt an, um wieviel die Einsatzmenge von Faktor r_g erhöht werden muß, um bei gleicher Ausbringungsmenge eine Einheit von Faktor r_h zu ersetzen.

(3) Untersucht man die Reaktion der benötigten Einsatzmenge eines beliebigen Faktors r_g auf eine Variation der Ausbringungsmenge x, so erhält man eine *Faktoreinsatzfunktion*. Diese Betrachtung muß nicht explizit durchgeführt werden, da sich die Faktoreinsatzfunktion als Umkehrfunktion der entsprechenden Produktionsfunktion bei partieller Faktorvariation ergibt. Aus Gründen der Vollständigkeit wird dieser Fall dennoch betrachtet.

Aus diesen drei Grundfällen lassen sich durch Einsetzen der jeweils relevanten Faktoren die Verläufe für beliebige achsenparallele Schnitte durch das Ertragsgebirge ableiten.

(1) Produktionsfunktion

Zur Herleitung der Produktionsfunktion bei partieller Faktorvariation wird die Einsatzmenge des Faktors r_g parametrisch variiert, die Mengen der restlichen n-1 Faktoren werden konstant gesetzt. Die Produktionsmenge x des Produktes soll maximiert werden:

$$\max \ x \ = \ \sum_{k=1}^{K} z_k$$

$$\text{u.d.N.:} \qquad \sum_{k=1}^{K} a_{ik} \, z_k \ \leq \ r_i^o \qquad\qquad i = 1,\dots, g-1, \, g+1,\dots, n$$

$$\sum_{k=1}^{K} a_{gk} \, z_k \ \leq \ r_g \cdot t$$

$$z_k \ \geq \ 0 \qquad\qquad\qquad\qquad k = 1,\dots, K$$

Da es sich bei der variierten Restriktion um eine $\leq$-Restriktion handelt, ergibt sich aus den oben angegebenen Eigenschaften der Zielfunktion bei parametrischer linearer Programmierung, daß diese Zielfunktion in Abhängigkeit von dem Parameter t konkav und stückweise linear steigend ist, wobei jeweils in den Knickpunkten Prozeßwechsel stattfinden. Die der variierten Restriktion zugeordnete Dualvariable w_g gibt an, welche Steigerung der Ausbringungsmenge der Einsatz einer zusätzlichen Einheit des Faktors r_g bewirkt.

Sie läßt sich als *Grenzproduktivität* bzw. Grenzertrag des Einsatzfaktors r_g interpretieren. Aufgrund der Konkavität der Zielfunktion kann die Grenzproduktivität bei Ausweitung der Produktion nicht zunehmen. Dies ist darauf zurückzuführen, daß zunehmend Prozesse mit immer geringerer Produktivität des Faktors r_g genutzt werden müssen. Zwischen zwei Knickpunkten hat die Grenzproduktivität einen konstanten Wert, der der Steigung des entsprechenden Geradenstücks entspricht. Wenn die Bestände aller fixen Faktoren ausgeschöpft sind, läßt sich die Produktionsmenge auch durch beliebig hohen Einsatz des Faktors r_g nicht weiter steigern. Es ergibt sich also ein *ertragsgesetzlicher Verlauf* der Produktionsfunktion bei partieller Faktorvariation.

(2) Isoquante

Für die Herleitung der Isoquante zur Beschreibung der Austauschrelation zwischen zwei Einsatzfaktoren bei Konstanz der Produktionsmenge sowie der Bestände aller anderen Einsatzfaktoren ist eine der Faktorrestriktionen parametrisch zu variieren; eine weitere wird als zu minimierende Zielfunktion gesetzt.

$$\min\ r_g = \sum_{k=1}^{K} a_{gk}\, z_k$$

$$\text{u.d.N.:}\quad \sum_{k=1}^{K} a_{ik}\, z_k \leq r_i^o \qquad\qquad i = 1,..., g\text{-}1, g\text{+}1,..., h\text{-}1, h\text{+}1,..., n$$

$$\sum_{k=1}^{K} a_{hk}\, z_k \leq r_h \cdot t$$

$$\sum_{k=1}^{K} z_k \geq x^o$$

$$z_k \geq 0 \qquad\qquad\qquad k = 1,..., K$$

Da hier eine $\leq$-Restriktion in einem Minimierungsproblem variiert wird, ergibt sich ein konvexer und stückweise linear fallender Verlauf der Isoquante. Die der parametrisch variierten Restriktion zugeordnete Dualvariable w_h gibt an, um wieviel die Einsatzmenge des Faktors r_g erhöht werden muß, um bei vorgegebener Produktionsmenge eine Einheit des Faktors r_h zu substituieren.

Sie läßt sich als *Grenzrate der Substitution* zwischen den Einsatzfaktoren r_g und r_h interpretieren. Mit zunehmendem Übergang von Einsatzfaktor r_h zu Faktor r_g nimmt die Menge des Faktors r_g zu, die notwendig ist, um eine bestimmte Reduktion der Einsatzmenge des Faktors r_h zu kompensieren; in den Knickpunkten, die Prozeßwechseln entsprechen, erfolgt ein sprunghafter Anstieg des Austauschverhältnisses. Ab einem bestimmten Punkt läßt sich auch bei beliebig hohem Einsatz des einen Faktors keine weitere Reduktion der Einsatzmenge des anderen Faktors erreichen; darüber hinausgehende Faktoreinsatzmengen würden verschwendet.

(3) Faktoreinsatzfunktion

Das parametrische lineare Programm zur Bestimmung der Faktoreinsatzfunktion lautet:

$$\min\ r_g = \sum_{k=1}^{K} a_{gk}\, z_k$$

$$\text{u.d.N.:}\quad \sum_{k=1}^{K} a_{ik}\, z_k \leq r_i^o \qquad\qquad i = 1,..., g\text{-}1, g\text{+}1,..., n$$

$$\sum_{k=1}^{K} z_k \;\geq\; x \cdot t$$

$$z_k \;\geq\; 0 \qquad\qquad k = 1,...,K$$

Da die Variation einer $\geq$-Restriktion in einem Minimierungsproblem untersucht wird, ist die daraus resultierende Faktoreinsatzfunktion konvex und stückweise linear steigend. Die der parametrisch variierten Restriktion zugeordnete Dualvariable w_x gibt die zusätzliche Menge des Einsatzfaktors r_g an, die notwendig ist, um die Produktionsmenge um eine Einheit zu steigern.

Die Dualvariable kann als *Produktionskoeffizient* interpretiert werden. Dieser steigt in den Knickpunkten sprunghaft an, da mit zunehmender Ausschöpfung der Bestände der konstant gesetzten Produktionsfaktoren zu immer weniger produktiven Prozessen bezüglich des variablen Faktors r_g übergegangen werden muß, um eine weitere Steigerung der Ausbringung zu erreichen. Von einem bestimmten Punkt an werden die Bestände sämtlicher konstanter Produktionsfaktoren voll ausgeschöpft; bei weiterer Erhöhung der Einsatzmenge des Faktors r_g würde dieser verschwendet, ohne die Produktionsmenge zu steigern.

4.2.1.2 Mehrproduktfall

Im Mehrproduktfall kann der Betrieb mit seiner gegebenen Technologie mehr als ein Produkt erzeugen. *Kuppelproduktion* liegt vor, falls mehrere Produkte gleichzeitig in einem Produktionsprozeß entstehen.[9] Man unterscheidet Kuppelproduktion mit fester und mit variabler Kopplung:

- Kuppelproduktion mit *fester Kopplung* bedeutet, daß das Mengenverhältnis, in dem zwei oder mehr Produkte entstehen, konstant ist. Dies ist der Fall, wenn es nur einen Prozeß zur Erzeugung dieser Produktkombination gibt, oder wenn für alle geeigneten Prozesse identische Mengenverhältnisse gelten.

- Bei Kuppelproduktion mit *loser Kopplung* können die Produkte in unterschiedlichen Verhältnissen entstehen. Dazu sind Prozeßkombinationen von mehreren Prozessen, bei denen die betreffenden Produkte in unterschiedlichen Mengenrelationen anfallen, zu bilden.

Zur Darstellung des Mehrproduktfalls wird die Technologiemenge des Einproduktfalls um einen zweiten Block von Restriktionen für die Mindestproduktionsmengen der einzelnen Produkte erweitert. Dabei geben die Kopplungskoeffizienten b_{jk} an, in welchem Verhältnis die verschiedenen Produkte in bezug auf ein Referenzprodukt, dessen Produktionsmenge von Null verschieden sein muß, in den einzelnen Prozessen entstehen. Dieses Referenzprodukt ist nicht notwendig für jeden Prozeß identisch, denn es muß in dem betreffenden Prozeß auch tatsächlich hergestellt werden.

---

9) Vgl. insbesondere Riebel [1955].

$$T := \left\{ (\underline{r}; \underline{x}) \mid \underline{A}\,\underline{z} \leq \underline{r}^o; \underline{B}\,\underline{z} \geq \underline{x}^o; \underline{z} \geq \underline{0} \right\}$$

mit: $\underline{B} = \left(b_{jk} \right)$ - Kopplungskoeffizienten, Ausbringung von Produkt j im Prozeß k

$\underline{x}^o = \left(x_1^o, x_2^o, ..., x_m^o \right)'$ - Vektor der Mindestprodukionsmengen der Produkte

m - Anzahl der erzeugten Produkte, $j = 1, ..., m$

Diese Technologie läßt sich ausführlich wie folgt darstellen:

$$
\begin{array}{lllllllllll}
\text{(I)} & a_{11}z_1 & + & a_{12}z_2 & + & \cdots & + & a_{1k}z_k & + & \cdots & + & a_{1K}z_K & \leq & r_1^o \\
& \vdots & & \vdots & & & & \vdots & & & & \vdots & & \vdots \\
& a_{n1}z_1 & + & a_{n2}z_2 & + & \cdots & + & a_{nk}z_k & + & \cdots & + & a_{nK}z_K & \leq & r_n^o
\end{array}
$$

$$
\begin{array}{lllllllllll}
\text{(II)} & b_{11}z_1 & + & b_{12}z_2 & + & \cdots & + & b_{1k}z_k & + & \cdots & + & b_{1K}z_K & \geq & x_1^o \\
& b_{21}z_1 & + & b_{22}z_2 & + & \cdots & + & b_{2k}z_k & + & \cdots & + & b_{2K}z_K & \geq & x_2^o \\
& \vdots & & \vdots & & & & \vdots & & & & \vdots & & \vdots \\
& b_{j1}z_1 & + & b_{j2}z_2 & + & \cdots & + & b_{jk}z_k & + & \cdots & + & b_{jK}z_K & \geq & x_j^o \\
& \vdots & & \vdots & & & & \vdots & & & & \vdots & & \vdots \\
& b_{m1}z_1 & + & b_{m2}z_2 & + & \cdots & + & b_{mk}z_k & + & \cdots & + & b_{mK}z_K & \geq & x_m^o
\end{array}
$$

$$z_1, z_2, ..., z_K \geq 0$$

Die im Einproduktfall durchgeführten Untersuchungen lassen sich auf diese Technologie übertragen: Für die Untersuchung der Isoquante ändert sich durch die Aufnahme zusätzlicher Produktionsrestriktionen gar nichts; zur Herleitung der Produktionsfunktion bei partieller Faktorvariation und der Faktoreinsatzfunktion ist anstelle des Produktes x die Produktionsmenge eines beliebigen Produktes x_p zu berücksichtigen; alle anderen Restriktionen sind weiterhin konstant zu setzen.

Als zusätzliche Untersuchungsmöglichkeit tritt nun der Fall der *Produktsubstitution* auf, d.h. das Austauschverhältnis zwischen zwei Produkten bei Konstanz aller anderen Restriktionen ist zu bestimmen. Dazu wird die Mindestausbringungsmenge des Produkts x_q parametrisch variiert, die maximal mögliche Ausbringung von Produkt x_p wird zur zu maximierenden Zielfunktion:

$$\max\ x_p = \sum_{k=1}^{K} b_{pk}\, z_k$$

$$\text{u.d.N.:} \quad \sum_{k=1}^{K} a_{ik}\, z_k \leq r_i^o \qquad\qquad i = 1, ..., n$$

$$\sum_{k=1}^{K} b_{jk}\, z_k \geq x_j^o \qquad\qquad j = 1, ..., p\text{-}1, p\text{+}1, ..., q\text{-}1, q\text{+}1, ..., m$$

$$\sum_{k=1}^{K} b_{qk}\, z_k \;\geq\; x_q \cdot t$$

$$z_k \;\geq\; 0 \qquad\qquad\qquad k = 1,\dots, K$$

Die aus dieser Analyse resultierende *Transformationskurve* ist nach den allgemeinen Ergebnissen der Theorie der parametrischen linearen Programmierung konkav und stückweise linear fallend, denn es wird eine $\geq$-Restriktion in einem Maximierungsproblem variiert. Die der variierten Restriktion zugeordnete Dualvariable w_q gibt an, um wieviel die Produktionsmenge des Produktes x_q reduziert werden muß, um die Ausbringung des Produktes x_p um eine Einheit zu erhöhen.

Sie läßt sich als *Grenzrate der Produktsubstitution* zwischen den Produkten x_p und x_q interpretieren. In jedem Knickpunkt nimmt die Menge des Produktes x_q zu, auf die man zugunsten einer zusätzlichen Einheit von Produkt x_p verzichten muß. Dies läßt sich wiederum damit begründen, daß die Bestände der konstanten Einsatzfaktoren zunehmend ausgeschöpft werden und somit bei den Prozeßwechseln auf immer weniger produktive Prozesse für das Produkt x_p übergegangen werden muß.

4.2.1.3 Beispiel

Die bisherigen Überlegungen sollen nun anhand eines einfachen *Beispiels* veranschaulicht werden. Dem Betrieb stehen fünf unterschiedliche Produktionsprozesse zur Verfügung, die jeweils zwei Produktionsfaktoren benötigen und zwei Produkte in unterschiedlichen Mengenrelationen erzeugen. Für die beiden Produktionsfaktoren bestehen Einsatzmengenbeschränkungen, für die Produkte sind Mindestproduktionsmengen vorgegeben. Die Daten des Beispiels sind in Tabelle 1 zusammengestellt.

Tabelle 1: Technologie ohne Umweltgüter

Prozeß	1	2	3	4	5	Mindest-/ Höchstmenge
Faktor 1	2	3	1	3	1	≤ 10
Faktor 2	0,5	1	2,5	1,5	2	≤ 9
Produkt 1	1	2	1,5	2	3	≥ 7
Produkt 2	1	0,5	2	1	1	≥ 5

Anhand dieser Daten werden nun die zuvor theoretisch diskutierten Analysen durchgeführt:[10]

(1) Produktionsfunktion bei partieller Faktorvariation

Der Einfluß einer parametrischen Variation der Einsatzmenge des Produktionsfaktors 1 auf die mögliche Produktion des Produktes 1 führt zu einer Produktionsfunktion bei partieller Faktorvariation. Dazu ist das folgende parametrische lineare Programm zu lösen:

$$\begin{aligned}
\max x_1 = \quad & z_1 + 2z_2 + 1{,}5z_3 + 2z_4 + 3z_5 \\
\text{u.d.N.:} \quad & 2z_1 + 3z_2 + z_3 + 3z_4 + z_5 \leq r_1 \cdot t \\
& 0{,}5z_1 + z_2 + 2{,}5z_3 + 1{,}5z_4 + 2z_5 \leq 9 \\
& z_1 + 0{,}5z_2 + 2z_3 + z_4 + z_5 \geq 5 \\
& z_1, z_2, z_3, z_4, z_5 \geq 0
\end{aligned}$$

Das Ergebnis der Berechnungen ist in Tabelle 2 zusammengestellt und in Abbildung 25 graphisch veranschaulicht.

Tabelle 2: Herleitung der Produktionsfunktion bei partieller Faktorvariation

Wertebereich	ZF-Wert am Intervallende
$0 \leq r_1 < 2{,}5$	3,75
$2{,}5 \leq r_1 < 4{,}33$	12,0
$4{,}33 \leq r_1 < 5{,}67$	13,67
$5{,}67 \leq r_1 < 27{,}33$	18,0
$27{,}33 \leq r_1 < \infty$	18,0

---

10) Zur Durchführung der Berechnungen wurde das Programm "impac" zur linearen Programmierung eingesetzt; vgl. Brink et al. [1991].

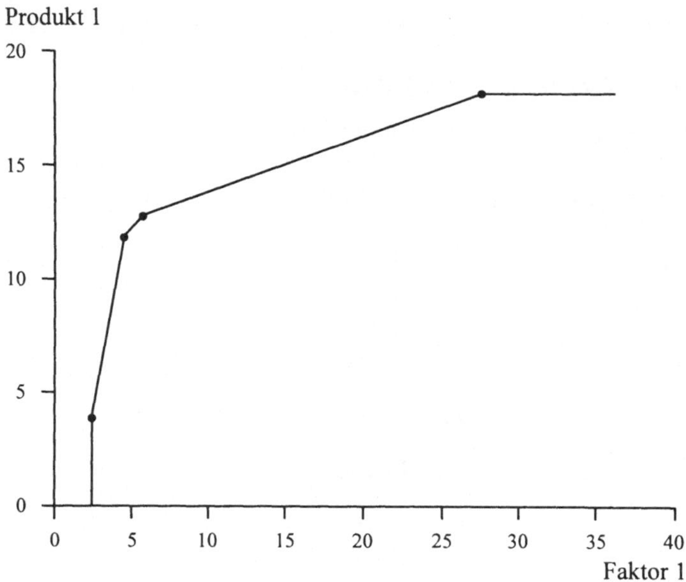

Abb. 25: Produktionsfunktion bei partieller Faktorvariation

Der Verlauf der Funktion läßt sich wie folgt interpretieren: Es sind 2,5 Einheiten des Faktors 1 erforderlich, um eine Ausbringung des Produktes 1 von 3,75 Einheiten zu erzeugen, d.h. geringere Produktionsmengen lassen sich nur durch partielle Verschwendung des Überschusses realisieren. Im folgenden Intervall steigt die Einsatzmenge des Faktors 1 von 2,5 auf 4,33 Einheiten an, die Ausbringung des Produktes 1 auf 12 Einheiten. Am Ende des Intervalls ist der Bestand des konstanten Faktors 2 voll ausgeschöpft; die Ausbringung läßt sich nur noch steigern, indem sukzessiv ein Produktionsprozeß gegen einen anderen Prozeß ausgetauscht wird, der einen höheren Produktionskoeffizienten des Faktors 1 je Einheit des Produktes 1 aufweist. Bei einer Einsatzmenge von 5,67 Einheiten des Faktors 1 und einer Ausbringungsmenge von 13,67 Einheiten des Produktes 1 erfolgt wiederum ein Prozeßwechsel. Bei 27,33 Einheiten des Faktors 1 und 18 Einheiten des Produktes 1 steht kein weiterer Produktionsprozeß zur Verfügung, durch den sich die Ausbringung noch steigern ließe. Eine weitere Erhöhung des Einsatzmenge des Faktors 1 bedeutet daher dessen Verschwendung; die Produktionspunkte auf dem letzten, waagerechten Abschnitt sind ineffizient.

(2) Isoquante

Die Untersuchung der mindestens benötigten Menge von Produktionsfaktor 1 in Abhängigkeit von einer parametrischen Variation der verfügbaren Menge von Produktionsfaktor 2 bei vorgegebenen Mindestproduktionsmengen führt zu einer Isoquante. Das zugehörige parametrische lineare Programm lautet:

$$\min r_1 = \quad 2z_1 \quad + \quad 3z_2 \quad + \quad z_3 \quad + \quad 3z_4 \quad + \quad z_5$$

$$\text{u.d.N.:} \quad 0{,}5z_1 \quad + \quad z_2 \quad + \quad 2{,}5z_3 \quad + \quad 1{,}5z_4 \quad + \quad 2z_5 \quad \leq \quad r_2 \cdot t$$

$$z_1 \quad + \quad 2z_2 \quad + \quad 1{,}5z_3 \quad + \quad 2z_4 \quad + \quad 3z_5 \quad \geq \quad 7$$

$$z_1 \quad + \quad 0{,}5z_2 \quad + \quad 2z_3 \quad + \quad z_4 \quad + \quad z_5 \quad \geq \quad 5$$

$$z_1, z_2, z_3, z_4, z_5 \geq 0$$

Das Ergebnis ist in Tabelle 3 zusammengestellt und in Abbildung 26 graphisch veranschaulicht.

Tabelle 3: Herleitung der Isoquante

Wertebereich	ZF-Wert am Intervallende
$0 \leq r_2 < 4{,}0$	9,0
$4{,}0 \leq r_2 < 7{,}33$	3,22
$7{,}33 \leq r_2 < \infty$	3,22

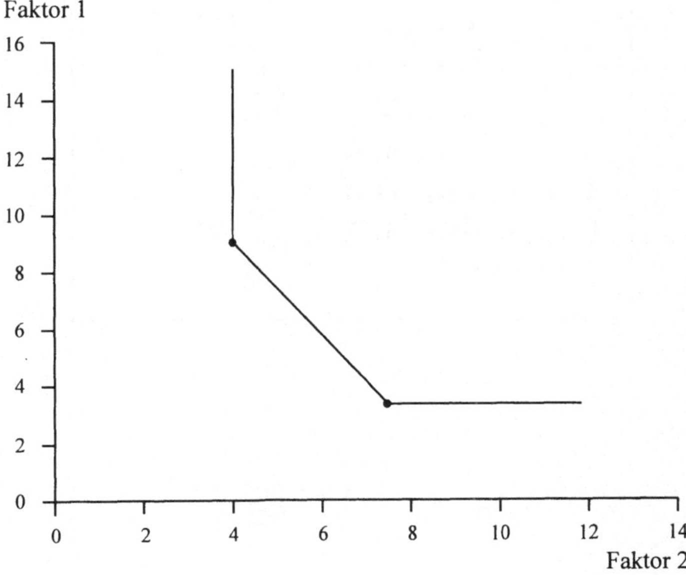

Abb. 26: Isoquante

Eine Substitution der beiden Einsatzfaktoren zur Herstellung der verlangten Mindestproduktionsmengen ist nur in dem Intervall von 4 bis 7,33 Einheiten des Faktors 1 bzw. von 3,22 bis 9 Einheiten des Faktors 2 möglich. Beim Einsatz von mehr als 4 Einheiten des Faktors 1 bzw. 9 Einheiten des Faktors 2 gelangt man in ineffiziente Bereiche der Isoquante, d.h. die darüber hinausgehenden Faktoreinsatzmengen werden verschwendet.

(3) Faktoreinsatzfunktion

Kehrt man die erste Fragestellung um und untersucht den notwendigen Mindesteinsatz von Produktionsfaktor 1 zur Herstellung verschiedener Mengen von Produkt 1, so erhält man eine Faktoreinsatzfunktion. Das zugehörige parametrische lineare Programm lautet:

$$
\begin{array}{rrrrrrr}
\min r_1 = & 2z_1 + & 3z_2 + & z_3 + & 3z_4 + & z_5 & \\
\text{u.d.N.:} & 0,5z_1 + & z_2 + & 2,5z_3 + & 1,5z_4 + & 2z_5 & \leq & 9 \\
& z_1 + & 2z_2 + & 1,5z_3 + & 2z_4 + & 3z_5 & \geq & x_1 \cdot t \\
& z_1 + & 0,5z_2 + & 2z_3 + & z_4 + & z_5 & \geq & 5 \\
\end{array}
$$

$$z_1, z_2, z_3, z_4, z_5 \geq 0$$

Das Ergebnis ist in Tabelle 4 zusammengestellt und in Abbildung 27 graphisch veranschaulicht.

Tabelle 4: Herleitung der Faktoreinsatzfunktion

Wertebereich			ZF-Wert am Intervallende
0	$\leq x_1 <$	3,75	2,5
3,75	$\leq x_1 <$	12,0	4,33
12,0	$\leq x_1 <$	13,67	5,67
13,67	$\leq x_1 <$	18,0	27,33
18,0	$\leq x_1 <$	∞	∞

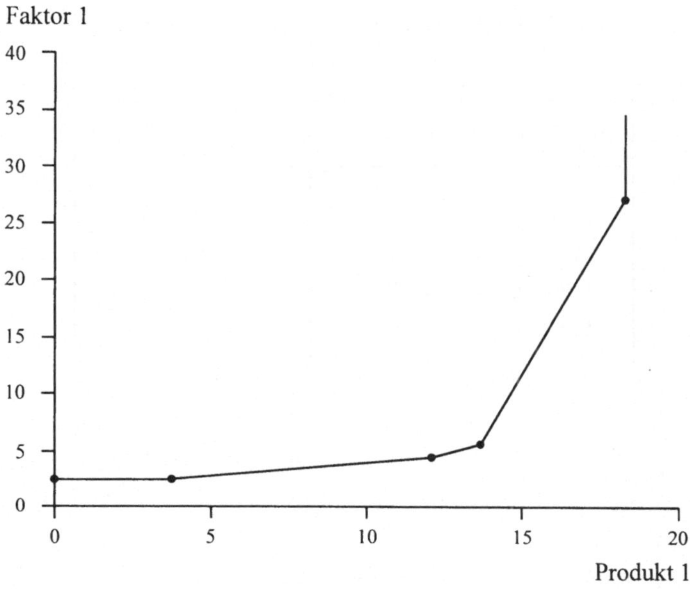

Abb. 27: Faktoreinsatzfunktion

Da es sich bei der Faktoreinsatzfunktion um die Inverse der Produktionsfunktion bei partieller Faktorvariation handelt, läßt sich ihr Verlauf analog interpretieren; es ergeben sich dieselben Bereiche, in denen die einzelnen Prozeßkombinationen genutzt werden.

(4) Produktsubstitution

Schließlich ist die Produktsubstitution, d.h. die Entwicklung der maximalen Produktionsmenge von Produkt 1 bei einer Variation der vorgegebenen Mindestmenge von Produkt 2, zu untersuchen. Dazu ist das folgende parametrische lineare Programm zu lösen:

$$\begin{aligned}
\max\ x_1 = \quad & z_1 + 2z_2 + 1{,}5z_3 + 2z_4 + 3z_5 \\
\text{u.d.N.:}\quad & 2z_1 + 3z_2 + z_3 + 3z_4 + z_5 \leq 10 \\
& 0{,}5z_1 + z_2 + 2{,}5z_3 + 1{,}5z_4 + 2z_5 \leq 9 \\
& z_1 + 0{,}5z_2 + 2z_3 + z_4 + z_5 \geq x_2 \cdot t \\
& z_1, z_2, z_3, z_4, z_5 \geq 0
\end{aligned}$$

Als Ergebnis erhält man eine Transformationsfunktion, wie in Tabelle 5 zusammengestellt und in Abbildung 28 graphisch veranschaulicht.

Tabelle 5: Herleitung der Transformationsfunktion

Wertebereich			ZF-Wert am Intervallende
0	$\leq x_2 <$	$4,5$	$14,6$
$4,5$	$\leq x_2 <$	$6,86$	$14,29$
$6,86$	$\leq x_2 <$	$9,33$	$7,89$
$9,33$	$\leq x_2 <$	∞	$0,0$

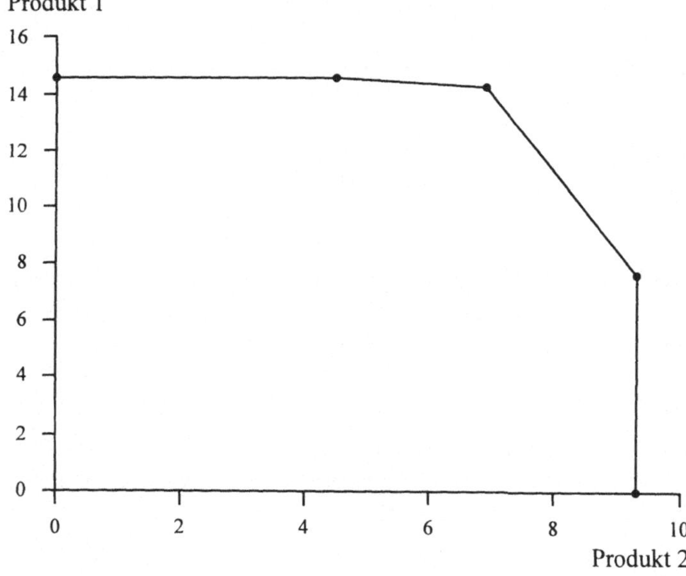

Abb. 28: Transformationskurve

Eine Produktsubstitution ist möglich in zwei Intervallen im Bereich von 7,89 bis 14,6 Einheiten bei Produkt 1 bzw. von 4,5 bis 9,33 Einheiten bei Produkt 2. Auch durch eine Reduktion der Mindestmenge auf weniger als 7,89 Einheiten von Produkt 1 bzw. weniger als 4,5 Einheiten von Produkt 2 läßt sich bei den gegebenen Faktorbeständen keine weitere Steigerung der Ausbringung des jeweils anderen Produktes erreichen, d.h. diese Bereiche sind ineffizient.

4.2.2 Technologie mit Umweltgütern

4.2.2.1 Problembeschreibung

Als letzte Stufe der Analyse achsenparalleler Schnitte wird nun das Grundmodell um die explizite Einbeziehung von Umweltgütern bzw. -faktoren erweitert. In nahezu allen Produktionsprozessen entstehen nicht nur die beabsichtigten, marktfähigen Produkte, sondern daneben als unvermeidbare Kuppelprodukte auch Emissionen verschiedener Art, z.B. feste, flüssige, gasförmige Residuen, Abwärme oder Strahlung. Je weiter die Umweltschutzgesetzgebung verschärft wird, desto mehr von diesen "Produkten" dürfen nicht beliebig an die Umwelt abgegeben werden, sondern unterliegen gewissen Restriktionen. Als einfachster Fall wird hier die Vorgabe einer Höchstmenge für die einzelnen Schadstoffarten eingeführt. Dadurch wird die Technologiemenge um einen zusätzlichen, dritten Block von Restriktionen erweitert.

Weiter ist die Möglichkeit zu betrachten, daß in bestimmten Produktionsprozessen, z.B. bei Entsorgungs- oder Recyclingaktivitäten, Schadstoffe oder Abfälle anderer Prozesse eingesetzt und damit vernichtet bzw. in marktfähige Produkte umgewandelt werden können. Derartige Vorgänge werden als vierter Block von Restriktionen in der Technologiemenge abgebildet.

Die strikte Einteilung der auftretenden Güterarten impliziert, daß jeweils ex ante bekannt ist, in welche Kategorie ein Gut gehört. Dies ist für die betriebliche Produktionsplanung in einem bestimmten Zeitpunkt durchaus plausibel, da sowohl die hauptsächliche Verwendungsrichtung als auch die Erwünschtheit eines Gutes eindeutig feststehen. In einer dynamischen Betrachtung können sich allerdings Verschiebungen ergeben.

Die um Umweltgüter erweiterte Technologiemenge läßt sich wie folgt darstellen:

$$
\begin{array}{lllllllll}
\text{(I)} & a_{11}z_1 & + & a_{12}z_2 & + \ldots + & a_{1k}z_k & + \ldots + & a_{1K}z_K & \leq & r_1^o \\
& \vdots & & \vdots & & \vdots & & \vdots & & \vdots \\
& a_{n1}z_1 & + & a_{n2}z_2 & + \ldots + & a_{nk}z_k & + \ldots + & a_{nK}z_K & \leq & r_n^o
\end{array}
$$

$$
\begin{array}{lllllllll}
\text{(II)} & b_{11}z_1 & + & b_{12}z_2 & + \ldots + & b_{1k}z_k & + \ldots + & b_{1K}z_K & \geq & x_1^o \\
& \vdots & & \vdots & & \vdots & & \vdots & & \vdots \\
& b_{m1}z_1 & + & b_{m2}z_2 & + \ldots + & b_{mk}z_k & + \ldots + & b_{mK}z_K & \geq & x_m^o
\end{array}
$$

$$
\begin{array}{lllllllll}
\text{(III)} & c_{11}z_1 & + & c_{12}z_2 & + \ldots + & c_{1k}z_k & + \ldots + & c_{1K}z_K & \leq & X_1^o \\
& c_{21}z_1 & + & c_{22}z_2 & + \ldots + & c_{2k}z_k & + \ldots + & c_{2K}z_K & \leq & X_2^o \\
& \vdots & & \vdots & & \vdots & & \vdots & & \vdots \\
& c_{J1}z_1 & + & c_{J2}z_2 & + \ldots + & c_{Jk}z_k & + \ldots + & c_{JK}z_K & \leq & X_J^o \\
& \vdots & & \vdots & & \vdots & & \vdots & & \vdots \\
& c_{M1}z_1 & + & c_{M2}z_2 & + \ldots + & c_{Mk}z_k & + \ldots + & c_{MK}z_K & \leq & X_M^o
\end{array}
$$

$$
\begin{aligned}
\text{(IV)} \quad d_{11}z_1 + d_{12}z_2 + \ldots + d_{1k}z_k + \ldots + d_{1K}z_K &\geq R_1^o \\
d_{21}z_1 + d_{22}z_2 + \ldots + d_{2k}z_k + \ldots + d_{2K}z_K &\geq R_2^o \\
\vdots \qquad \vdots \qquad\qquad \vdots \qquad\qquad \vdots \qquad\quad \vdots \\
d_{I1}z_1 + d_{I2}z_2 + \ldots + d_{Ik}z_k + \ldots + d_{IK}z_K &\geq R_J^o \\
\vdots \qquad \vdots \qquad\qquad \vdots \qquad\qquad \vdots \qquad\quad \vdots \\
d_{N1}z_1 + d_{N2}z_2 + \ldots + d_{Nk}z_k + \ldots + d_{NK}z_K &\geq R_N^o
\end{aligned}
$$

$$
z_1, z_2, \ldots, z_K \geq 0
$$

mit: $\underline{X}^o = \left(X_1^o, X_2^o, \ldots, X_M^o\right)$ - Vektor der Emissionsgrenzen für Schadstoffe

$\underline{R}^o = \left(R_1^o, R_2^o, \ldots, R_M^o\right)$ - Vektor der Mindestmengen an zu vernichtenden Schadstoffen

M - Anzahl der entstehenden Schadstoffe, $J = 1, \ldots, M$

N - Anzahl der zu vernichtenden Schadstoffe, $I = 1, \ldots, N$

$\underline{C} = \left(c_{Jk}\right)$ - Matrix der Schadstoffemissionskoeffizienten

$\underline{D} = \left(d_{Ik}\right)$ - Matrix der Schadstoffvernichtungskoeffizienten

Die Schadstoffemissionskoeffizienten c_{Jk} geben an, wieviele Einheiten des Schadstoffs X_J in Produktionsprozeß k bei Produktion einer Einheit des Referenzprodukts entstehen; entsprechend bedeuten die Schadstoffvernichtungskoeffizienten, daß in Prozeß k je Einheit des Referenzprodukts d_{Ik} Einheiten des Schadstoffs R_I vernichtet werden können.

Auch in der erweiterten Technologie wird jeder Produktionsprozeß k durch eine Spalte der Technologiematrix

$$
\begin{pmatrix}
\underline{a}^k \\
\underline{b}^k \\
\underline{c}^k \\
\underline{d}^k
\end{pmatrix} \in T
$$

dargestellt.

Um die zusätzlichen Untersuchungsmöglichkeiten wieder anhand eines numerischen Beispiels verdeutlichen zu können, ist die in Tabelle 1 angegebene Technologie um Umweltwirkungen zu erweitern: Zum einen werden die Umweltwirkungen der Produktionsprozesse explizit berücksichtigt, indem jeweils zwei Restriktionen mit Emissionsbeschränkungen und verlangten Mindestmengen an Schadstoffvernichtung eingeführt werden; zum anderen werden der Technologiemenge weitere Produktionsprozesse hinzugefügt, um eine größere Variation bei der Prozeßwahl zu ermöglichen. Schadstoffvernichtung findet in den neuen Prozessen 6 bis 10

statt. Weiter werden die ursprünglichen Beschränkungskoeffizienten erhöht, um zu aussage-
fähigen Ergebnissen zu gelangen. Die erweiterte Technologie ist in Tabelle 7 angegeben.

Tabelle 7: Technologie mit Umweltgütern

Prozeß	1	2	3	4	5	6	7	8	9	10	Mindest-/ Höchst- menge
Faktor 1	2	3	1	3	1	1,5	0	1	2	1	≤ 20
Faktor 2	0,5	1	2,5	1,5	2	2	1	7	1	0	≤ 15
Produkt 1	1	2	1,5	2	3	2	2,5	0	0	0	≥ 12
Produkt 2	1	0,5	2	1	1	2	3	2,5	0	0	≥ 10
Emission 1	1	2	1,5	1,2	1,3	1	1,2	0,1	2	0,5	≤ 15
Emission 2	0,8	1	1,2	1	1,5	2	4	5	0	0,5	≤ 18
Schadstoff- einsatz 1	0	0	0	0	0	0	1	0	2	2	≥ 0
Schadstoff- einsatz 2	0	0	0	0	0	1	0	0	3	2	≥ 1

4.2.2.2 Durchführung der Analysen

Durch die Einbeziehung von Umweltwirkungen der Produktion hat die Zahl der Dimensionen
des Güterraums zugenommen; es ergeben sich zahlreiche weitere Möglichkeiten für achsenparallele Schnitte durch das Ertragsgebirge. An dieser Stelle werden lediglich einige charak-
teristische Untersuchungen im Zusammenhang mit den Umweltgütern explizit durchgeführt,
wobei sich weitgehende Analogien zu den vorherigen Betrachtungen ergeben. Anschließend
werden alle denkbaren Untersuchungsmöglichkeiten und ihre Ergebnisse in Tabellenform
zusammengestellt.

(1) Zunächst wird untersucht, wie der Schadstoffausstoß vom Niveau des Einsatzes der Produktionsfaktoren abhängt. Dazu wird eine Restriktion des Blockes (III) als zu minimierende Zielfunktion gewählt und eine Restriktion des Blockes (I) parametrisch variiert.

Hier wird die Abhängigkeit der Emission des Schadstoffs 1 von der Verfügbarkeit des Produktionsfaktors 1 untersucht. Das Ergebnis ist in Tabelle 8 sowie Abbildung 29 angegeben.

Tabelle 8: Abhängigkeit der Emission von Schadstoff 1 vom Faktorbestand

Wertebereich			ZF-Wert am Intervallende
0	$\leq r_1 <$	$0,94$	$5,9485$
$0,94$	$\leq r_1 <$	$1,5$	$5,8$
$1,5$	$\leq r_1 <$	$3,04$	$5,5846$
$3,04$	$\leq r_1 <$	$5,0$	$5,35$
$5,0$	$\leq r_1 <$	∞	$5,35$

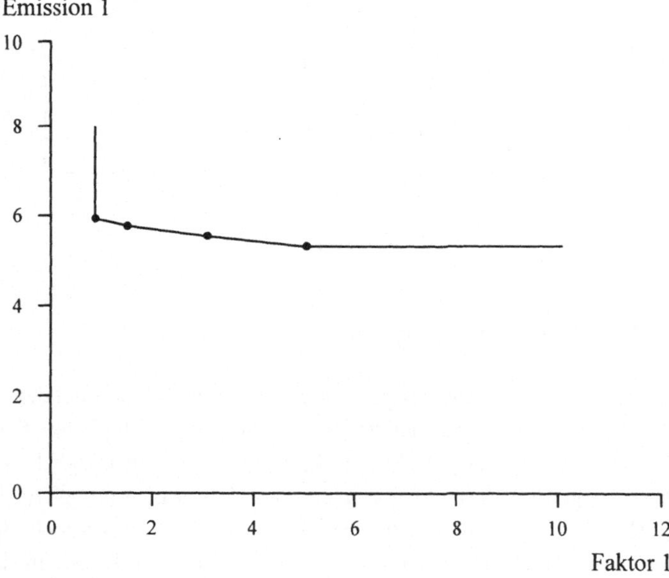

Abb. 29: Abhängigkeit einer Emission vom Faktorbestand

Bei der parametrischen linearen Programmierung einer $\leq$-Restriktion in einem Minimierungsproblem ergibt sich ein konvexer, stückweise linear fallender Verlauf der Zielfunktion. Das bedeutet, daß bei gegebener Technologie eine Schadstoffreduktion durch immer größere Einsatzmengen von Produktionsfaktoren erkauft werden muß bzw. eine Reduktion der Faktoreinsatzmenge zu einem immer höheren Schadstoffausstoß führt. Die Dualvariable der betrachteten Restriktion gibt das *marginale Austauschverhältnis* zwischen dem betrachteten Schadstoff und dem Produktionsfaktor an.

Eine Substitution von Faktoreinsatz und Schadstoffemission ist im Bereich von 0,94 bis 5,0 Einheiten bei Faktor 1 bzw. von 5,35 bis 5,95 Einheiten bei Schadstoff 1 möglich. Im vorliegenden Beispiel reagiert der Schadstoffausstoß also nur sehr wenig sensitiv auf die Variation des Bestandes von Faktor 1.

(2) Weiter läßt sich untersuchen, wie sich die Variation eines Schadstoffes auf die Entstehung eines anderen Schadstoffes auswirkt. Dabei bleibt die Zielfunktion des zuletzt untersuchten Problems erhalten, eine weitere Restriktion des Blockes (III) wird parametrisch variiert. Hier wird die Abhängigkeit des Ausstoßes des ersten Schadstoffs von der Emissionsgrenze des zweiten Schadstoffs untersucht. Das Ergebnis der Berechnungen ist in Tabelle 9 zusammengestellt und in Abbildung 30 graphisch veranschaulicht.

Tabelle 9: Abhängigkeit zwischen zwei Emissionen

Wertebereich			ZF-Wert am Intervallende
0	$\leq X_2 <$	7,44	9,7867
7,44	$\leq X_2 <$	8,08	8,44
8,08	$\leq X_2 <$	8,4	7,9778
8,4	$\leq X_2 <$	10,5	5,8
10,5	$\leq X_2 <$	11,5	5,69
11,5	$\leq X_2 <$	12,67	5,5565
12,67	$\leq X_2 <$	14,75	5,35
14,75	$\leq X_2 <$	∞	5,35

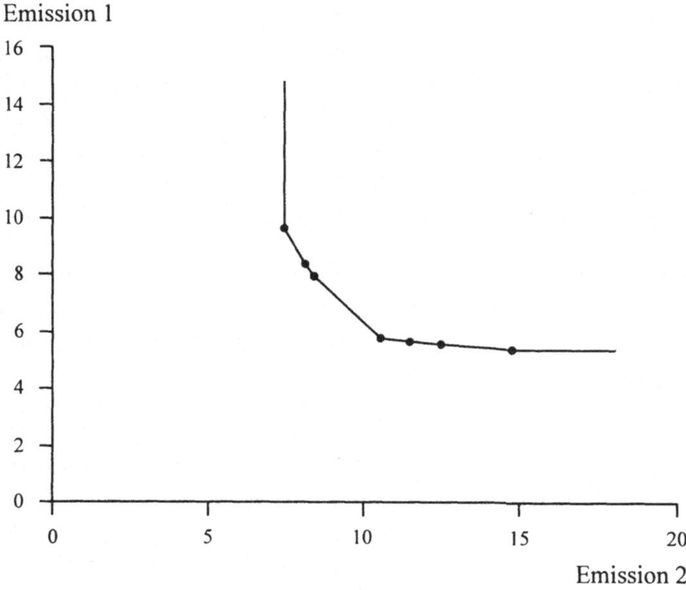

Abb. 30: Abhängigkeit zwischen zwei Emissionen

Da diese Problemstellung ebenso wie die zuvor betrachtete zur Variation einer $\leq$-Restriktion in einem Minimierungsproblem führt, ergibt sich auch hier ein konvexer, stückweise linear fallender Verlauf. Das bedeutet, daß die Reduktion der Entstehung eines ausgewählten Schadstoffes durch eine Erhöhung der Emissionsniveaus der anderen Schadstoffe erkauft werden muß, d.h. die Mengen unterschiedlicher Schadstoffe werden gegeneinander substituiert. Dementsprechend läßt sich die der variierten Restriktion zugeordnete Dualvariable als Grenzrate der Schadstoffsubstitution bzw. als *ökologische Austauschrate* zwischen den beiden Schadstoffen interpretieren.

Für das gewählte Zahlenbeispiel ist es bei den vorgegebenen Faktorbeständen und Mindestproduktionsmengen nicht möglich, die Entstehung von Schadstoff 1 unter 5,35 Einheiten bzw. von Schadstoff 2 unter 7,44 Einheiten zu reduzieren. Andererseits ist ein Anstieg der Emissionen über 9,78 Einheiten von Schadstoff 1 bzw. 14,75 Einheiten von Schadstoff 2 nicht erforderlich; die entsprechenden Bereiche sind ineffizient.

(3) Variiert man bei gleicher Zielfunktion eine Restriktion des Blockes (II), so erhält man die Abhängigkeit des Schadstoffausstoßes von einer Ausweitung oder Einschränkung der Produktion. Hier wird untersucht, welche Menge an Emission des Schadstoffs 1 bei unterschiedlichen Mindestproduktionsniveaus des Produktes 1 hinzunehmen ist. Das Ergebnis ist in Tabelle 10 sowie Abbildung 31 zusammengestellt.

Tabelle 10: Abhängigkeit des Schadstoffausstoßes vom Produktionsniveau

Wertebereich				ZF-Wert am Intervallende
0	$\leq$ x_1 $<$	4,39		2,17
4,39	$\leq$ x_1 $<$	5,17		2,36
5,17	$\leq$ x_1 $<$	22,1		9,78
22,1	$\leq$ x_1 $<$	23,5		10,55
23,5	$\leq$ x_1 $<$	24,5		11,1
24,5	$\leq$ x_1 $<$	26,67		17,8
26,67	$\leq$ x_1 $<$	∞		∞

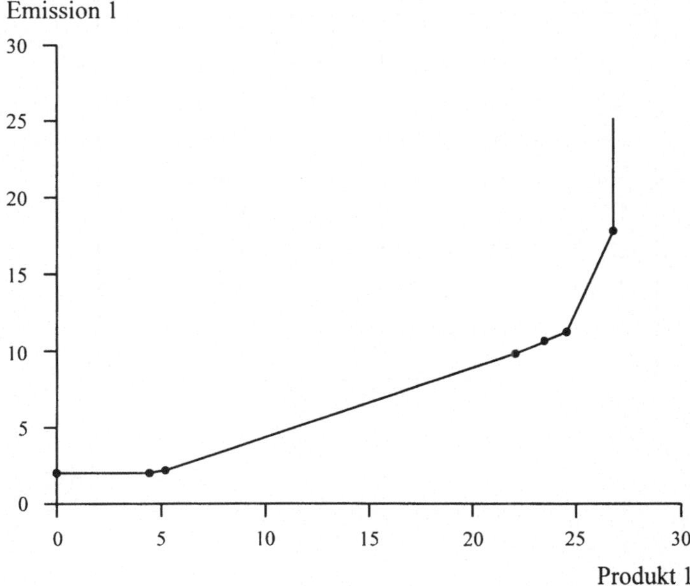

Abb. 31: Abhängigkeit des Schadstoffausstoßes vom Produktionsniveau

Durch die Variation einer $\geq$-Restriktion in einem Minimierungsproblem ergibt sich ein konvexer, stückweise linear steigender Verlauf der Zielfunktion, d.h. je mehr die Produktion des Produktes 1 ausgeweitet wird, desto größer ist der dafür in Kauf zu nehmende

Ausstoß von Schadstoff 1 je Produkteinheit. Die zugehörige Dualvariable gibt den *Grenzausstoß* des Schadstoffs 1 je Einheit von Produkt 1 an. Auch dieser Verlauf läßt sich durch die Notwendigkeit des sukzessiven Prozeßwechsels zu immer ungünstigeren Produktionsprozessen erklären. Mehr als 26,67 Einheiten von Produkt 1 lassen sich auch bei beliebiger Inkaufnahme des Schadstoffs 1 nicht erzielen; und es müssen mindestens 2,17 Einheiten von Schadstoff 1 in Kauf genommen werden.

(4) Als nächstes ist die Abhängigkeit des Schadstoffausstoßes von der Variation der geforderten Entsorgung, d.h. der Vernichtung eines anderen Schadstoffes, zu untersuchen. Dazu wird bei weiterhin unveränderter Zielfunktion eine Restriktion des Blockes (IV) parametrisch variiert. Es wird die Abhängigkeit der Emission von Schadstoff 1 von der geforderten Vernichtung des eingesetzten Schadstoffes 1 untersucht. Das Ergebnis ist in Tabelle 11 und Abbildung 32 dargestellt.

Tabelle 11: Abhängigkeit von Schadstoffausstoß und Schadstoffvernichtung

Wertebereich			ZF-Wert am Intervallende
0	$\leq R_1 <$	1,0	5,35
1,0	$\leq R_1 <$	2,46	5,5059
2,46	$\leq R_1 <$	3,09	5,5742
3,09	$\leq R_1 <$	5,27	5,9485
5,27	$\leq R_1 <$	20,37	9,9057
20,37	$\leq R_1 <$	27,83	12,54
27,83	$\leq R_1 <$	32,57	15,2291
32,57	$\leq R_1 <$	∞	∞

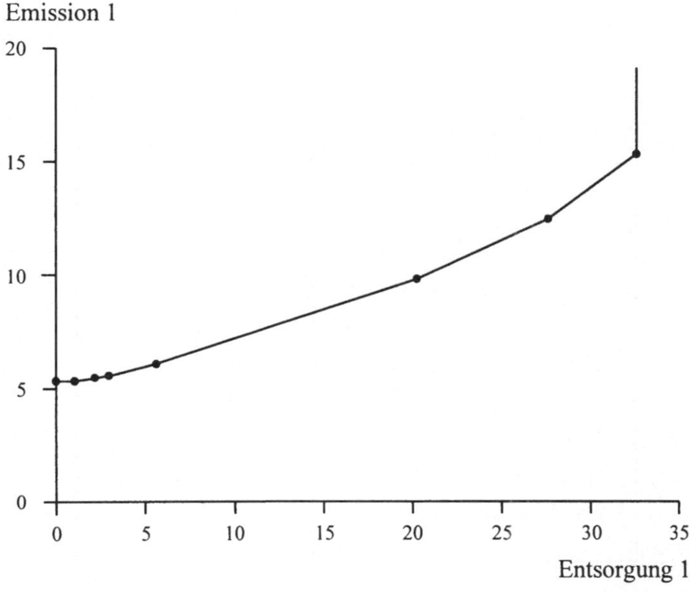

Abb. 32: Abhängigkeit von Schadstoffausstoß und Schadstoffvernichtung

Aufgrund der formalen Analogie dieses Problems zu Fall (3) hat die Zielfunktion auch hier die Form einer Faktoreinsatzfunktion, d.h. die zunehmende Vernichtung des Schadstoffs 1, die als Produktion einer Entsorgungsleistung interpretiert werden kann, ist wie die Herstellung eines Produktes mit immer größeren Emissionen anderer Schadstoffe verbunden. Das bedeutet, daß auch dem Umweltschutz dienende Aktivitäten, wie Entsorgungs- oder Recyclingprozesse, immer mit Umweltbelastungen an anderer Stelle verbunden sind. Die der variierten Restriktion zugeordnete Dualvariable gibt den *Grenzausstoß* von Emission 1 je vernichteter Einheit von Schadstoff 1 an.

Die Schadstoffemission beträgt im effizienten Bereich mindestens 5,35 und höchstens 15,23 Einheiten, die Schadstoffvernichtung kann zwischen 1,0 und 32,57 Einheiten variiert werden.

(5) Weiter läßt sich untersuchen, wie die maximal mögliche Entsorgung eines Schadstoffs von der Mindestproduktionsmenge eines Produktes abhängt. Dazu wird eine Restriktion des Blockes (IV) als zu maximierende Zielfunktion gewählt und eine Restriktion des Blockes (II) parametrisch variiert. Das Ergebnis dieser Untersuchung für Schadstoff 1 und Produkt 1 ist in Tabelle 12 und Abbildung 33 dargestellt.

Tabelle 12: Abhängigkeit von Entsorgung und Produktion

Wertebereich				ZF-Wert am Intervallende
0	$\leq$	x_1	$<$ 7,88	36,1017
7,88	$\leq$	x_1	$<$ 10,62	33,7503
10,62	$\leq$	x_1	$<$ 19,56	23,4674
19,56	$\leq$	x_1	$<$ 21,05	21,1206
21,05	$\leq$	x_1	$<$ 22,87	18,2115
22,87	$\leq$	x_1	$<$ 23,44	17,1509
23,44	$\leq$	x_1	$<$ 24,05	13,9094
24,05	$\leq$	x_1	$<$ 25,76	2,7710
25,76	$\leq$	x_1	$<$ ∞	0,0

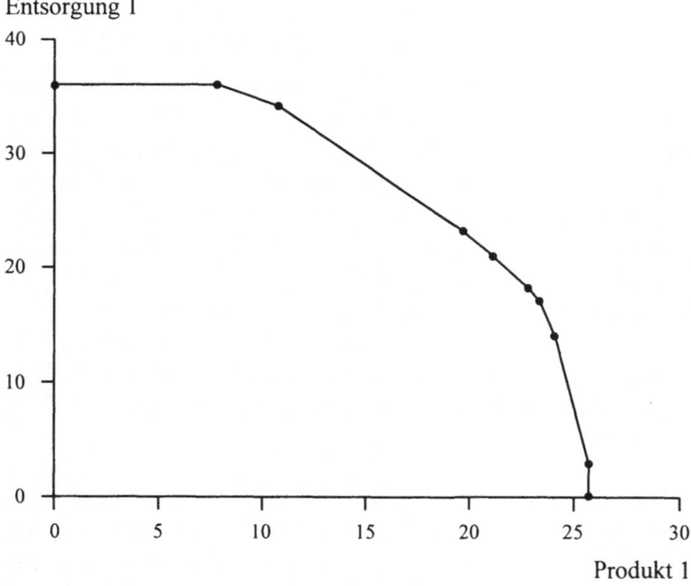

Abb. 33: Abhängigkeit von Entsorgung und Produktion

Da eine $\geq$-Restriktion in einem Maximierungsproblem variiert wird, ergibt sich ein konkaver, monoton fallender Verlauf des optimalen Zielfunktionswertes. Dies entspricht einer Transformationsfunktion, d.h. Entsorgung und Produktion sind formal als analog anzusehen. Um die Entsorgung des Schadstoffs 1 zu erhöhen, muß bei Konstanz aller anderen Restriktionen die Produktion des Produktes 1 immer stärker reduziert werden. Die der variierten Restriktion zugeordnete Dualvariable gibt das Austauschverhältnis zwischen Produktion und Entsorgung an, sie nimmt in den Knickpunkten sprunghaft ab.

Im zugrundegelegten Beispiel lassen sich die Produktion von Produkt 1 und die Entsorgung von Schadstoff 1 über einen weiten Bereich variieren: Die maximale Produktion beträgt 25,76 Einheiten und läßt gleichzeitig eine Entsorgung von 2,77 Einheiten zu; die maximale Entsorgung von 36,1 Einheiten erlaubt noch eine Produktion von 7,88 Einheiten.

(6) Schließlich ist die Abhängigkeit zwischen zwei Entsorgungsmöglichkeiten zu untersuchen. Dazu ist eine Restriktion des Blockes (IV) als Zielfunktion zu setzen und eine andere parametrisch zu variieren. Die Beziehung zwischen den möglichen Entsorgungsmengen der Schadstoffe 1 und 2 ist in Tabelle 13 und Abbildung 34 dargestellt.

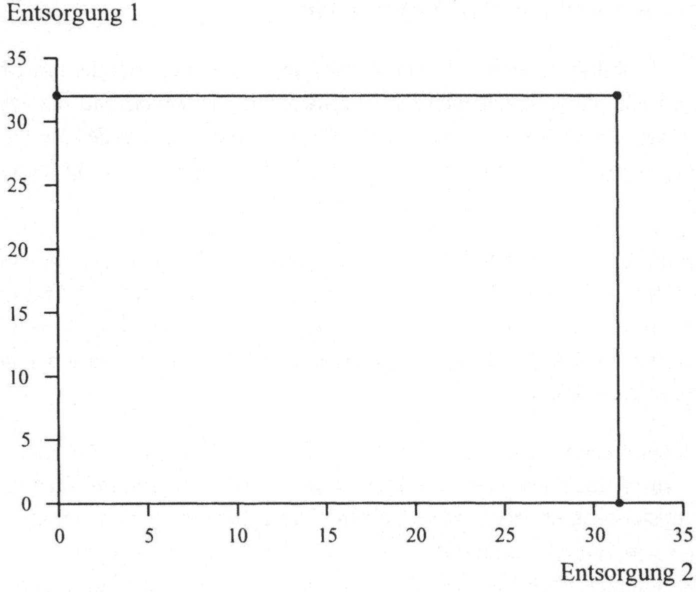

Abb. 34: Abhängigkeit zwischen zwei Entsorgungsmöglichkeiten

Tabelle 13: Abhängigkeit zwischen zwei Entsorgungsmöglichkeiten

Wertebereich	ZF-Wert am Intervallende
$0 \leq X_2 < 31{,}4$	32,167
$31{,}4 \leq X_2 < \infty$	0,0

Auch diese Funktion ist vom Typ einer Transformationsfunktion, d.h. konkav und stückweise monoton fallend. Für die im Beispiel zugrundegelegte Technologie existiert allerdings nur ein effizienter Punkt, bei dem 32,17 Einheiten von Schadstoff 1 und 31,4 Einheiten von Schadstoff 2 entsorgt werden. Alle anderen Kombinationen bedeuten die Verschwendung von Entsorgungspotential.

4.2.3 Zusammenstellung der Ergebnisse

In Tabelle 14 sind sämtliche, auch die nicht explizit durchgeführten, bei der um Umweltfaktoren erweiterten Technologie gegebenen Untersuchungsmöglichkeiten und die resultierenden Kurvenverläufe systematisch zusammengestellt. Zur Charakterisierung des Verlaufs der Zielfunktionen werden die in der traditionellen Betrachtung eingeführten Bezeichnungen verwendet.

Als vorläufiges Ergebnis läßt sich festhalten, daß durch die Beispielrechnungen die formale Analogie von Einsatzfaktoren und Schadstoffemissionen sowie von Produktion und Schadstoffvernichtung bestätigt wurde. Die zunächst für den klassischen Fall ohne Umweltgüter aufgezeigten konvexen bzw. konkaven Kurvenverläufe gelten ebenso in einer um Umweltgüter erweiterten Technologie.

Daher ist das ökonomische Grundprinzip des *Denkens in Austauschraten* auch in die Umweltdiskussion zu übernehmen: Die Reduktion einer Schadstoffemission bzw. die Erhöhung einer Entsorgungsleistung erfordern immer einen Verzicht an anderer Stelle, sei es die geringere Produktion von Gütern, vermehrter Einsatz von Faktoren, die dadurch von anderen produktiven Verwendungen abgezogen werden, erhöhte Emissionen oder geringere Entsorgung von anderen Schadstoffen. Austauschbeziehungen bestehen also nicht nur zwischen ökonomischen Gütern und Umweltgütern, sondern auch zwischen verschiedenen Umweltgütern.

Durch die hier aufgezeigten formalen Analogien wird deutlich, daß keine Antinomie zwischen ökonomischen und ökologischen Entscheidungen besteht, sondern daß es möglich ist, traditionelle ökonomische Entscheidungskalküle auf die Allokation von Umweltgütern zu übertragen bzw. Umweltgüter in diese einzubeziehen.

Tabelle 14: Technologie mit Umweltfaktoren

Typ der Zielfunktion	Typ der variierten Restriktion	Verlauf der Zielfunktion
I: Minimiere Einsatz eines Produktionsfaktors	I: Obergrenze für anderen Produktionsfaktor	Isoquante
I: Minimiere Einsatz eines Produktionsfaktors	II: Mindestmenge eines Produktes	Faktoreinsatzfunktion
I: Minimiere Einsatz eines Produktionsfaktors	III: Obergrenze für einen Schadstoff	Isoquante
I: Minimiere Einsatz eines Produktionsfaktors	IV: Mindesteinsatz eines Schadstoffs	Faktoreinsatzfunktion
II: Maximiere Erzeugung eines Produktes	I: Obergrenze für einen Produktionsfaktor	Produktionsfunktion
II: Maximiere Erzeugung eines Produktes	II: Mindestmenge eines anderen Produktes	Transformationskurve
II: Maximiere Erzeugung eines Produktes	III: Obergrenze für einen Schadstoff	Produktionsfunktion
II: Maximiere Erzeugung eines Produktes	IV: Mindesteinsatz eines Schadstoffs	Transformationskurve
III: Minimiere Entstehung eines Schadstoffs	I: Obergrenze für einen Produktionsfaktor	Isoquante
III: Minimiere Entstehung eines Schadstoffs	II: Mindestmenge eines Produktes	Faktoreinsatzfunktion
III: Minimiere Entstehung eines Schadstoffs	III: Obergrenze für anderen Schadstoff	Isoquante
III: Minimiere Entstehung eines Schadstoffs	IV: Mindesteinsatz eines Schadstoffs	Faktoreinsatzfunktion
IV: Maximiere Einsatz eines Schadstoffs	I: Obergrenze für einen Produktionsfaktor	Produktionsfunktion
IV: Maximiere Einsatz eines Schadstoffs	II: Mindestmenge eines Produktes	Transformationskurve
IV: Maximiere Einsatz eines Schadstoffs	III: Obergrenze für einen Schadstoff	Produktionsfunktion
IV: Maximiere Einsatz eines Schadstoffs	IV: Mindesteinsatz eines anderen Schadstoffs	Transformationskurve

4.2.4. Nicht-achsenparallele Schnitte

Nachdem sämtliche Möglichkeiten für achsenparallele Schnitte, d.h. der Reaktion einer Größe auf die parametrische Variation *einer* anderen Größe, explizit oder implizit untersucht worden sind, ist nun zu prüfen, wie die erforderliche Mindest- bzw. die erzielbare Höchstmenge einer Güterart auf die *gemeinsame Variation mehrerer Restriktionen* reagiert. Diese Problemstellung entspricht einem nicht-achsenparallelen Schnitt durch den Güterraum.

Zur Darstellung eines solchen Schnittes sind formal im Beschränkungsvektor $\underline{b}^0$ die zu den zu variierenden Koeffizienten gehörenden Komponenten auf Null und im Vektor $\underline{b}^1$ die entsprechenden Komponenten auf eins zu setzen; die restlichen Komponenten von $\underline{b}^0$ bleiben unverändert, $\underline{b}^1$ weist an diesen Stellen eine Null auf. Für den Fall, daß - ohne Beschränkung der Allgemeinheit - eine Variation der ersten g-1 Restriktionen bei Konstanz der restlichen n-g+1 Restriktionen erfolgt, ergibt sich der Beschränkungsvektor als:

$$\underline{b} = \underline{b}^0 + \underline{b}^1 \cdot t = \begin{pmatrix} 0 \\ \vdots \\ 0 \\ r_g^0 \\ \vdots \\ r_n^0 \end{pmatrix} + \begin{pmatrix} 1 \\ \vdots \\ 1 \\ 0 \\ \vdots \\ 0 \end{pmatrix} \cdot t$$

Da hier in erster Linie der qualitative Verlauf derartiger Funktionen von Interesse ist, werden lediglich einige Untersuchungsmöglichkeiten diskutiert, bei denen die mögliche Ausbringung eines Produktes in Abhängigkeit von der Variation verschiedener Gruppen von Restriktionen betrachtet wird. Zunächst werden sämtliche Restriktionen gleichzeitig variiert, dann lediglich die Faktorrestriktionen, schließlich verschiedene Pakete von Faktor- und Umweltrestriktionen. Eine numerische Analyse ist bei dem bislang zugrunde gelegten Beispiel aufgrund seines geringen Umfangs wenig ergiebig.

(1) Totale Faktorvariation

Der analytisch einfachste Fall der gemeinsamen Variation mehrerer Restriktionen ist die *totale Faktorvariation*, bei der die Abhängigkeit der Ausbringungsmenge eines Produktes von einer proportionalen Variation *sämtlicher* anderer Restriktionen untersucht wird.

Zunächst ist festzustellen, ob überhaupt zulässige Prozesse für die Herstellung des betrachteten Produktes in der Technologiemenge enthalten sind. Ist dies der Fall, so erfolgt die Produktion mit einem beliebigen zulässigen, effizienten Prozeß.

Die Produktion kann also entlang des zugehörigen Prozeßstrahls beliebig ausgeweitet werden, wie in Abbildung 35 dargestellt. Dies gilt aufgrund der zuvor herausgearbeiteten formalen Analogien für eine Technologie mit Berücksichtigung von Umweltwirkungen ebenso wie für die traditionelle Betrachtung.

Ausbringung

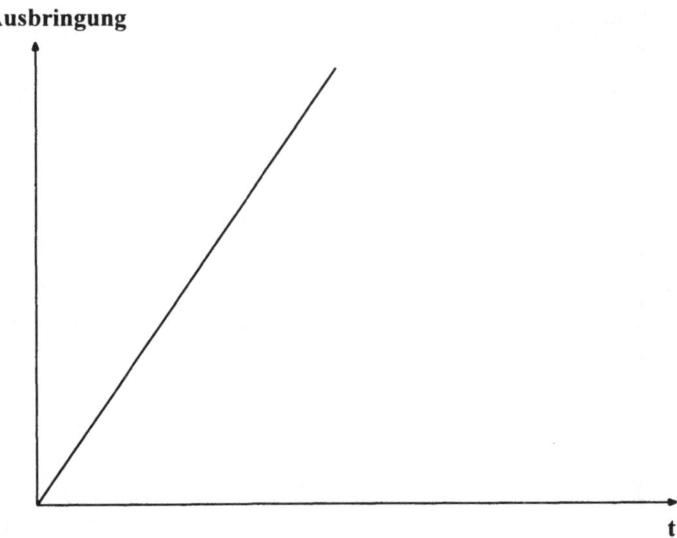

Abb. 35: Totale Faktorvariation

(2) Variation von Faktorpaketen

Eine gemeinsame Variation einer Gruppe von Faktorrestriktionen[11] liegt z.B. vor, wenn bestimmte Werkstoffe zwecks Ausnutzung günstiger Lieferkonditionen in konstanten Mengenverhältnissen bestellt werden oder wenn die Kapazität der Betriebsmittel in einem Fertigungsbereich durch Maßnahmen der zeitlichen Anpassung - wie Kurzarbeit, Überstunden oder Sonderschichten[12] - in gleichem Maße vermindert oder vermehrt wird.

Wenn nicht *alle* Faktorrestriktionen gleichzeitig variiert werden können, ergibt sich ein konvexer, stückweise linear steigender Verlauf der Produktionsfunktion wie bei partieller Variation eines einzigen Produktionsfaktors. Solange mindestens ein Beschränkungskoeffizient konstant gehalten wird, kann sich die zugehörige Restriktion ab einer bestimmten Produktionsmenge als Engpaß erweisen und so einen weiteren Anstieg der Ausbringungsmenge verhindern.[13]

---

11) Zum Begriff "Faktorpakete" vgl. Eichhorn [1970].
12) Vgl. Gutenberg [1983], S. 371 ff.
13) Vgl. Kistner [1993b], S. 92 f.

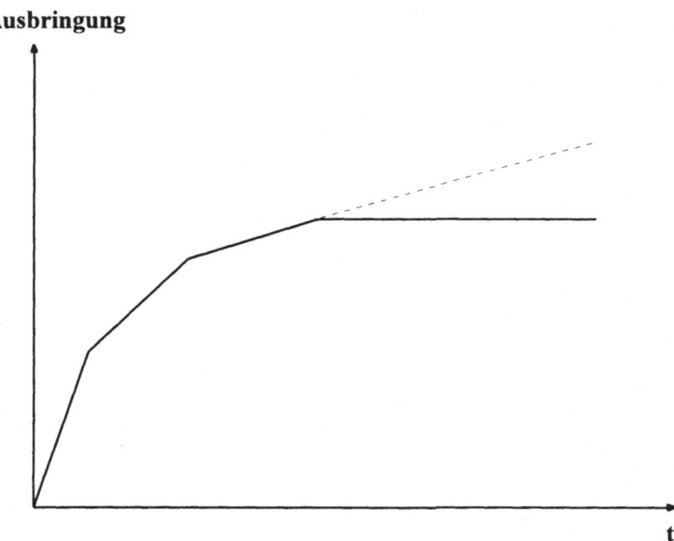

Abb. 36: Variation von Faktorpaketen

Falls es jedoch mindestens einen Prozeß gibt, in dem die knappen Faktoren nicht benötigt werden, so tritt der Fall ein, daß sich die Produktionsmenge entlang eines Prozeßstrahls beliebig steigern läßt, sofern entsprechende Mengen der variablen Faktoren zur Verfügung stehen; durch den Wechsel zu diesem Prozeß ergibt sich ein Verlauf der Produktionsfunktion wie im Falle totaler Faktorvariation. Die beiden möglichen Verläufe der Produktionsfunktion bei der Variation von Faktorpaketen sind in Abbildung 36 dargestellt.

(3) Variation von Faktor- und Umweltrestriktionen

Bei expliziter Berücksichtigung von Umweltrestriktionen ergeben sich weitere Möglichkeiten, *Faktorpakete* zu bilden. So ist es sinnvoll, einerseits konstante Umweltbedingungen und variable Faktorbestände, andererseits variable Umweltbedingungen und konstante Faktorbestände zu betrachten. Es sind also folgende Fälle zu unterscheiden:

- Bei Variabilität der Faktorrestriktionen und Konstanz der Umweltrestriktionen werden von einer bestimmten Ausbringungsmenge an die Emissionsbeschränkungen zu einem die Produktion limitierenden Engpaß; es sei denn, daß es in der Technologiemenge einen Prozeß gibt, der bezüglich der explizit erfaßten Schadstoffe keine Emissionen verursacht. Dann ist wiederum eine beliebige Ausweitung der Produktion mit diesem Prozeß möglich.

- Analog dazu ist der Fall zu betrachten, daß die Umweltrestriktionen variiert und die Faktorrestriktionen konstant gesetzt werden: Falls es mindestens einen Prozeß gibt, der die knappen Faktoren nicht in Anspruch nimmt - dies könnte z.B. ein Recyclingprozeß sein, der ausschließlich als unerwünscht angesehene Stoffe einsetzt -, ist eine zur Lockerung der Emissionsgrenzen proportionale Ausweitung der Produktion auf diesem Prozeßstrahl möglich. Sind hingegen alle Prozesse auf den Einsatz knapper Faktoren angewiesen, so ist die mögliche Ausbringung auch bei völligem Verzicht auf Umweltschutz nach oben limitiert.

- Werden sämtliche Umweltrestriktionen gleichzeitig mit den Faktorrestriktionen variiert, so ist eine beliebige Erhöhung der Ausbringung auf einem Prozeßstrahl möglich, d.h. es liegt eine totale Faktorvariation vor.

Falls die Unternehmung bei der Ausdehnung ihrer Aktivitäten an solche Grenzen stößt, seien es Beschränkungen der Faktorbestände oder Emissionsgrenzen, so wird sie nach dem *Ausgleichsgesetz der Planung*[14] ihre Anstrengungen zunächst darauf richten, den jeweiligen Engpaß zu beseitigen. Dies kann zum einen dadurch erfolgen, daß die relevante Grenze nach oben verschoben wird, d.h. daß zusätzliche Rohstoffe oder Kapazitäten beschafft bzw. Emissionsgrenzen durch Verhandlungen mit den zuständigen Behörden gelockert werden; zum anderen kann durch den Einsatz neuer Produktionsprozesse, die das knappe Gut sparsamer verwenden, die Produktion auch bei unveränderten Grenzwerten gesteigert werden.

Wie die obigen Überlegungen gezeigt haben, bleiben die für achsenparallele Schnitte durch die Technologiemenge aufgezeigten *Konvexitätseigenschaften* auch bei beliebigen anderen Schnitten erhalten. Diese Tatsache ist vor allem für einen anschließenden Einsatz von Entscheidungsmodellen von Bedeutung, denn konvexe Programme haben die Eigenschaft, daß lokale Optima gleichzeitig auch globale Optima sind. Daher ist es ausreichend, sich auf die Anwendung lokaler Optimalitätsbedingungen zu beschränken.

4.3 Weiterführende Betrachtungen

4.3.1 Modifikation der Darstellung

Bislang wurde eine recht detaillierte Darstellung der Technologie verwendet, anhand derer einzelne Einflüsse herausgearbeitet werden konnten. Um zu einer kompakteren Schreibweise zu gelangen, läßt sich das um Umweltwirkungen erweiterte Grundmodell wie folgt modifizieren: Die zu den Umweltgütern und -faktoren gehörenden Restriktionen vom Typ III und IV werden zu einem Block zusammengefaßt. Dadurch wird vermieden, daß solche Schadstoffe, die in einem Produktionsprozeß entstehen und in einem anderen beseitigt werden, als zwei unterschiedliche Güterkategorien erfaßt werden.

$$\hat{\underline{C}}\,\underline{z} \leq \underline{u}^o$$

Dabei gilt:

$$\hat{\underline{C}} = \begin{pmatrix} \underline{C} \\ \underline{D} \end{pmatrix} \qquad \underline{u}^o = \begin{pmatrix} \underline{X}^o \\ \underline{R}^o \end{pmatrix}$$

---

14) Vgl. Gutenberg [1983], S. 162.

Die Information, ob ein Schadstoff u_m in einem Prozeß k per Saldo entsteht oder eingesetzt wird - beides gleichzeitig ist nicht möglich -, ist von dem Vorzeichen des Matrixkoeffizienten abhängig.

$$\hat{c}_{mk} > 0 \quad \Rightarrow \quad \text{Schadstoff m entsteht im Prozeß k}$$

$$\hat{c}_{mk} < 0 \quad \Rightarrow \quad \text{Schadstoff m wird im Prozeß k eingesetzt}$$

Entsprechend läßt sich die Information, ob für den Schadstoff m eine Emissionsobergrenze oder eine Einsatzmengenuntergrenze gilt, über das Vorzeichen des zugehörigen Beschränkungskoeffizienten u_m darstellen:

$$u_m^o > 0 \quad \Rightarrow \quad \text{Emissionsobergrenze für Schadstoff m}$$

$$u_m^o < 0 \quad \Rightarrow \quad \text{Mindesteinsatzmenge für Schadstoff m}$$

Um auch den Einsatz von Zwischenprodukten bei mehrstufiger Produktion erfassen zu können, läßt sich eine ähnliche Zusammenfassung bei den Restriktionen vom Typ I und II vornehmen:

$$\hat{\underline{A}} \, \underline{z} \geq \underline{y}^o$$

Dabei gilt:

$$\hat{\underline{A}} = \begin{pmatrix} A \\ \underline{B} \end{pmatrix} \qquad \underline{y}^o = \begin{pmatrix} \underline{r}^o \\ \underline{x}^o \end{pmatrix}$$

$$\hat{a}_{ik} > 0 \quad \Rightarrow \quad \text{Produkt i entsteht im Prozeß k}$$

$$\hat{a}_{ik} < 0 \quad \Rightarrow \quad \text{Produkt i wird im Prozeß k eingesetzt}$$

$$y_i^o > 0 \quad \Rightarrow \quad \text{Mindestproduktionsmenge für Produkt i}$$

$$y_i^o < 0 \quad \Rightarrow \quad \text{Einsatzmengenbeschränkung für Produkt i}$$

Die solchermaßen vereinfachte Schreibweise der Technologie lautet:

$$\hat{\underline{A}} \, \underline{z} \geq \underline{y}^o$$

$$\hat{\underline{C}} \, \underline{z} \leq \underline{u}^o$$

$$\underline{z} \geq \underline{0}$$

4.3.2 Abbildung verschiedener Prozeßtypen

Wie bereits zuvor festgestellt wurde, läßt sich jeder in der Technologie enthaltene Prozeß durch eine Spalte

$$
\begin{pmatrix}
\underline{a}^k \\
\underline{b}^k \\
\underline{c}^k \\
\underline{d}^k
\end{pmatrix}
$$

der Technologiematrix darstellen. Je nachdem, welche güterwirtschaftlichen und umweltrelevanten Wirkungen ein Prozeß aufweist, sind bestimmte Teile dieses Vektors mit nicht-negativen Elementen oder mit Nullen besetzt. Insbesondere lassen sich bestimmte Arten von Prozessen wie folgt charakterisieren:[15]

- Ein *Produktionsprozeß* ist dadurch gekennzeichnet, daß Produktionsfaktoren eingesetzt werden und Produkte sowie Schadstoffe entstehen. Daher gilt:

$$\underline{a}^k \geq \underline{0}$$

$$\underline{b}^k \geq \underline{0}$$

$$\underline{c}^k \geq \underline{0}$$

$$\underline{d}^k \equiv \underline{0}$$

- Bei einem reinen *Entsorgungsprozeß* steht die Vernichtung von Schadstoffen im Vordergrund. Dazu ist der Einsatz von Produktionsfaktoren erforderlich, und es können Emissionen von anderen Schadstoffen oder andere unerwünschte Wirkungen, wie die Inanspruchnahme von Deponieraum, auftreten. Es gilt:

$$\underline{a}^k \geq \underline{0}$$

$$\underline{b}^k \equiv \underline{0}$$

$$\underline{c}^k \geq \underline{0}$$

$$\underline{d}^k \geq \underline{0}$$

- Kennzeichen eines *Recyclingprozesses* ist, daß unter Einsatz von Produktionsfaktoren aus Schadstoffen bzw. Abfällen anderer Produktionsprozesse verwertbare Güter erzeugt werden. Auch dabei treten in der Regel gewisse Schadstoffemissionen auf. Es gilt:

$$\underline{a}^k \geq \underline{0}$$

$$\underline{b}^k \geq \underline{0}$$

---

15) Vgl. Steven [1992b], S. 133 f.

$$\underline{c}^k \geq \underline{0}$$

$$\underline{d}^k \geq \underline{0}$$

- Der Einsatz eines *additiven Entsorgungsverfahrens*, z.B. eines Filters, läßt sich abbilden, indem der bisherigen Technologiemenge ein Entsorgungsprozeß hinzugefügt wird, der für den betreffenden Schadstoff höhere Vernichtungskoeffizienten als die bisherigen Prozesse aufweist und daher - insbesondere bei Verschärfung der zugehörigen Schadstoffrestriktion - in einer effizienten Prozeßkombination enthalten sein wird.

- *Integrierte Umweltschutzverfahren* bedeuten die Entwicklung eines neuen Prozesses zur Herstellung bestimmter Produkte, wodurch die Schadstoffentstehungskoeffizienten verringert oder die Schadstoffvernichtungskoeffizienten erhöht werden. Ein derartiger, im Rahmen des umweltsparenden technischen Fortschritts erfolgender *Prozeßwechsel* ist durch einen geringeren Schadstoffausstoß bei gleichem oder geringerem Verbrauch an Produktionsfaktoren und gleicher oder höherer Produktionsmenge gekennzeichnet. Das neue Verfahren wird daher in einer effizienten Prozeßkombination genutzt.

4.3.3 Interpretation der Ergebnisse

Wie die bisherigen Überlegungen gezeigt haben, lassen sich bei produktionstheoretischen Betrachtungen anhand einer linearen Technologie gewisse Übereinstimmungen zwischen herkömmlichen Gütern und Faktoren sowie Umweltgütern und -faktoren herleiten. Insbesondere sind

- bei der Produktion entstehende Schadstoffe $\underline{X}$ als formal äquivalent zu eingesetzten Rohstoffen $\underline{r}$,

- bei der Produktion vernichtete Schadstoffe $\underline{R}$ als formal äquivalent zu erwünschten Produkten $\underline{x}$

anzusehen und entsprechend zu behandeln. Dies bestätigt die bereits in Abschnitt 3.2.2 aufgezeigte Diskrepanz zwischen einer stoffflußorientierten Betrachtung, nach der Produktionsfaktoren $\underline{r}$ und zu vernichtende Schadstoffe $\underline{R}$ in den Produktionsprozeß eingehen und Produkte $\underline{x}$ sowie Emissionen $\underline{X}$ in ihm entstehen und einer wertorientierten Betrachtung, nach der $\underline{r}$ und $\underline{X}$ in möglichst geringen, $\underline{x}$ und $\underline{R}$ hingegen in möglichst großen Mengen auftreten sollten.

Bei der expliziten bzw. impliziten Analyse aller denkbaren Schnitte durch den Güterraum ist der Nachweis erbracht worden, daß auch eine um Umweltgüter und -faktoren erweiterte lineare Technologie *neoklassische Eigenschaften* aufweist.[16] Insbesondere konnten aufgezeigt werden:

---

16) Vgl. hierzu Kistner [1993b], S. 106 ff.

(1) Substitutionalitätsbeziehungen

Während sich in der traditionellen Aktivitätsanalyse substitutionale Beziehungen mit einer abnehmenden Grenzrate der Substitution zwischen den eingesetzten Rohstoffen nachweisen lassen, läßt sich dieses Ergebnis auch auf die Beziehung zwischen

- der Emission verschiedener Schadstoffe,

- dem Einsatz von Rohstoffen und der Entstehung von Schadstoffen

übertragen. Das bedeutet, daß zum einen bei gegebener Technologie ein Abwägen zwischen verschiedenen Schadstoffen notwendig ist: Die Konzentration auf die Reduzierung eines bestimmten Schadstoffs, der z.B. gerade in der öffentlichen und politischen Diskussion als besonders wichtig angesehen wird,[17] bewirkt ceteris paribus ein Ansteigen der Emissionen von anderen Schadstoffen. Zum anderen bedeutet die Substitutionalität von Rohstoffeinsatz und Schadstoffentstehung, daß die Verringerung von Emissionen durch höheren Rohstoffeinsatz erkauft werden muß.

Hier ist also ein Denken nicht nur in ökonomischen, sondern auch in ökologischen Austauschraten erforderlich: So erwünscht die Reduktion einer bestimmten Emission auch sein mag, ruft sie doch unerwünschte Wirkungen an anderen Stellen hervor, so daß ab einem bestimmten Punkt die Gesamtwirkung nachteilig ist.

(2) Ertragsgesetzliche Beziehungen

Der ertragsgesetzliche Verlauf der Produktionsfunktion bei partieller Faktorvariation bedeutet positive, aber nicht zunehmende Ertragszuwächse bei Ausweitung des Faktoreinsatzes, d.h. die Gossen'schen Gesetze gelten auch für Umweltgüter. Solche ertragsgesetzlichen Beziehungen gelten ebenso für

- die Abhängigkeit der Entsorgung vom Faktoreinsatz,

- die Abhängigkeit der Produktion von der Schadstoffemission,

- die Abhängigkeit der möglichen Entsorgung von der Schadstoffemission.

Das bedeutet, daß auch bei beliebig hohem Faktoreinsatz bzw. beliebig hohen Emissionsgrenzen keine vollständige Vernichtung von Schad- und Reststoffen möglich ist und daß sich auch bei unendlich hoher Inkaufnahme von Emissionen die Produktion nicht beliebig ausdehnen läßt. Auch hier ist anhand der Austauschraten ein ökologisch-ökonomisches Optimum als der Punkt zu bestimmen, ab dem die negativen Wirkungen einer zusätzlichen Produkteinheit bzw. einer zusätzlichen Entsorgungsleistung ihre positiven Aspekte übersteigen.

(3) Transformationsbeziehungen

Schließlich läßt sich das Konzept der Transformationskurve zwischen erwünschten Produkten, nach dem bei Konstanz aller anderen Restriktionen die Ausweitung der Menge eines Produktes immer größere Reduktionen bei anderen Produkten erfordert, übertragen auf

---

17) Häufig ist in diesem Zusammenhang vom "Schadstoff der Woche" die Rede.

- die Beziehung zwischen Produktion und Entsorgung,

- die Beziehung zwischen verschiedenen Entsorgungsleistungen.

Allgemein gilt also, daß die Ausweitung einer gewünschten Leistung einen immer größeren Verzicht auf andere erwünschte Leistungen erfordert. Dadurch wird ein Abwägen zwischen dem Nutzen der verschiedenen Leistungen notwendig.

Weiter ist eine konsistente Interpretation der den Restriktionen zugeordneten *Dualvariablen* - in Abhängigkeit von dem gewählten Schnitt durch den Güterraum, d.h. von der Auswahl der Zielfunktion und der zu variierenden Restriktion - möglich. Form und Verlauf der resultierenden Funktionen ergeben sich direkt aus den Eigenschaften der Lösungsmenge der parametrischen linearen Programmierung. Auch wenn einzelne Restriktionen nicht die bislang vorausgesetzte Form haben, z.B. für Produkte zusätzlich $\leq$-Bedingungen als Absatzobergrenzen vorliegen oder einzelne Restriktionen als Gleichungen zu erfüllen sind, bleibt wegen der Möglichkeit von Prozeßkombinationen die Form der Kurven prinzipiell erhalten.

Diese Ergebnisse, insbesondere die Konvexitätseigenschaften und die ertragsgesetzlichen Verläufe, bleiben auch für nicht-achsenparallele Schnitte durch den Güterraum, bei denen mehrere Restriktionen gleichen Typs gemeinsam variiert werden, im wesentlichen erhalten. Bei totaler Faktorvariation, d.h. gleichzeitiger proportionaler Variation *aller* Restriktionen, gelten hingegen konstante Skalenerträge. Das bedeutet, daß die jeweilige Zielfunktion linear steigt oder fällt, da der in bezug auf das betrachtete Gut günstigste Prozeß genutzt werden kann. Sobald auch nur eine Restriktion nicht beliebig variiert werden kann, können die oben dargestellten konvexen Verläufe der Zielfunktion auftreten.

4.4 Bewertung der Gütermengen

Bislang wurden in einer rein mengenmäßigen Darstellung die Technologiemenge bei Einbeziehung von Umweltgütern sowie die dabei auftretenden Beziehungen zwischen den verschiedenen Güterarten untersucht. Nun wird zusätzlich eine *Bewertung* der Gütermengen vorgenommen, um über Effizienzbetrachtungen hinaus im Rahmen einer *Produktionsplanung* die für eine gegebene Zielsetzung optimalen Aktivitäten bzw. Prozeßkombinationen ermitteln zu können.

Dabei stellt sich das Problem eines *geeigneten Wertansatzes*: Je nachdem, ob ökonomische oder ökologische Zielsetzungen im Vordergrund stehen, kommen hierfür

- unternehmensextern festgesetzte Preise,

- intern ermittelte Opportunitätskosten,

- Schadkoeffizienten

in Betracht.[18] Im folgenden wird zunächst davon ausgegangen, daß das Problem der Bewertung durch die externe Vorgabe von Preisen gelöst ist. Diese *Preise* der Güter enthalten sämtliche Informationen, die für ihre ökonomische und ökologische Beurteilung relevant sind, so daß die Ausrichtung der Produktionsplanung an der Gewinnmaximierung auf der Basis dieser Preise zu einer ökonomisch und ökologisch optimalen Güterallokation führt. Anschließend wird die Annahme gegebener Preise teilweise aufgehoben und gezeigt, welche Wirkung eine alternative mengenmäßige Steuerung auf die Produktionsplanung hat.

4.4.1 Produktionsplanung bei gegebenen Preisen

Entsprechend der Vorgehensweise in den vorherigen Abschnitten wird auch die Problemstellung der Produktionsplanung zunächst für den traditionellen Fall und anschließend unter Einbeziehung von Umweltwirkungen dargestellt.

Aufgabe der *Produktionsplanung* ist die Ermittlung eines gewinnmaximalen Produktionsprogramms. Da die Kosten der Betriebsmittel sowie des Arbeitskräftepotentials zum großen Teil als fix anzusehen sind und somit außerhalb des Entscheidungsbereichs der Produktionsplanung liegen, ist es sinnvoll, anstelle des Gewinns den *Deckungsbeitrag* als Differenz aus Erlösen und variablen Kosten zu maximieren, denn dieser enthält nur entscheidungsabhängige Größen. Geht man davon aus, daß

- variable Produktionsfaktoren in beliebiger Menge und zu bekannten Faktorpreisen beschafft werden können,

- die Produkte in beliebiger Menge zu ebenfalls bekannten Preisen abgesetzt werden können,

so sind lediglich die gegebenen Bestände der Potentialfaktoren als Restriktionen zu berücksichtigen.

Ohne Beschränkung der Allgemeinheit werden die ersten n_1 Faktoren als variable Faktoren angesehen, während es sich bei den Faktoren $i = n_1+1,...,$ n um Potentialfaktoren, d.h. Betriebsmittel, Arbeitskräfte oder Faktorbestände, handeln soll. Damit ergibt sich das folgende lineare Programm für die Produktionsplanung zur Deckungsbeitragsmaximierung:

$$\max DB = \sum_{j=1}^{m} p_j \, x_j - \sum_{i=1}^{n_1} q_i \, r_i$$

$$\text{u.d.N.:} \quad \sum_{k=1}^{K} a_{ik} \, z_k \leq r_i^o \qquad\qquad i = n_1+1,...,n$$

$$\sum_{k=1}^{K} a_{ik} \, z_k - r_i = 0 \qquad\qquad i = 1,...,n_1$$

---

18) Vgl. Ab

$$\sum_{k=1}^{K} b_{jk} z_k - x_j = 0 \qquad\qquad j = 1, ..., m$$

$$z_k \geq 0 \qquad\qquad k = 1, ..., K$$

mit: p_j - Erlös des Produktes j je produzierter Einheit

   q_i - Kosten des variablen Faktors i je eingesetzter Einheit

In der Zielfunktion ist der Deckungsbeitrag eines mit dem Faktoreinsatz $\underline{r}$ erzeugten Produktionsprogramms $\underline{x}$ angegeben. Die erste Gruppe von Restriktionen beschreibt die Einsatzmengenbeschränkungen der fixen Produktionsfaktoren; die zweite und dritte Gruppe bilden die Definitionsgleichungen für die Einsatzmengen der variablen Faktoren bzw. für die erzeugten Produkte.

Aufgrund des *Preistheorems* der linearen Programmierung[19] lassen sich die den Faktorrestriktionen zugeordneten Dualvariablen w_i als *Knappheitspreise* für die Faktorbestände interpretieren. Zu einer optimalen Lösung $\underline{z}^*$ des primalen Programms existiert eine optimale Lösung $\underline{w}^*$ des dualen Programms, so daß gilt:

$$\sum_{k=1}^{K} a_{ik} z_k^* \begin{Bmatrix} = \\ < \end{Bmatrix} r_i^o \quad \Rightarrow \quad w_i^* \begin{Bmatrix} \geq \\ = \end{Bmatrix} 0 \qquad\qquad i = n_1+1, ..., n$$

$$\sum_{i=n_1+1}^{n} a_{ik} w_i^* \begin{Bmatrix} = \\ > \end{Bmatrix} DB_k \quad \Rightarrow \quad z_k^* \begin{Bmatrix} \geq \\ = \end{Bmatrix} 0 \qquad\qquad k = 1, ..., K$$

mit: $DB_k = \displaystyle\sum_{j=1}^{m} p_j b_{jk} - \sum_{i=1}^{n_1} q_i a_{ik}$ - Deckungsbeitrag von Produktionsprozeß k

Die Dualvariablen $\underline{w}^*$ haben also immer dann einen positiven Wert, wenn die zugehörige Restriktion bindend ist. Falls ein Faktorbestand durch die geplante Produktion nicht ausgeschöpft wird, ist der betreffende Faktor nicht knapp, d.h. sein interner Preis beträgt Null. Im Fall der *Degeneration* der optimalen Lösung kann der Preis je Einheit bei einer oder mehreren ausgeschöpften Restriktionen Null betragen; ihre Knappheit wird bereits bei einer geringfügigen Verschärfung spürbar.

Umgekehrt gilt, daß ein Produktionsprozeß nur dann benutzt wird, wenn sein Deckungsbeitrag je realisierter Einheit gerade der internen Bewertung der benötigten Faktoreinsatzmengen entspricht. Er wird nicht eingesetzt, wenn sein Deckungsbeitrag geringer ist als die mit den internen Knappheitspreisen bewerteten benötigten Faktoreinsatzmengen.

---

19) Vgl. Koopmans [1957], S. 66 ff.

Die Höhe der Knappheitspreise gibt die relative Veränderung des Deckungsbeitrages bei einer Variation des Bestandes des betreffenden Faktors an, soweit diese nicht zu einem Prozeßwechsel führt. Der Vergleich von internem Knappheitspreis und den Kosten für eine Erhöhung des Faktorbestandes gibt einen Hinweis darauf, an welchen Stellen zukünftige Investitionen lohnend sind.

Eine Erweiterung dieses Modells auf die Produktionsplanung mit *Umweltgütern* läßt sich wie folgt vornehmen: Geht man davon aus, daß ein Teil der Emissionen direkt mit Abgaben als extern vorgegebenen Preisen belastet und ein anderer Teil durch Grenzwerte beschränkt wird, so ist eine Erfassung der Umweltwirkungen auf der Ausbringungsseite der Produktion analog zu den Faktorrestriktionen möglich. Prinzipiell ist es auch möglich, daß eine Emission sowohl mit einer Abgabe belastet als auch durch eine Obergrenze beschränkt wird. Ohne Beschränkung der Allgemeinheit werden die ersten M_1 Emissionen durch eine zur emittierten Menge proportionale Abgabe gesteuert, die als Kostenbestandteil in der Zielfunktion zu erfassen ist, während die Emissionen $J = M_1+1,..., M$ durch Grenzwerte bzw. Entsorgungskapazitäten beschränkt sind. Auch die Erfassung einer progressiv steigenden Abgabe ist in diesem Modell möglich, indem der Anstieg der Zielfunktion durch eine stückweise lineare Funktion approximiert wird.

Die Vernichtung unerwünschter Stoffe durch die Produktion führt entweder zu Erlösen oder vermeidet anderweitige Entsorgungskosten; sie trägt also positiv zum Deckungsbeitrag bei. Die Kosten der Umweltschutzmaßnahmen werden indirekt über ihren Verbrauch an variablen Produktionsfaktoren erfaßt. Das solchermaßen erweiterte lineare Programm lautet:

$$\max \ DB = \sum_{j=1}^{m} p_j x_j - \sum_{i=1}^{n_1} q_i r_i - \sum_{J=1}^{M_1} Q_J X_J + \sum_{I=1}^{N} P_I R_I$$

$$\text{u.d.N.:} \quad \sum_{k=1}^{K} a_{ik} z_k \leq r_i^o \qquad i = n_1+1, ..., n$$

$$\sum_{k=1}^{K} c_{Jk} z_k \leq X_J^o \qquad J = M_1+1, ..., M$$

$$\sum_{k=1}^{K} a_{ik} z_k - r_i = 0 \qquad i = 1, ..., n_1$$

$$\sum_{k=1}^{K} b_{jk} z_k - x_j = 0 \qquad j = 1, ..., m$$

$$\sum_{k=1}^{K} c_{Jk} z_k - X_J = 0 \qquad J = 1, ..., M_1$$

$$\sum_{k=1}^{K} d_{Ik}\, z_k - R_I = 0 \qquad\qquad I = 1, ..., N$$

$$z_k \geq 0 \qquad\qquad k = 1, ..., K$$

mit: Q_j - zu zahlende Abgabe je emittierter Einheit von Schadstoff J

  P_I - Deckungsbeitrag bzw. Aufwandsersparnis je eingesetzter Einheit von
      Schadstoff I

Gegenüber dem Ausgangsmodell ist hier die Zielfunktion um die Kosten bzw. Erlösbeiträge der Umweltgüter erweitert worden; weiter sind Restriktionen für die Emissionsbeschränkungen sowie Definitionsgleichungen für die Mengen an emittierten bzw. eingesetzten Schadstoffen hinzugefügt worden.

Auch für dieses lineare Programm gilt das Preistheorem, d.h die den Umweltrestriktionen zugeordneten Dualvariablen lassen sich analog zu denen der Faktorrestriktionen interpretieren: Eine positive Dualvariable zeigt an, daß die zugehörige Restriktion bindend bzw. der entsprechende Umweltfaktor knapp ist; ihr Wert entspricht dem zusätzlichen Deckungsbeitrag, der sich bei Lockerung der Restriktion um eine marginale Einheit erzielen ließe. Wird eine vorgegebene Emissionsgrenze nicht ausgeschöpft, so beträgt der interne Knappheitspreis dieses Umweltgutes Null, denn durch eine weitere Lockerung der Restriktion ließe sich der Deckungsbeitrag nicht erhöhen; er wird durch Engpässe in anderen Bereichen nach oben beschränkt.

Wiederum zeigt sich die formale Analogie von herkömmlichen Produktionsfaktoren, die in den Produktionsprozeß eingehen, und bei der Produktion als Kuppelprodukte entstehenden Emissionen: Beide Güterarten sind durch eine Mengenvorgabe nach oben beschränkt, das deckungsbeitragsmaximale Produktionsprogramm muß im Rahmen dieser Restriktionen bestimmt werden.

Falls eine Lockerung der Restriktionen möglich ist, wird dies in der Regel Kosten verursachen, sei es durch die Anschaffung neuer Betriebsmittel, durch die die Kapazitäten erhöht werden, oder durch die Zahlung einer Abgabe bei Überschreiten von Emissionsgrenzwerten. Die der Restriktion zugeordnete Dualvariable gibt jeweils darüber Auskunft, ob eine solche Maßnahme lohnend ist; dies ist nur dann der Fall, wenn der zusätzlich erzielbare Deckungsbeitrag die Kosten übersteigt.

Bei der *parametrischen Variation* einer Emissionsgrenze ergibt sich aus den zuvor eingeführten Eigenschaften der Lösung parametrischer linearer Programme, daß der Deckungsbeitrag in Abhängigkeit vom Grenzwert konkav und stückweise monoton steigend verläuft. Der bei einer Lockerung der Restriktion zusätzlich erzielbare Deckungsbeitrag ist umso geringer, je niedriger der Grenzwert bereits liegt, ab einem bestimmten Niveau bedeutet die Restriktion keine weitere Beschränkung der Produktionsplanung, die zugehörige Dualvariable hat den Wert Null.

Umgekehrt folgt daraus, daß die zusätzlichen Kosten bei der Verschärfung eines Grenzwertes umso höher sind, je strenger dieser bereits angesetzt war. Eine gesamtwirtschaftlich optimale Ressourcenallokation läßt sich daher am ehesten erreichen, wenn der Staat umweltpolitische Grenzwerte vorrangig in den Bereichen setzt oder verschärft, in denen die Unternehmen mit relativ geringen Grenzkosten relativ hohe Schadstoffreduktionen erreichen können.[20]

Ein Unterschied zwischen Faktorbeständen und Emissionsgrenzen besteht jedoch in der *Interpretation der Schlupfvariablen*, die anzeigen, in welchem Umfang eine Restriktion nicht ausgeschöpft wird: Positive Schlupfvariablen bedeuten formal die *Verschwendung* eines Nutzungspotentials. Während dies bei Faktorbeständen negativ zu beurteilen ist, da für die Bereitstellung auch der nichtgenutzten Kapazität in der Vergangenheit Kosten angefallen sind, also eine gesamtwirtschaftlich suboptimale Ressourcenallokation vorliegt, bedeutet das freiwillige Unterschreiten von dem Unternehmen zugestandenen Emissionsgrenzen eine geringere Umweltbelastung und ist daher gesamtwirtschaftlich positiv zu bewerten.

4.4.2 Dualität von Auflagen- und Abgabensteuerung

In dem zuvor angegebenen linearen Programm wurden die Umweltrestriktionen analog zu den Faktorrestriktionen formuliert, d.h. es wurde davon ausgegangenen, daß für einen Teil der durch die Produktion verursachten Umweltbelastungen zur emittierten Menge proportionale Abgaben erhoben werden, während ein anderer Teil durch Emissionsgrenzwerte nach oben beschränkt ist. Es ist nun zu untersuchen, in welchem Verhältnis diese beiden Formen der Steuerung der Umweltbeanspruchung stehen. Dabei läßt sich zeigen, daß beide Steuerungsmechanismen unter bestimmten Bedingungen im Ergebnis äquivalent sind.[21]

(1) Steuerung durch Abgaben

Eine Belastung der Schadstoffemissionen durch *Abgaben* setzt den Preismechanismus als Allokationsinstrument in einer marktwirtschaftlichen Wirtschaftsordnung ein. Durch die Belastung des Verbrauchs von Umweltgütern mit Preisen wird erreicht, daß diese nicht als freie Güter angesehen werden, sondern die Kosten ihrer Nutzung bei den Produzenten internalisiert und damit bei den Produktionsentscheidungen berücksichtigt werden.

Falls sämtliche Umweltfaktoren zwar durch Abgaben belastet werden, aber in unbegrenztem Umfang zur Verfügung stehen, so läßt sich die Produktionsplanung durch das folgende lineare Programm abbilden:

$$\max DB = \sum_{j=1}^{m} p_j x_j - \sum_{i=1}^{n_1} q_i r_i - \sum_{J=1}^{M} Q_J X_J + \sum_{I=1}^{N} P_I R_I$$

---

20) Vgl. hierzu nochmals Abbildung 9.
21) Vgl. Kistner [1989], S. 30 ff.

$$\text{u.d.N.:} \qquad \sum_{k=1}^{K} a_{ik} z_k \leq r_i^o \qquad\qquad i = n_1 + 1, ..., n$$

$$\sum_{k=1}^{K} a_{ik} z_k - r_i = 0 \qquad\qquad i = 1, ..., n_1$$

$$\sum_{k=1}^{K} b_{jk} z_k - x_j = 0 \qquad\qquad j = 1, ..., m$$

$$\sum_{k=1}^{K} c_{Jk} z_k - X_J = 0 \qquad\qquad J = 1, ..., M$$

$$\sum_{k=1}^{K} d_{Ik} z_k - R_I = 0 \qquad\qquad I = 1, ..., N$$

$$z_k \geq 0 \qquad\qquad k = 1, ..., K$$

Die Kosten der Umweltbelastung gehen in vollem Umfang in die Zielfunktion ein und mindern den Deckungsbeitrag. Daher wird das optimale Produktionsprogramm so bestimmt, daß ein Umweltfaktor umso sparsamer eingesetzt wird, je höher sein relativer Preis ist. Der Preis einer Emission muß dabei nicht notwendig als Abgabe interpretiert werden, er kann auch als Kosten einer geregelten Deponierung bzw. Entsorgung des Schadstoffs aufgefaßt werden.

Eine Anpassung des Produktionsprogramms an das jeweils geltende Preissystem kann dadurch erfolgen, daß

- eine Verschiebung in Richtung auf solche Produkte vorgenommen wird, die die Umwelt am wenigsten belasten,

- ein Prozeßwechsel zu umweltverträglicheren Verfahren erfolgt,

- vermehrt Maßnahmen zur Schadstoffreduktion eingesetzt werden.

Diese Substitutionsmöglichkeiten werden umso mehr in Anspruch genommen, je höher die Abgabe auf einen bestimmten Schadstoff angesetzt wird.

(2) Steuerung durch Auflagen

Steuerung durch *Auflagen* bedeutet, daß dem Unternehmen für jede Emissionsart eine Obergrenze vorgegeben ist. Diese kann zum einen als behördlich festgesetzter Emissionsgrenzwert interpretiert, aber auch als maximale Entsorgungs- oder Deponiekapazität angesehen werden.

Das lineare Programm zur Produktionsplanung bei Auflagensteuerung lautet:

$$\max \ DB = \sum_{j=1}^{m} p_j \, x_j - \sum_{i=1}^{n_1} q_i \, r_i + \sum_{I=1}^{N} P_I \, R_I$$

$$\text{u.d.N.:} \qquad \sum_{k=1}^{K} a_{ik} \, z_k \leq r_i^o \qquad\qquad i = n_1 + 1, \ldots, n$$

$$\sum_{k=1}^{K} c_{Jk} \, z_k \leq X_j^o \qquad\qquad J = 1, \ldots, M$$

$$\sum_{k=1}^{K} a_{ik} \, z_k - r_i = 0 \qquad\qquad i = 1, \ldots, n_1$$

$$\sum_{k=1}^{K} b_{jk} \, z_k - x_j = 0 \qquad\qquad j = 1, \ldots, m$$

$$\sum_{k=1}^{K} d_{Ik} \, z_k - R_I = 0 \qquad\qquad I = 1, \ldots, N$$

$$z_k \geq 0 \qquad\qquad k = 1, \ldots, K$$

Hierbei fallen also keine direkten Kosten für die Umweltbeanspruchung an. Diese wird lediglich indirekt über die Obergrenzen in den Umweltrestriktionen berücksichtigt, die bei der Produktionsplanung zu beachten sind. Wie bereits oben erläutert wurde, entspricht die einer Umweltrestriktion zugeordnete Dualvariable den Opportunitätskosten des jeweiligen Umweltfaktors. Sie läßt sich als Knappheitspreis interpretieren, der umso höher ist, je stärker die Restriktion die Produktionsplanung beeinflußt, und für nicht ausgeschöpfte Restriktionen Null beträgt.

Falls der extern vorgegebene Preis für eine Umweltinanspruchnahme ihrer durch die Dualvariable angegebenen internen Knappheit entspricht, führen sowohl Auflagen- als auch Abgabensteuerung zu einer weitgehend identischen Entscheidung. Es zeigt sich also, daß beide Steuerungsmechanismen zu einer an ihrer *relativen Knappheit* orientierten Inanspruchnahme der Umweltfaktoren führen. Aufgrund dieser Tatsache ist es gerechtfertigt, die beiden Steuerungsmechanismen als zueinander *dual* zu bezeichnen.

Falls bei der Abgabensteuerung der Preis eines Umweltfaktors gerade in Höhe der Opportunitätskosten eines Unternehmens, die durch die der entsprechenden Umweltrestriktion zugeordneten Dualvariablen angegeben werden, angesetzt wird, führen beide Alternativen im Normalfall zu exakt demselben Produktionsprogramm. Eine Abweichung kann sich allerdings bei *Degeneration* der optimalen Lösung des linearen Programms ergeben, da dann mehrere strukturell unterschiedliche Produktionsprogramme zum selben Deckungsbeitrag führen.[22] Alle

---

22) Vgl. Kistner [1989], S. 47.

diese Lösungen sind einzelwirtschaftlich gesehen gleich gut, können aber gesamtwirtschaftlich in unterschiedlichem Maße erwünscht sein. Um eine solche Fehlallokation zu verhindern, läßt sich durch eine geringfügige Veränderung des Preissystems die Degeneration vermeiden.

Die Identität von Abgabenhöhe und internen Opportunitätskosten bedeutet weiter, daß die externe und die interne Knappheit eines Umweltfaktors übereinstimmen. Falls dies bei einheitlicher Abgabenhöhe für sämtliche Unternehmen gilt, liegt ein Indiz für eine gesamtwirtschaftlich optimale Ressourcenallokation vor. Im Regelfall läßt sich jedoch eine solche Übereinstimmung von Dualvariable und Abgabenhöhe nur erreichen, indem für jedes Unternehmen eine individuelle Abgabe festgesetzt wird.

Um bei einheitlicher Abgabenhöhe das umweltpolitisch erwünschte Ergebnis zu erreichen, ist ihre Höhe an den Opportunitätskosten des *Grenzunternehmens* auszurichten, das gerade noch im Markt verbleiben soll. Die umweltverträglich produzierenden Unternehmen profitieren von dem Ausscheiden derjenigen Unternehmen, die aufgrund der Abgabe nicht mehr kostendeckend produzieren können; sie beziehen eine Rente in Höhe der Differenz von Opportunitätskosten und Abgabenhöhe.

Sowohl die reine Auflagen- als auch die reine Abgabensteuerung der Umweltbelastung sind allerdings als *theoretische Idealfälle* anzusehen. In der Realität überwiegt die Situation, daß für einige Umweltgüter Emissionsgrenzen, für andere Emissionsabgaben und für eine weitere Gruppe schließlich beide Steuerungsmechanismen zum Einsatz kommen.

Im letztgenannten Fall, der z.B. im Abwasserbereich anzutreffen ist, treten folgende Wirkungen auf: Solange die Obergrenze nicht bindend ist, entstehen durch die Abgabe zur Inanspruchnahme des Umweltfaktors proportionale Kosten, der interne Knappheitspreis beträgt Null. Sobald jedoch die Emissionen den Grenzwert übersteigen, nimmt die Abgabe Fixkostencharakter an, und die positiven Dualvariablen zeigen an, welchen Wert eine Lockerung der Auflage für das Unternehmen hätte.

Diese Eigenschaft einer optimalen Lösung, daß entweder die Abgabenhöhe oder der interne Knappheitspreis zur Bewertung eines Umweltfaktors heranzuziehen ist, folgt aus dem *Complementary-Slackness-Theorem* der linearen Programmierung. Danach muß für jede Restriktion gelten, daß das Produkt aus Schlupfvariable und Dualvariable Null beträgt. Solange die Restriktion nicht ausgeschöpft ist, hat die Schlupfvariable einen positiven Wert in Höhe des überschüssigen Nutzungspotentials, die Dualvariable hat den Wert Null. Wird die Ressource knapp, so steht keine Restkapazität zur Verfügung, die Schlupfvariable hat den Wert Null, und die Dualvariable zeigt durch einen positiven Wert die Knappheit des Faktors an.

4.5 Ökologische Risiken in der Produktionsplanung

Während bei den bisherigen Betrachtungen von einer gegebenen, deterministischen Umweltsituation ausgegangen wurde, ist nun zu untersuchen, wie sich stochastische Schwankungen von Parametern, die zu potentiellen Umweltbelastungen führen, auf die Produktionsplanung eines Unternehmens auswirken. Im Anschluß an eine Definition der relevanten ökologischen Risiken werden systematische Zufallseinflüsse in der taktischen Produktionsplanung analysiert.[23]

4.5.1 Definition ökologischer Risiken

Die Produktionsplanung hat sicherzustellen, daß die vorgegebenen Restriktionen - auch und gerade bezüglich tolerierbarer Umweltbelastungen - eingehalten werden. Als *ökologisches Risiko* soll hier zum einen die Gefahr einer über das erlaubte Maß hinausgehenden Schadstoffemission bezeichnet werden, zum anderen die Gefahr, vorgeschriebene Entsorgungsmengen nicht einzuhalten.

Im Mittelpunkt der Betrachtung steht das *systematische Prozeßrisiko*. Es entspricht der Gefahr, daß während des regulären Ablaufs der Produktion unerwünschte, aber kurzfristig tolerierbare Umweltbelastungen auftreten, insbesondere Grenzwerte für Schadstoffemissionen (geringfügig) überschritten werden. Dies ist in erster Linie auf unvermeidbare Prozeßschwankungen zurückzuführen, kann aber auch durch Qualitätsschwankungen bei den eingesetzten Produktionsfaktoren sowie durch Schwankungen der tatsächlichen Ausbringungsmengen oder der Auftragszusammensetzung ausgelöst werden.

Derartige Risiken lassen sich im Rahmen der *taktischen Produktionsplanung* erfassen, indem die Wahrscheinlichkeit der Überschreitung von Emissionsgrenzwerten bzw. der Unterschreitung geforderter Entsorgungsmengen begrenzt wird. Im folgenden wird gezeigt, wie diese Aufgabe formal durch den Ansatz des Chance-Constrained Programming abgebildet werden kann, bei dem die strikt einzuhaltenden Nebenbedingungen der linearen Programmierung dahingehend gelockert werden, daß bestimmte Restriktionen lediglich mit einer vorgegebenen Mindestwahrscheinlichkeit eingehalten werden müssen. Anhand eines numerischen Beispiels werden die Einflüsse unterschiedlicher Prozeßkoeffizienten, Emissionsgrenzwerte, Entsorgungsvorschriften und Sicherheitsniveaus auf die Produktionsplanung untersucht und daraus Aussagen über generelle Zusammenhänge abgeleitet.

Die *operative Produktionsplanung* hat dann die Aufgabe, tatsächlich eingetretenen unerwünschten Umweltbelastungen zu begegnen: Droht aufgrund von Prozeßschwankungen die Überschreitung von Emissionsgrenzen bzw. die Unterschreitung von Entsorgungsvorschriften oder sind diese Restriktionen bereits verletzt, so sind geeignete Maßnahmen zur Eindämmung der Schäden zu ergreifen.

---

[23] Vgl. zum folgenden insbesondere Kistner / Steven [1991].

4.5.2 Analyse des systematischen Risikos

Im folgenden wird zunächst ein Grundmodell der taktischen Produktionsplanung angegeben, an dem sich anschließend die Auswirkungen stochastischer Schwankungen bei verschiedenen Parametern untersuchen lassen.

4.5.2.1 Ausgangsmodell

Als *Ausgangsmodell* dient die in Abschnitt 4.2.2.1 entwickelte lineare Technologie unter Einbeziehung von Umweltgütern:

$$T := \left\{ (\underline{r}, \underline{x}, \underline{X}, \underline{R}) \mid \underline{A} \cdot \underline{z} \leq \underline{r}^o; \right. \qquad \text{(I)}$$

$$\underline{B} \cdot \underline{z} \geq \underline{x}^o; \qquad \text{(II)}$$

$$\underline{C} \cdot \underline{z} \leq \underline{X}^o; \qquad \text{(III)}$$

$$\underline{D} \cdot \underline{z} \geq \underline{R}^o; \qquad \text{(IV)}$$

$$\left. \underline{z} \geq \underline{0} \right\}$$

Für die folgenden Untersuchungen im Rahmen der *Produktionsplanung* wird der Fall betrachtet, daß die Ausbringungsmenge eines Produktes x_p bei Einhaltung aller anderen Restriktionen maximiert werden soll:

$$\max \; x_p \; = \; \sum_{k=1}^{K} b_{pk} \, z_k$$

$$\text{u.d.N.:} \qquad \sum_{k=1}^{K} a_{ik} \, z_k \; \leq \; r_i^o \qquad\qquad i = 1, \ldots, n$$

$$\sum_{k=1}^{K} b_{jk} \, z_k \; \geq \; x_j^o \qquad\qquad j = 1, \ldots, p\text{-}1, p\text{+}1, \ldots, m$$

$$\sum_{k=1}^{K} c_{Jk} \, z_k \; \leq \; X_j^o \qquad\qquad J = 1, \ldots, M$$

$$\sum_{k=1}^{K} d_{Ik} \, z_k \; \geq \; R_I^o \qquad\qquad I = 1, \ldots, N$$

$$z_k \; \geq \; 0 \qquad\qquad k = 1, \ldots, K$$

Für die Analyse von *Umweltrisiken der Produktion* ist die Einhaltung der Emissionsrestriktionen und der geforderten Schadstoffvernichtung im Grundmodell, d.h. der Nebenbedingungen vom Typ (III) und (IV), von besonderem Interesse. Systematische Prozeßrisiken wirken sich dahingehend aus, daß die Koeffizienten dieser Restriktionen nicht mit Sicherheit bekannt sind, sondern stochastischen Schwankungen unterliegen. Daher sind in den Emissionsrestriktionen die Emissionskoeffizienten c_{Jk} und die Emissionsgrenzen X_J durch Zufallsvariablen $\tilde{c}_{Jk}$ bzw. $\tilde{X}_J$, in den Entsorgungsrestriktionen die Vernichtungskoeffizienten d_{Ik} und die geforderten Mindestmengen R_I durch Zufallsvariablen $\tilde{d}_{Ik}$ bzw. $\tilde{R}_I$ zu ersetzen, so daß das lineare Produktionsplanungsprogramm zum *stochastischen linearen Programm* wird. Die entsprechenden Restriktionen lauten:

$$
\begin{array}{lcccccccccc}
\text{(IIIa)} & \tilde{c}_{11}z_1 & + & \tilde{c}_{12}z_2 & + & \cdots & + & \tilde{c}_{1k}z_k & + & \cdots & + & \tilde{c}_{1K}z_K & \leq & \tilde{X}_1 \\
& \vdots & & \vdots & & & & \vdots & & & & \vdots & & \vdots \\
& \tilde{c}_{M1}z_1 & + & \tilde{c}_{M2}z_2 & + & \cdots & + & \tilde{c}_{Mk}z_k & + & \cdots & + & \tilde{c}_{MK}z_K & \leq & \tilde{X}_M
\end{array}
$$

$$
\begin{array}{lcccccccccc}
\text{(IVa)} & \tilde{d}_{11}z_1 & + & \tilde{d}_{12}z_2 & + & \cdots & + & \tilde{d}_{1k}z_k & + & \cdots & + & \tilde{d}_{1K}z_K & \geq & \tilde{R}_1 \\
& \vdots & & \vdots & & & & \vdots & & & & \vdots & & \vdots \\
& \tilde{d}_{N1}z_1 & + & \tilde{d}_{N2}z_2 & + & \cdots & + & \tilde{d}_{Nk}z_k & + & \cdots & + & \tilde{d}_{NK}z_K & \geq & \tilde{R}_N
\end{array}
$$

Es wäre prinzipiell möglich, auch stochastische Schwankungen der Koeffizienten der anderen Restriktionstypen, also der Produktionsmengen und der Faktorbestände, zu berücksichtigen. Darauf wird hier jedoch verzichtet, um die vorrangig interessierenden ökologischen Aspekte deutlich herauszuarbeiten.

In diesem Programm hängt die Zulässigkeit eines bestimmten Produktionsplans von den erst im nachhinein bekannten *Realisierungen* der Zufallsvariablen $\underline{\tilde{C}}$, $\underline{\tilde{D}}$, $\underline{\tilde{X}}$ und $\underline{\tilde{R}}$ ab, da sich erst für konkrete Werte der Koeffizienten überprüfen läßt, ob die geplanten Prozeßniveaus mit den Restriktionen zu vereinbaren sind. Da eine Lösung, die alle Restriktionen mit Sicherheit einhält, vielfach nicht existiert, gibt man sich mit solchen Lösungen zufrieden, die die Restriktionen mit einer bestimmten Wahrscheinlichkeit einhalten. Um in diesem Sinne zulässige und optimale Lösungen bestimmen zu können, ist das stochastische lineare Programm in ein äquivalentes *deterministisches Ersatzproblem* zu transformieren, das mit Standardmethoden des Operations Research lösbar ist.[24]

Bei der Chance-Constrained Programmierung wird dazu wie folgt vorgegangen: Falls die Zufallsvariablen in verschiedenen Zeilen stochastisch unabhängig sind, wird für jede stochastische Restriktion J bzw. I eine *Mindestwahrscheinlichkeit* α_J bzw. β_I vorgegeben, mit der sie einzuhalten ist. Dadurch werden die stochastischen Restriktionen in deterministische Restriktionen mit Wahrscheinlichkeitsbeschränkungen überführt:

$$
\text{(IIIb)} \qquad P\left\{ \sum_{k=1}^{K} \tilde{c}_{Jk}\, z_k \leq \tilde{X}_J \right\} \geq \alpha_J \qquad\qquad J = 1, ..., M
$$

---

24) Vgl. Dinkelbach [1975], Sp. 3243.

$$(IVb) \qquad P\left\{ \sum_{k=1}^{K} \tilde{d}_{Ik}\, z_k \ \geq\ \tilde{R}_I \right\} \ \geq\ \beta_I \qquad\qquad I = 1, ..., N$$

Für gegebene Verteilungen der Zufallsvariablen kann dieses *Ersatzproblem* gelöst werden. Die Parameter α_J ($0 \leq \alpha_J \leq 1$) bzw. β_I ($0 \leq \beta_I \leq 1$) werden der taktischen Produktionsplanung von einer übergeordneten Planungsebene vorgegeben. Diese Mindestwahrscheinlichkeiten sind umso größer, je wichtiger die Einhaltung der Restriktion für die Unternehmensführung ist, je höher die bei ihrer Verletzung drohende Strafe ist oder je teurer operative Maßnahmen zur Eindämmung auftretender Umweltschäden sind.

Je höher die Mindestwahrscheinlichkeit für die Einhaltung einer Restriktion angesetzt wird, desto größer ist der erforderliche *Sicherheitsabschlag* in den Emissionsrestriktionen bzw. der *Sicherheitszuschlag* in den Entsorgungsrestriktionen anzusetzen, d.h. desto mehr werden dadurch die Produktionsmöglichkeiten eingeschränkt. Bei der Festsetzung der Sicherheitsniveaus ist daher eine Abwägung zwischen der Vertretbarkeit des Risikos einer Restriktionsverletzung und dem Wunsch nach möglichst vollständiger Nutzung der Produktionsmöglichkeiten zu treffen, die wesentlich von der *Risikopräferenz* des Entscheidungsträgers abhängt.

In den folgenden Abschnitten werden mit Hilfe der parametrischen Programmierung die Auswirkungen stochastischer Schwankungen der einzelnen Parameter auf die Produktionsmenge eines beliebigen Endproduktes x_p analysiert. Dazu werden - analog zu der bereits zuvor gewählten Vorgehensweise - ausgewählte achsenparallele Schnitte durch den Güterraum betrachtet.

Zunächst werden die Emissionsgrenzen und die geforderte Schadstoffvernichtung $\tilde{X}_J$ bzw. $\tilde{R}_I$ als Zufallsvariablen und die Emissionskoeffizienten sowie die Vernichtungskoeffizienten c_{Jk} bzw. d_{Ik} als deterministische Größen angesehen. Im Anschluß daran wird der Fall untersucht, daß die Emissions- und Vernichtungskoeffizienten $\tilde{c}_{Jk}$ bzw. $\tilde{d}_{Ik}$ stochastischen Schwankungen unterliegen, während die Emissionsgrenzen und die geforderte Mindestvernichtung X_J bzw. R_I mit Sicherheit bekannt sind.

4.5.2.2 Stochastische Variation der Emissionsgrenzen

Bei einer dezentralen Produktionsplanung für die Teilbereiche eines Unternehmens wird diesen jeweils ein Anteil $\tilde{X}_J$ an der insgesamt geltenden Emissionsgrenze für Schadstoff J bzw. an den verfügbaren externen Entsorgungsmöglichkeiten zugeteilt, der ihrem voraussichtlichen Schadstoffanfall entspricht. Die Emissionskontingente lassen sich also als stochastisch schwankende *Residualgrößen* $\tilde{X}_J$ interpretieren, d.h. wenn die anderen Produktionsbereiche einen größeren Anteil an der gesamten Emissionskapazität benötigen als ihnen ursprünglich zugedacht war, verschärft sich die Restriktion J für den hier betrachteten Produktionsbereich. Auf diese Weise erscheint das zugrundegelegte Produktionsplanungsproblem als isoliertes Teilproblem im Rahmen einer Gesamtplanung, wobei die Kopplung zwischen den Einzelproblemen über die Zuteilung der knappen Ressource "Emissionskontingent" erfolgt.

Die *Zulässigkeit eines Produktionsplanes* kann erst ex post beurteilt werden, wenn die Realisationen der Zufallsvariablen $\tilde{X}_J$ bekannt sind. Ex ante ist jedoch sicherzustellen, daß die mit dem Produktionsplan verbundenen Schadstoffemissionen die bestehenden Grenzen zumindest mit einer vorgegebenen Wahrscheinlichkeit α_J nicht übersteigen. Um eine solche ex ante zulässige Lösung bestimmen zu können, ist das stochastische lineare Programm in ein deterministisches *Ersatzproblem* zu überführen.

Hier liegt der einfachste Fall des Chance-Constrained Programming, stochastische Schwankungen der Beschränkungskoeffizienten in einem linearen Programm, vor. Das zugehörige Chance-Constrained Programm lautet:

$$\max \ x_p = \sum_{k=1}^{K} b_{pk} \ z_k$$

$$\text{u.d.N.:} \quad \sum_{k=1}^{K} a_{ik} \ z_k \ \leq \ r_i^o \qquad\qquad i = 1, ..., n$$

$$\sum_{k=1}^{K} b_{jk} \ z_k \ \geq \ x_j^o \qquad\qquad j = 1, ..., p\text{-}1, p\text{+}1, ..., m$$

$$P\left\{ \sum_{k=1}^{K} c_{Jk} \ z_k \ \leq \ \tilde{X}_J \right\} \geq \alpha_J \qquad J = 1, ..., M$$

$$\sum_{k=1}^{K} d_{Ik} \ z_k \ \geq \ R_I^o \qquad\qquad I = 1, ..., N$$

$$z_k \ \geq \ 0 \qquad\qquad k = 1, ..., K$$

Aus diesem Programm lassen sich weitere Aussagen unter den zusätzlichen Annahmen ableiten, daß

(1) die Verteilungsfunktion für jedes Element $\tilde{X}_J$ der Rechten-Hand-Seite geschätzt werden kann, d.h.

$$\Phi_J\left(\tilde{X}_J\right) = P\left\{\tilde{X}_J \ \leq \ X_J\right\} \qquad\qquad J = 1, ..., M$$

(2) die Zufallsvariablen $\tilde{X}_J$ unabhängig voneinander sind.

Falls die Inverse der Verteilungsfunktion Φ existiert, erhält man durch einige einfache Transformationen der stochastischen Restriktionen die deterministische Ersatzbedingung:[25]

---

25) Vgl. Dück / Bliefernich [1972], S. 235.

$$\sum_{k=1}^{K} c_{Jk}\, z_k \leq \Phi_J^{-1}(\alpha_J) \qquad\qquad J = 1, \ldots, M$$

Dabei gibt $\Phi_J^{-1}(\alpha_J)$ das *Sicherheitsäquivalent* für den stochastischen Koeffizienten $\tilde{X}_J$ an. Für den *Spezialfall* unabhängiger normalverteilter $\tilde{X}_J$ gilt: Das Sicherheitsäquivalent ist gegeben durch den Erwartungswert der Zufallsvariablen $\tilde{X}_J$ abzüglich eines Sicherheitsabschlages, der von ihrer Standardabweichung abhängt:

$$\sum_{k=1}^{K} c_{Jk}\, z_k \leq \mu_J - t(\alpha_J)\cdot\sigma_J \qquad\qquad J = 1, \ldots, M$$

$$\text{mit:} \quad \mu_J = E(\tilde{X}_j) \qquad \text{- Erwartungswert der Emissionsgrenze J}$$

$$\sigma_J = \sqrt{V(\tilde{X}_J)} \qquad \text{- Standardabweichung der Emissionsgrenze J}$$

$t(\alpha_J)$ entspricht dem einer Sicherheitswahrscheinlichkeit von α_J zugehörigen einseitigen Vertrauensbereich der standardisierten Normalverteilung. Um sicherzustellen, daß die später verfügbaren Emissionsgrenzen mit der Wahrscheinlichkeit α_J über den geplanten Emissionen liegen, wird der Erwartungswert der Emissionsgrenze $\tilde{X}_J$ um einen *Sicherheitsabschlag* reduziert. Dieser ist proportional der Standardabweichung σ_J. Weiter hängt die mögliche Inanspruchnahme des Emissionskontingents $\tilde{X}_J$ von der Wahl des Sicherheitsniveaus α_J ab: Je höher α_J, d.h. je sicherer die Einhaltung der Restriktion J sein soll, desto höher ist der Sicherheitsabschlag vom Erwartungswert der Emissionsgrenze $\tilde{X}_J$, d.h. desto restriktiver wird die entsprechende Bedingung im deterministischen Ersatzproblem formuliert.

Sind zwar der Erwartungswert $E(\tilde{X}_J)$ und die Varianz $V(\tilde{X}_J)$ der stochastischen Variablen $\tilde{X}_J$ bekannt, liegt jedoch keine Vorstellung über die zugrundeliegende Verteilungsfunktion vor, so kann man eine untere Grenze für das Sicherheitsäquivalent mit Hilfe der *Tschebyschev-Approximation* ermitteln. Die Wahrscheinlichkeit, daß die Realisation der Zufallsvariablen $\tilde{X}_J$ in einem Schwankungsintervall des λ-fachen der Standardabweichung um den Erwartungswert liegt, beträgt danach mindestens:

$$P\{\tilde{X}_J \leq \mu_J + \lambda\cdot\sigma_J\} \geq P\{\mu_J - \lambda\cdot\sigma_J \leq \tilde{X}_J \leq \mu_J + \lambda\cdot\sigma_J\} \geq 1 - \frac{1}{\lambda^2}$$

Da hier kein Schwankungsintervall, sondern ein *einseitiger* Vertrauensbereich betrachtet wird, ist diese Mindestwahrscheinlichkeit mit Sicherheit nicht zu groß angesetzt.

Werden die stochastischen Restriktionen in dieser Weise durch ihr Sicherheitsäquivalent ersetzt, dann bleiben die Linearität der Nebenbedingungen und die Konvexität des Lösungsraums erhalten, da μ_J und σ_J konstante Daten sind. Die Abhängigkeit der möglichen Ausbringung x_p vom Mittelwert und der Standardabweichung der Emissionsgrenzen und dem geforderten Sicherheitsniveau kann daher mit Hilfe der *parametrischen linearen Programmierung* untersucht werden. Aufgrund allgemeiner Eigenschaften der Lösungsmenge parametrischer linearer Programme läßt sich insbesondere zeigen, daß die Ausbringungsmenge eine monoton steigende, konkave Funktion der verfügbaren Emissionsgrenzen X_J und eine monoton fallende konvexe Funktion der Sicherheitsniveaus α_J ist.[26]

Diese Zusammenhänge sollen anhand des zuvor eingeführten Zahlenbeispiels verdeutlicht werden.[27] Die in einer Periode zur Verfügung stehenden Emissionskontingente $\tilde{X}_J$ schwanken wegen der aus anderen Bereichen des Unternehmens stammenden Emissionen. Aufgrund von Erfahrungswerten der Vergangenheit kann davon ausgegangen werden, daß die Emissionsgrenzen durch normalverteilte Zufallsgrößen mit den folgenden Erwartungswerten und Standardabweichungen approximiert werden können:

$$\mu_1 = 25 \qquad\qquad \sigma_1 = 7{,}8$$

$$\mu_2 = 32 \qquad\qquad \sigma_2 = 10{,}92$$

Die in Tabelle 7 als Sicherheitsäquivalente für die Entsorgungsmöglichkeiten angegebenen Werte

$$X_1 = \mu_1 - t(\alpha_1)\,\sigma_1 = 15$$

$$X_2 = \mu_2 - t(\alpha_2)\,\sigma_2 = 18$$

entsprechen einem Sicherheitsniveau von jeweils 90%:

$$\alpha_1 = \alpha_2 = 0{,}9$$

Für diese Ausgangsdaten ergibt sich das folgende deterministische lineare Programm zur Maximierung der Ausbringung x_1:

$$\max x_1 = 1{,}0\,z_1 + 2{,}0\,z_2 + 1{,}5\,z_3 + 2{,}0\,z_4 + 3{,}0\,z_5 + 2{,}0\,z_6 + 2{,}5\,z_7$$

$$
\begin{aligned}
2{,}0z_1 + 3{,}0z_2 + 1{,}0z_3 + 3{,}0z_4 + 1{,}0z_5 + 1{,}5z_6 \qquad\quad + 1{,}0z_8 + 2{,}0z_9 + 1{,}0z_{10} &\leq 20 \\
0{,}5z_1 + 1{,}0z_2 + 2{,}5z_3 + 1{,}5z_4 + 2{,}0z_5 + 2{,}0z_6 + 1{,}0z_7 + 7{,}0z_8 + 1{,}0z_9 \qquad\quad &\leq 15 \\
1{,}0z_1 + 0{,}5z_2 + 2{,}0z_3 + 1{,}0z_4 + 1{,}0z_5 + 2{,}0z_6 + 3{,}0z_7 + 2{,}5z_8 \qquad\quad &\geq 10 \\
1{,}0z_1 + 2{,}0z_2 + 1{,}5z_3 + 1{,}2z_4 + 1{,}3z_5 + 1{,}0z_6 + 1{,}2z_7 + 0{,}1z_8 + 2{,}0z_9 + 0{,}5z_{10} &\leq 15 \\
0{,}8z_1 + 1{,}0z_2 + 1{,}2z_3 + 1{,}0z_4 + 1{,}5z_5 + 2{,}0z_6 + 4{,}0z_7 + 5{,}0z_8 \qquad\quad + 0{,}5z_{10} &\leq 18 \\
1{,}0z_7 \qquad\quad + 2{,}0z_9 + 2{,}0z_{10} &\geq 0 \\
1{,}0z_6 + \qquad\quad + 3{,}0z_9 + 2{,}0z_{10} &\geq 1
\end{aligned}
$$

$$z_1, z_2, z_3, z_4, z_5, z_6, z_7, z_8, z_9, z_{10} \geq 0$$

---

26) Zur Vorgehensweise vgl. Dinkelbach [1969], S. 107; Kistner [1993a], S. 59 f. sowie Abschnitt 4.1.2.
27) Vgl. nochmals Tabelle 7.

Die optimale Lösung gibt an, daß es möglich ist, unter Einhaltung sämtlicher Restriktionen eine Ausbringung von 25,76 Einheiten des Produktes x_1 zu erzeugen. Beide Emissionsgrenzen reichen mit einer Wahrscheinlichkeit von 90% aus. Hierzu sind die Produktionsprozesse $k = 1,..., 10$ in folgendem Umfang einzusetzen:

$$z_1 = 0,00 \quad z_2 = 2,98 \quad z_3 = 0,00 \quad z_4 = 0,00 \quad z_5 = 5,12$$

$$z_6 = 0,00 \quad z_7 = 1,77 \quad z_8 = 0,00 \quad z_9 = 0,00 \quad z_{10} = 0,50$$

Es soll nun durch parametrische Variation der Emissionsgrenze X_1 untersucht werden, wie sich eine *Verschärfung* bzw. eine *Lockerung des Sicherheitsniveaus* α_1 auf die mögliche Ausbringung von x_1 auswirkt. Aus der Theorie der parametrischen linearen Programmierung[28] ist bekannt, daß in einem Maximierungsproblem der optimale Zielfunktionswert bei parametrischer Variation einer Beschränkungskonstante eine stückweise lineare, konkave Funktion ist.

In Abbildung 37 ist das Ergebnis dieser Berechnungen graphisch dargestellt. Die maximale Ausbringung in Abhängigkeit von der Emissionsgrenze X_1 ist eine monoton steigende, konkave, stückweise lineare Funktion. Somit ist mit der Produktion von Endprodukt 1 selbst bei einer Ausbringung von Null mindestens eine Emission von 2,17 Einheiten des Schadstoffs 1 verbunden; diese resultiert aus der vorgegebenen Mindestproduktionsmenge für das Endprodukt 2 und ließe sich nur durch vollständige Einstellung der Produktion vermeiden. Mit zunehmender Lockerung der Emissionsgrenze läßt sich die Produktion immer weiter steigern; die maximale Ausbringung des Produktes 1 beträgt 26,67 Einheiten bei einer Emissionsgrenze von 17,8. Auch durch eine beliebige weitere Lockerung der Emissionsgrenze kann die Produktion nicht über dieses Niveau hinaus angehoben werden, da sie durch die anderen Restriktionen beschränkt wird.

Um die Abhängigkeit der maximal möglichen Ausbringung von Produkt x_1 vom Sicherheitsniveau α_1 zu bestimmen, sind die kritischen Werte der Emissionsgrenzen zunächst durch die Transformation

$$t = \frac{\mu - X_1}{\sigma}$$

zu normieren. Die entsprechenden Sicherheitsniveaus α_1 können dann einer Tabelle der normierten Normalverteilung entnommen werden. Weil die Transformation der verfügbaren Emissionsgrenzen X_J in Sicherheitsniveaus α_J nicht linear ist, kann die Ausbringung x_1 in Abhängigkeit vom Sicherheitsniveau α_1 nicht mit hinreichender Genauigkeit durch lineare Interpolation der kritischen Punkte bestimmt werden. Es ist vielmehr wie folgt vorzugehen:

---

28) Vgl. wiederum Dinkelbach [1969], S. 107; Kistner [1993a], S. 59 f. und Abschnitt 4.1.2.

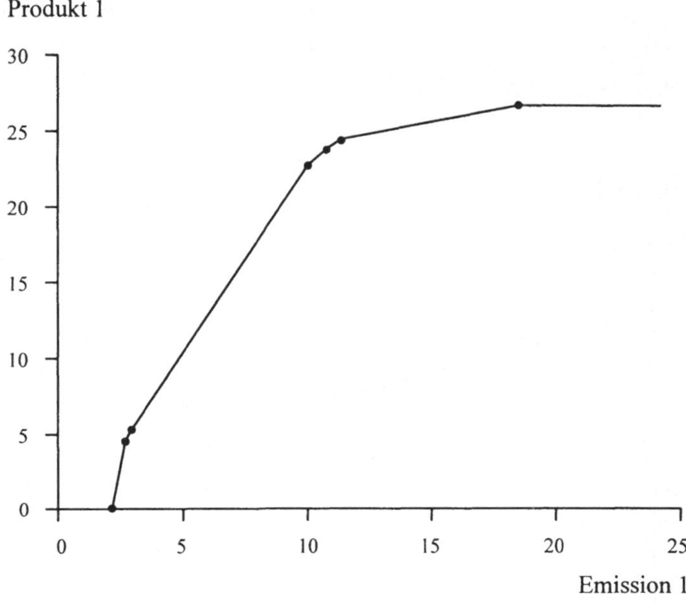

Abb. 37: Produktionsfunktion in Abhängigkeit von der Emissionsgrenze X_1

(1) Für vorgegebene Werte $\alpha_J \geq 0,5$ ist zunächst der zugehörige Abszissenwert $t(\alpha_J)$ der normierten Normalverteilung zu bestimmen und daraus das entsprechende Sicherheitsäquivalent

$$X_J = \mu_J - t(\alpha_J) \cdot \sigma_J$$

zu berechnen. Diese Größe gibt die mit einer Sicherheit von α_J verfügbare Emissionsgrenze an. Die Betrachtung von Sicherheitsniveaus $\alpha_J \leq 0,5$ würde einen Sicherheitszuschlag zum Mittelwert anstelle des Sicherheitsabschlages bedeuten; Werte in diesem Bereich dürften jedoch für die vorliegende Problemstellung - der Angabe einer Mindestwahrscheinlichkeit für die Einhaltung einer Restriktion - irrelevant sein.

(2) Da die Funktion der maximal möglichen Ausbringungsmenge x_1 eine stückweise lineare Funktion der verfügbaren Emissionsgrenze X_J ist, kann man $x_1(X_J)$ durch lineare Interpolation der Ausbringungsmengen in den beiden benachbarten kritischen Punkten bestimmen und dann diesen Wert dem Sicherheitsniveau $\alpha_J(X_J)$ zuordnen.

In Abbildung 38 ist die im deterministischen Ersatzproblem anzusetzende Emissionsgrenze X_1 in Abhängigkeit von dem jeweiligen Sicherheitsniveau α_1 dargestellt. Wegen der oben beschriebenen nichtlinearen Transformation ist die Kurve nichtlinear, sie besitzt jedoch weiterhin in den kritischen Punkten Knickstellen. Der konkave Verlauf der Kurve läßt sich wie folgt begründen: Die Verteilungsfunktion der Normalverteilung ist bis zu ihrem Wendepunkt beim Mittelwert eine konvexe, monoton steigende Funktion; daher verläuft ihre Inverse $t(\alpha_J)$ im Bereich $\alpha_J \geq 0,5$ konkav. Diese Konkavität bleibt auch bei der linearen Transformation in das Sicherheitsäquivalent $X_J(\alpha_J)$ erhalten.

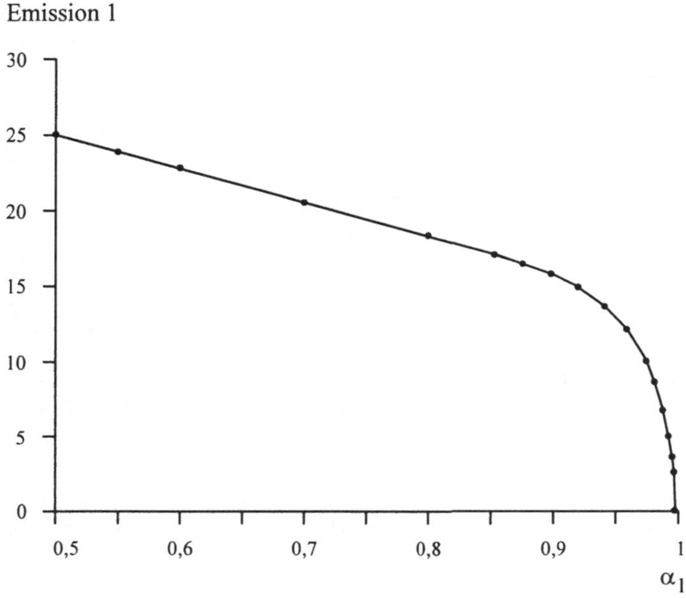

Abb. 38: Emissionsgrenze in Abhängigkeit vom Sicherheitsniveau

Abbildung 39 zeigt die Abhängigkeit der maximal möglichen Ausbringungsmenge x_1 von dem Sicherheitsniveau α_1, die durch eine monoton fallende konkave Funktion wiedergegeben wird. Bis zu einem Sicherheitsniveau von $\alpha_1 = 0,8$ ist die maximal mögliche Ausbringungsmenge von $x_1 = 25,76$ mit der Einhaltung der Emissionsgrenze zu vereinbaren, eine höhere Sicherheit kann nur durch einen Verzicht auf Ausbringung erreicht werden. Weiter ist ersichtlich, daß die mögliche Ausbringung bereits bei einem Sicherheitsniveau $\alpha_1 < 1$, in diesem Fall allerdings erst bei $\alpha_1 = 0,99$, auf Null sinkt. Dies läßt sich dahingehend interpretieren, daß mit der Produktion ein Restrisiko verbunden ist, daß sich nur dann beseitigen läßt, wenn sie ganz eingestellt wird.

Produkt 1

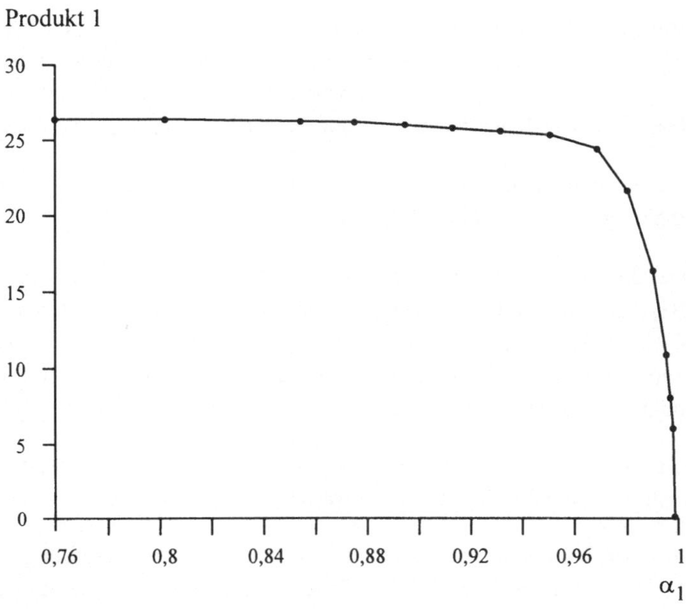

Abb. 39: Ausbringung in Abhängigkeit vom Sicherheitsniveau

Dieses Beispiel verdeutlicht einige *Zusammenhänge*, die auf generellen Eigenschaften des Chance-Constrained Programming und der parametrischen linearen Programmierung beruhen und sich daher auf reale Probleme übertragen lassen:

(1) Bei gegebenen Kapazitäten und Konstanz des Sicherheitsniveaus für die übrigen Emissionen ist die maximal mögliche Ausbringung eine konkave, monoton steigende, stückweise lineare Funktion der verfügbaren Emissionsgrenzen und eine nichtlineare, konvexe, monoton fallende Funktion des geforderten Sicherheitsniveaus eines Umweltfaktors.

(2) Betrachtet man die Abhängigkeit der maximal möglichen Ausbringungsmenge von dem verfügbaren Emissionskontingent bzw. von dem geforderten Sicherheitsniveau für einen Umweltfaktor näher, so sieht man, daß die Ausbringung bei Verschärfung der Emissionsgrenze bzw. des Sicherheitsniveaus zunächst kaum reduziert werden muß. Selbst bei gegebener Technologie ist es in Grenzen möglich, die Produktionspläne so an erhöhte Sicherheitsanforderungen anzupassen, daß eine Reduktion der Emissionsgrenzen ohne Einschränkung der Produktion durch Prozeßwechsel kompensiert werden kann. Mittelfristig ist damit zu rechnen, daß dieser Effekt durch die Entwicklung neuer, umweltfreundlicherer Produktionsprozesse, wie integrierter Technologien, verstärkt wird.

(3) Der relative Einfluß der Sicherheitsanforderungen α_1 auf die Ausbringung hängt stark von deren absoluter Höhe ab; es lassen sich drei Bereiche unterscheiden:

- Bei relativ niedrigem Sicherheitsniveau, hier bis ungefähr $\alpha_1 = 0,85$, hat eine Erhöhung der Sicherheitsanforderungen nur geringen Einfluß auf die Ausbringung. Vielfach wird das Sicherheitsäquivalent nicht bindend, so daß eine Erhöhung der Sicherheitsanforderungen sich überhaupt nicht auf die Ausbringungsmenge auswirkt.

- Bei mittleren Sicherheitanforderungen geht die maximal mögliche Ausbringung bei einer Erhöhung von α_J etwa im gleichen Maß zurück.

- Überschreiten die Sicherheitsanforderungen eine bestimmte Grenze, in diesem Fall $\alpha_1 = 0,98$, dann reagiert die Ausbringung sehr scharf auf eine Veränderung der Sicherheitsanforderungen und geht bereits bei $\alpha_1 = 0,99$ auf Null zurück. Das bedeutet, daß auf überzogene Umweltschutzanforderungen letztlich nur noch mit einer Einstellung der Produktion reagiert werden kann.

Die Grenzen der drei Bereiche sind problemabhängig, sie werden insbesondere durch das Verhältnis von Standardabweichung und Erwartungswert beeinflußt.

(4) Lassen sich - wie bei der in dem Beispiel unterstellten Normalverteilung - keine endlichen Ober- bzw. Untergrenzen für die Schwankungen der tolerierbaren Emissionen angeben, dann gibt es ein durch die Vorgabe von Sicherheitsäquivalenten nicht zu beseitigendes *Restrisiko*: Dieses kann nur eliminiert werden, indem die Produktion ganz eingestellt wird.

Neben diesen Beziehungen zwischen dem Sicherheitsniveau sowie der verfügbaren Emissionsgrenze für eine Schadstoffart und der möglichen Ausbringung bestehen auch Substitutionsbeziehungen zwischen den bei einer gegebenen Ausbringungsmenge erreichbaren Sicherheitsniveaus für die verschiedenen Umweltfaktoren. Zuvor wurde bereits in Abbildung 29 die Abhängigkeit der Emissionsgrenze X_1 von der Emissionsgrenze X_2 zur Erzeugung vorgegebener Ausbringungsmengen als Isoquante dargestellt.[29]

Im Fall stochastischer Emissionsgrenzen können die gegebenen Emissionsgrenzen X_J als Sicherheitsäquivalente angesehen werden. Für gegebene Erwartungswerte μ_J und Standardabweichungen σ_J kann man die entsprechenden Fraktilswerte t und die Sicherheitswahrscheinlichkeiten α_J berechnen. Diese Werte sind für die oben verwendeten Erwartungswerte und Standardabweichungen

$$\mu_1 = 25 \qquad \sigma_1 = 7,8$$

$$\mu_2 = 32 \qquad \sigma_2 = 10,92$$

gemeinsam mit den kritischen Punkten des linearen Programms in Tabelle 15 zusammengestellt.

---

29) S. Abschnitt 4.2.2.2.

Tabelle 15: Kritische Punkte der Sicherheitsniveaus

X_1	X_2	$t(X_1)$	$t(X_2)$	$\alpha_1(X_1)$	$\alpha_2(X_2)$
7,44	9,78	2,25	2,03	0,9878	0,9788
8,08	8,44	2,17	2,16	0,9850	0,9846
8,40	7,98	2,13	2,20	0,9834	0,9861
10,50	5,80	1,86	2,40	0,9686	0,9918
11,50	5,69	1,73	2,41	0,9582	0,9920
12,67	5,56	1,58	2,42	0,9429	0,9922
14,75	5,35	1,34	2,44	0,9099	0,9927

Zwischenwerte für α_1 und α_2 lassen sich gemäß dem oben beschriebenen Interpolaticnsverfahren bestimmen. Als Ergebnis erhält man das bei einem Sicherheitsniveau α_1 für den Umweltfaktor X_1 und bei einer vorgegebenen Ausbringung x^0 maximal erreichbare Sicherheitsniveau α_2 für den Umweltfaktor X_2. Diese Funktion kann man als *Isoquante der Sicherheitsniveaus* interpretieren; sie ist in Abbildung 40 dargestellt.

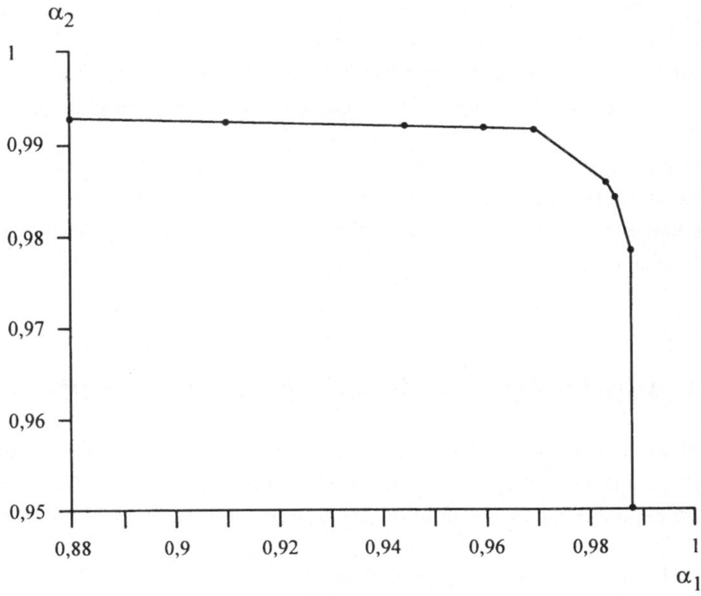

Abb. 40: Isoquante für die Substitution von Sicherheitsniveaus

Daraus lassen sich die folgenden - weitgehend zu verallgemeinernden - Ergebnisse ablesen:

(1) Die Isoquanten der Sicherheitsniveaus sind konkave, monoton fallende Funktionen, d.h. es ist bei gegebener Technologie nicht möglich, das Sicherheitsniveau für alle Umweltfaktoren gleichzeitig zu erhöhen.

(2) Obwohl die Emissionsgrenzen stochastisch unabhängig voneinander sind, gibt es einen Substitutionsbereich, in dem eine Erhöhung des Sicherheitsniveaus eines Faktors eine Reduktion des Sicherheitsniveaus mindestens eines anderen Faktors bedingt. Das ist darauf zurückzuführen, daß bei hoher Kapazitätsauslastung die verfügbaren Ressourcen nicht ausreichen, um umweltfreundliche Produktionsprozesse zu nutzen.

(3) Es gibt Bereiche, in denen eine Substitution zwischen den Sicherheitsniveaus nicht möglich ist: im Bereich niedriger Sicherheitsniveaus - hier bis $\alpha_1 = 0{,}909$ bzw. $\alpha_2 = 0{,}978$ - sind die Emissionsgrenzen nicht bindend, die Lockerung des Sicherheitsniveaus und damit die Erhöhung der verfügbaren Emissionsgrenzen für einen Umweltfaktor hat keinen Einfluß auf die anderen.

Andererseits ist von einer bestimmten Schranke an - hier $\alpha_1 = 0{,}988$ bzw. $\alpha_2 = 0{,}992$ - eine Erhöhung des Sicherheitsniveaus für einen Umweltfaktor auch bei Reduktion der Sicherheitsanforderungen für andere Emissionsarten nicht mehr möglich: Mit jeder Ausbringungsmenge und jedem Umweltfaktor ist ein Restrisiko verbunden, das auch durch Lockerung der Anforderungen für andere Emissionsarten nicht beseitigt werden kann.

Diese Ergebnisse betonen die Notwendigkeit einer *integrierten Betrachtung* der Umweltproblematik: Konzentriert man sich - wie häufig in der politischen Diskussion zu beobachten - auf einen aktuellen Umweltfaktor und trifft alle möglichen Maßnahmen, um dort punktuell die Belastungen zu verringern, dann geschieht dies meist zu Lasten anderer Einflüsse, die als weniger bedeutsam angesehen werden, nicht aktuell oder noch nicht bekannt sind.

Bei der Herleitung dieser Ergebnisse wurde vorausgesetzt, daß die Emissionsgrenzen für die einzelnen Schadstoffarten unabhängige, normalverteilte Zufallsgrößen sind. Diese Annahme erleichtert die numerische Analyse, die wesentlichen Ergebnisse lassen sich jedoch auch auf andere Fälle übertragen.

4.5.2.3 Stochastische Variation der geforderten Schadstoffvernichtung

Nun ist der Fall zu untersuchen, daß die vom Unternehmen mindestens verlangte Schadstoffvernichtung stochastisch schwankt, d.h. der Einfluß eines geforderten Schadstoffvernichtungsniveaus R_I auf die mögliche Produktion des Endproduktes x_p steht im Vordergrund.

Wie bereits in Abschnitt 4.2.2.2 gezeigt wurde, handelt es sich bei dieser Problemstellung um die Substitution von alternativen Produktionsmöglichkeiten zweier erwünschter Güter, eines Endproduktes und des Gutes Schadstoffvernichtung, das sich auch als Abfallentsorgung oder allgemein als *Herstellung von Umweltqualität* interpretieren läßt. Eine stochastische Schwankung der geforderten Schadstoffvernichtung kann z.B. bei einem Entsorgungs- oder Recyclingunternehmen auftreten, wenn die in einer Periode ankommenden und zu bearbeitenden Abfallmengen nicht mit Sicherheit bekannt sind.

Das zugehörige Chance-Constrained Programm lautet:

$$\max \ x_p = \sum_{k=1}^{K} b_{pk} \, z_k$$

$$\text{u.d.N.:} \quad \sum_{k=1}^{K} a_{ik} \, z_k \le r_i^o \qquad i = 1, ..., n$$

$$\sum_{k=1}^{K} b_{jk} \, z_k \ge x_j^o \qquad j = 1, ..., p\text{-}1, p\text{+}1, ..., m$$

$$\sum_{k=1}^{K} c_{Jk} \, z_k \le X_J^o \qquad J = 1, ..., M$$

$$P\left\{ \sum_{k=1}^{K} d_{Ik} \, z_k \ge \tilde{R}_I \right\} \ge \beta_I \qquad I = 1, ..., N$$

$$z_k \ge 0 \qquad k = 1, ..., K$$

Um sicherzustellen, daß die stochastische Restriktion mit einer vorgegebenen Mindestwahrscheinlichkeit β_I eingehalten wird, ist sie im deterministischen Ersatzproblem um einen Sicherheitszuschlag $t(\beta_I)$ zu verschärfen. Im Spezialfall unabhängiger normalverteilter Zufallsvariablen $\tilde{R}_I$ gilt daher:

$$\sum_{k=1}^{K} d_{Ik} \, z_k \ge \mu_I + t\left(\beta_I\right) \cdot \sigma_I$$

Im folgenden wird der Fall untersucht, daß der Parameter R_1 eine normalverteilte Zufallsvariable $\tilde{R}_1$ mit den Parametern

$$\mu = 15$$

$$\sigma = 11,7$$

ist. Damit entspricht z.B. eine im Ersatzproblem geforderte Schadstoffvernichtung von $R_1 = 30$ wiederum einem Sicherheitsniveau von $\beta_1 = 0,90$.

Als Ausgangspunkt der Analysen ist das bereits im vorhergehenden Abschnitt angegebene deterministische lineare Programm zur Maximierung der Ausbringung des Endproduktes x_1 zugrunde zu legen. Mit einer Wahrscheinlichkeit von 90% ist eine Ausbringung von

$x_1 = 13,86$ mit einem Schadstoffvernichtungsniveau von 30 vereinbar. Da die direkte Abhängigkeit von Produktion und Entsorgung bereits in Abbildung 33 dargestellt wurde, wird hier auf die nochmalige Angabe der Umkehrfunktion verzichtet. Vielmehr sind die Auswirkungen einer Variation des Sicherheitsniveaus β_1 auf die erforderliche Mindestentsorgungsmenge sowie auf die Ausbringung von x_1 von Interesse. Diese Fragestellungen werden nun analog zum vorhergehenden Abschnitt untersucht.

In Abbildung 41 ist der Einfluß des Sicherheitsniveaus β_1 auf die erforderliche Schadstoffvernichtung dargestellt, in Abbildung 42 sein Einfluß auf die mögliche Ausbringung des Endproduktes x_1.

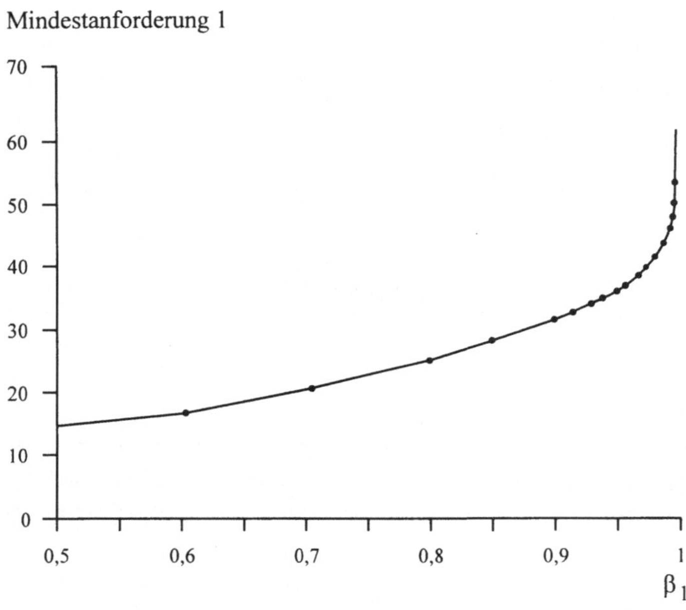

Abb. 41: Entsorgung in Abhängigkeit vom Sicherheitsniveau

Je höher das Sicherheitsniveau β_1 angesetzt wird, desto größer wird die im deterministischen Ersatzproblem geforderte Mindestentsorgung, die durch eine konvexe, monoton steigende Funktion dargestellt wird. Ihr Anstieg ist zunächst recht flach und nimmt erst ab einem Sicherheitsniveau von $\beta_1 = 0,95$ stark zu. Durch diese Verschärfung der Entsorgungsrestriktion wird die mögliche Ausbringung des Produktes x_1 mit steigendem Sicherheitsniveau β_1 immer weiter eingeschränkt, ab einem Wert von $\beta_1 = 0,965$ sinkt sie auf Null. Auch hier zeigt sich, daß selbst bei einer Ausbringungsmenge von Null ein Restrisiko verbleibt, das nur durch vollständige Aufgabe der Produktion eliminiert werden kann. Weiter ist ersichtlich, daß bei gegebener Technologie eine Verbesserung der Umweltsituation bzw. eine Erhöhung der Sicherheitsanforderungen nur auf Kosten anderer Produktionsmöglichkeiten erfolgen kann.

Produkt 1

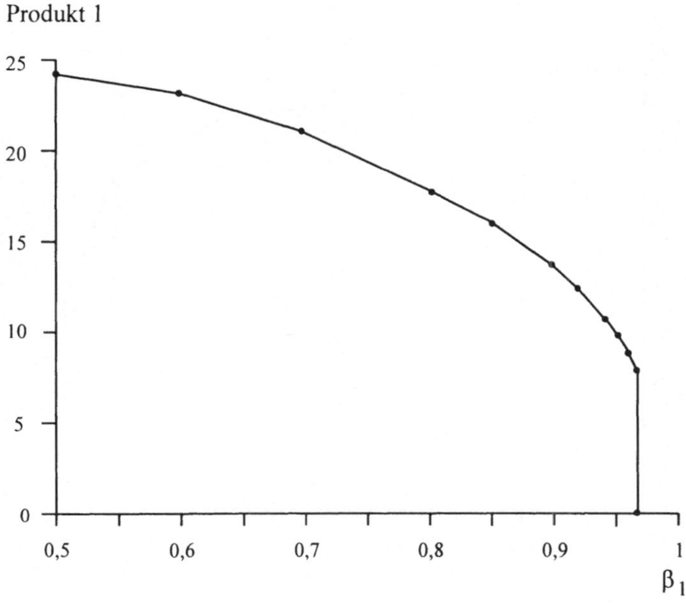

Abb. 42: Ausbringung in Abhängigkeit vom Sicherheitsniveau

In diesem Zusammenhang ist weiter von Interesse, wie sich bei konstanter Ausbringungsmenge x^0 die Variation des Sicherheitsniveaus α_1 für die Einhaltung eines Emissionskon-
tingentes auf das maximal mögliche Sicherheitsniveau β_1 für die Einhaltung einer Schadstoff-
vernichtungsrestriktion auswirkt. Analog zum Fall der Substitution von Sicherheitsniveaus für
zwei Emissionsrestriktionen erhält man die in Tabelle 16 angegebenen kritischen Punkte
sowie die in Abbildung 43 dargestellte Kurve.

Tabelle 16: Kritische Punkte der Sicherheitsniveaus

R_1	X_1	$t(R_1)$	$t(X_1)$	$\beta_1(R_1)$	$\alpha_1(X_1)$
1,00	5,35	−1,20	2,52	0,1151	0,9941
2,46	5,51	−1,07	2,50	0,1423	0,9938
3,09	5,57	−1,02	2,49	0,1539	0,9936
5,27	5,95	−0,83	2,44	0,2033	0,9927
20,37	9,61	0,46	1,93	0,6772	0,9732
27,83	12,54	1,10	1,60	0,8630	0,9445
32,57	15,23	1,50	1,25	0,9332	0,8944

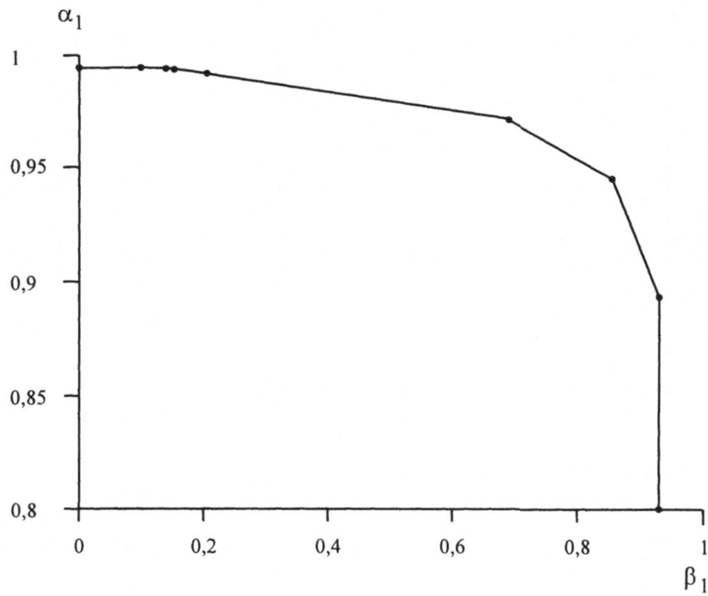

Abb. 43: Substitution von Sicherheitsniveaus

Der monoton fallende, konkave Verlauf der Kurve bedeutet, daß auch in diesem Fall die Erhöhung des Sicherheitsniveaus bei einer Restriktion eine zunehmende Reduktion der Sicherheitsanforderungen bei einer anderen Restriktion erfordert.

4.5.2.4 Stochastische Variation der Emissionskoeffizienten

Wenn die Emission von Schadstoffen je Produkteinheit nicht konstant ist, sondern im Verlauf des Produktionsprozesses stochastisch schwankt, müssen die *Emissionskoeffizienten* c_{Jk} als Zufallsvariablen $\tilde{c}_{Jk}$ betrachtet werden. Auch in diesem Fall hängt die Zulässigkeit der Produktionsplanung von der erst im nachhinein bekannten Realisation der Zufallsvariablen ab. Das zugehörige Chance-Constrained Programm ergibt sich als:

$$\max\ x_p = \sum_{k=1}^{K} b_{pk}\, z_k$$

$$\text{u.d.N.:} \qquad \sum_{k=1}^{K} a_{ik}\, z_k \leq r_i^o \qquad\qquad i = 1, ..., n$$

$$\sum_{k=1}^{K} b_{jk} \, z_k \geq x_j^0 \qquad\qquad j = 1, ..., p\text{-}1, p\text{+}1, ..., m$$

$$P\left\{ \sum_{k=1}^{K} \tilde{c}_{Jk} \, z_k \leq X_J \right\} \geq \alpha_J \qquad\qquad J = 1, ..., M$$

$$\sum_{k=1}^{K} d_{Ik} \, z_k \geq R_I^0 \qquad\qquad I = 1, ..., N$$

$$z_k \geq 0 \qquad\qquad k = 1, ..., K$$

Da die Behandlung stochastischer Schwankungen von Matrixkoeffizienten analytisch anspruchsvoller ist als eine Variation der Rechten-Hand-Seite, wird in diesem Fall von vornherein von unabhängig normalverteilten Emissionskoeffizienten $\tilde{c}_{Jk}$ mit bekanntem Erwartungswert und bekannter Varianz ausgegangen, um wiederum mit einer möglichst einfachen Modellformulierung zu qualitativen Aussagen zu gelangen. Nach einigen Umformungen erhält man analog zum vorhergehenden Abschnitt als Äquivalent für die wahrscheinlichkeitsbeschränkte Restriktion:

$$\mu_J(\underline{z}) + t(1 - \alpha_J) \cdot \sigma_J(\underline{z}) \leq X_J$$

Dabei ist

$$\mu_J(\underline{z}) = E\left\{ \sum_{k=1}^{K} \tilde{c}_{JK} \, z_k \right\}$$

der Erwartungswert der Schadstoffemission bei dem Produktionsprogramm $\underline{z}$ und

$$\sigma_J(\underline{z}) = \sqrt{\sum_{k=1}^{K} \sigma_{\tilde{c}_{Jk}}^2 \cdot z_k^2}$$

die Standardabweichung der durchschnittlichen Schadstoffemission. $t(1\text{-}\alpha_J)$ ist der einer Wahrscheinlichkeit von $(1\text{-}\alpha_J)$ entsprechende einseitige Vertrauensbereich der normierten Normalverteilung. Ähnlich wie bei der Variation der Rechten-Hand-Seite ist das Sicherheitsäquivalent gleich der im Mittel erwarteten Umweltbelastung $\mu_J(\underline{z})$ korrigiert um einen von der Standardabweichung $\sigma_J(\underline{z})$ abhängigen Sicherheitszuschlag.

Mittelwert und Standardabweichung der kritischen Größen hängen hier allerdings von dem Produktionsplan $\underline{z}$ ab; das deterministische Ersatzproblem bei Variation der Restriktionskoeffizienten ist daher nichtlinear. Es läßt sich allerdings zeigen[30], daß für $\alpha_I \geq 0.5$ die Menge der zulässigen Lösungen unter den gegebenen Voraussetzungen konvex ist, so daß

---

30) Vgl. Kall [1976], S. 83.

sich ein konvexes Programm mit linearer Zielfunktion ergibt. Dieses kann mit geeigneten Algorithmen der *konvexen Programmierung* gelöst werden.[31]

Die numerische Analyse des Problems wird jedoch durch folgende Aspekte erschwert:

(1) Der Rechenaufwand bei der Lösung nichtlinearer Programme ist wesentlich höher als bei der Lösung linearer Programme.

(2) Wegen der nichtlinearen Restriktionen reicht es bei der Variation der Problemparameter nicht aus, einige wenige Basislösungen zu bestimmen und die Zwischenwerte durch lineare Interpolation zu berechnen; vielmehr muß das konvexe Programm für hinreichend viele Stützstellen explizit gelöst werden.

(3) Während bei stochastischen Schwankungen der Emissionsgrenzen für jede Emissionsart lediglich ein Koeffizient stochastisch schwankt, muß nun für jede Emissionsart und jede Aktivität eine stochastische Variable berücksichtigt werden.

Um den mit dieser Problemkomplexität verbundenen Rechenaufwand in Grenzen zu halten und um zu überschaubaren Ergebnissen zu kommen, werden folgende vereinfachende Annahmen eingeführt:

(1) Lediglich eine Emissionsart $\tilde{X}_J$ unterliege stochastischen Schwankungen; die anderen Emissionen seien deterministisch.

(2) Das mit den Schwankungen eines Emissionskoeffizienten $\tilde{c}_{Jk}$ verbundene Risiko kann durch den Variationskoeffizienten

$$CV_{Jk} = \frac{\sigma_{Jk}}{\mu_{Jk}}$$

gemessen werden. Dabei ist μ_{Jk} der Erwartungswert und σ_{Jk} die Standardabweichung der Zufallsvariablen $\tilde{c}_{Jk}$.

Es wird nun vorausgesetzt, daß dieses Risiko bei allen Aktivitäten k mit $\mu_{Jk} > 0$ gleich hoch ist, d.h. daß

$$CV_{Jk} \equiv CV_J$$

(3) Ist hingegen $\mu_{Jk} = 0$, so wird angenommen, daß von der Aktivität k keine Emissionen der Schadstoffart J ausgehen, d.h. daß $\tilde{c}_{Jk} \equiv 0$ und $CV_{Jk} = 0$.

Dadurch vereinfacht sich die nichtlineare Restiktion zu

$$\sum_{k=1}^{K} \mu_{Jk} \cdot z_k + t(1-\alpha) \cdot CV_J \sqrt{\sum_{k=1}^{K} (\mu_{Jk} \cdot z_k)^2} \leq X_J$$

Für das oben eingeführte Zahlenbeispiel ergibt sich das folgende konvexe Programm, wenn man stochastische Variationen für die erste Schadstoffart betrachtet:

$$\max x_1 = 1{,}0\,z_1 + 2{,}0\,z_2 + 1{,}5\,z_3 + 2{,}0\,z_4 + 3{,}0\,z_5 + 2{,}0\,z_6 + 2{,}5\,z_7$$

$$2{,}0z_1 + 3{,}0z_2 + 1{,}0z_3 + 3{,}0z_4 + 1{,}0z_5 + 1{,}5z_6 \qquad\qquad + 1{,}0z_8 + 2{,}0z_9 + 1{,}0z_{10} \le 20$$

$$0{,}5z_1 + 1{,}0z_2 + 2{,}5z_3 + 1{,}5z_4 + 2{,}0z_5 + 2{,}0z_6 + 1{,}0z_7 + 7{,}0z_8 + 1{,}0z_9 \qquad\qquad \le 15$$

$$1{,}0z_1 + 0{,}5z_2 + 2{,}0z_3 + 1{,}0z_4 + 1{,}0z_5 + 2{,}0z_6 + 3{,}0z_7 + 2{,}5z_8 \qquad\qquad\qquad \ge 10$$

$$0{,}8z_1 + 1{,}0z_2 + 1{,}2z_3 + 1{,}0z_4 + 1{,}5z_5 + 2{,}0z_6 + 4{,}0z_7 + 5{,}0z_8 \qquad\qquad + 0{,}5z_{10} \le 18$$

$$1{,}0z_7 \qquad\qquad + 2{,}0z_9 + 2{,}0z_{10} \ge\ 0$$

$$1{,}0z_6 + \qquad\qquad\qquad + 3{,}0z_9 + 2{,}0z_{10} \ge\ 1$$

$$1{,}0z_1 + 2{,}0z_2 + 1{,}5z_3 + 1{,}2z_4 + 1{,}3z_5 + 1{,}0z_6 + 1{,}2z_7 + 0{,}1z_8 + 2{,}0z_9 + 0{,}5z_{10}$$

$$+ V \cdot \left(1{,}0z_1^2 + 4{,}0z_2^2 + 2{,}25z_3^2 + 1{,}44z_4^2 + 1{,}69z_5^2 + 1{,}0z_6^2 + 1{,}44z_7^2 + 0{,}01z_8^2 + 4{,}0z_9^2 + \right.$$

$$\left. 0{,}25z_{10}^2 \right)^{\!1/2} \le 15$$

$$z_1, z_2, z_3, z_4, z_5, z_6, z_7, z_8, z_9, z_{10} \ge 0$$

Die Konstante V beträgt

$$V = t\,(1 - \alpha_1) \cdot CV_1$$

Dabei wurden für die Erwartungswerte μ_{Jk} die Koeffizienten der entsprechenden Zeile des Ausgangsproblems angesetzt.

Für $X_1 = 15$, $\alpha_1 = 0{,}95$ und $CV_1 = 0{,}5$ erhält man die folgende optimale Lösung:

$$x_1 = 21{,}77$$

$$z_1 = z_2 = z_3 = z_8 = z_9 = z_{10} = 0$$

$$z_4 = 1{,}13 \qquad z_5 = 3{,}53 \qquad z_6 = 2{,}23 \qquad z_7 = 1{,}78$$

Die Abhängigkeit der Ausbringung von der Variation jeweils eines der Parameter X_1, α_1 und CV_1 bei Konstanz der übrigen ist in den Abbildungen 44 - 46 dargestellt.

Abbildung 44 zeigt die Abhängigkeit der maximal möglichen Ausbringungsmenge von der Emissionsgrenze X_1. Es zeigt sich wieder der typische ertragsgesetzliche Verlauf: Im Bereich niedriger Emissionsgrenzen steigt die Produktionsfunktion annähernd linear an; anschließend wird der Anstieg flacher, da weniger ergiebige Produktionsprozesse in die Prozeßkombination aufgenommen werden müssen. Für $X_1 > 28$ ist die Beschränkung der Schadstoffemission nicht mehr bindend, eine weitere Lockerung führt zu keiner Erhöhung der Ausbringungsmenge.

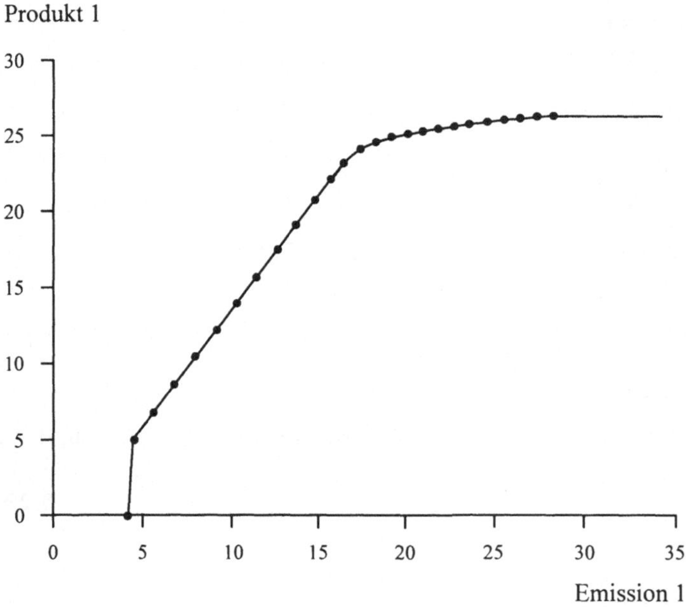

Abb. 44: Emissionsgrenze und Ausbringung

Abbildung 45 zeigt die Abhängigkeit der maximal möglichen Ausbringungsmenge x_1 von dem Sicherheitsniveau α_1 bei einer Emissionsgrenze von $X_1 = 15$. Diese ist eine monoton fallende, konkave Funktion. Bei einem niedrigen Sicherheitsniveau fällt die maximal mögliche Ausbringungsmenge linear mit dem angestrebten Sicherheitsniveau. Überschreitet das Sicherheitsniveau einen kritischen Wert, dann fällt die maximal erreichbare Ausbringungsmenge überproportional ab und konvergiert für $\alpha_1 \to 1$ gegen Null. Im Gegensatz zum Fall stochastisch schwankender Emissionsgrenzen gibt es kein Restrisiko, das bei positiver Ausbringungsmenge nicht unterschritten werden kann, weil die Varianz der Gesamtemissionen mit der Ausbringungsmenge gegen Null geht.

In Abbildung 46 ist die maximal mögliche Ausbringungsmenge x_1 in Abhängigkeit vom Variationskoeffizienten CV_1 als Risikomaß für verschiedene Werte des Sicherheitsniveaus α_1 wiedergegeben. Es zeigt sich, daß diese Funktion einen monoton fallenden, s-förmigen Verlauf hat. Im Bereich niedriger Werte des Variationskoeffizienten fällt die maximal mögliche Ausbringungsmenge zunächst relativ langsam, der Abfall beschleunigt sich dann bis zum Wendepunkt; jenseits des Wendepunktes verlangsamt er sich wieder. Für $CV_2 \to \infty$ nähert sich die Ausbringungsmenge dem Wert Null. Die Geschwindigkeit des Abfalls und die Lage des Wendepunktes hängen vom angestrebten Sicherheitsniveau α_1 ab: Je höher dieser Wert ist, desto stärker fällt die Ausbringung ab und desto früher ist der Wendepunkt erreicht.

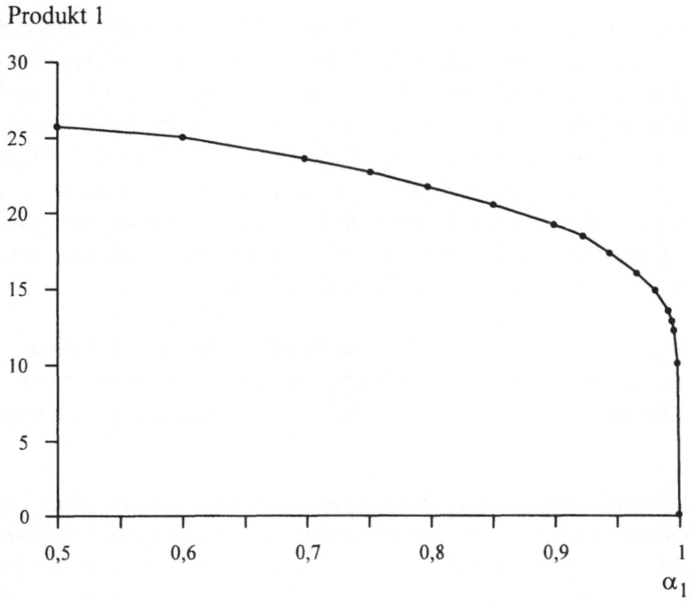

Abb. 45: Sicherheitsniveau und Ausbringung

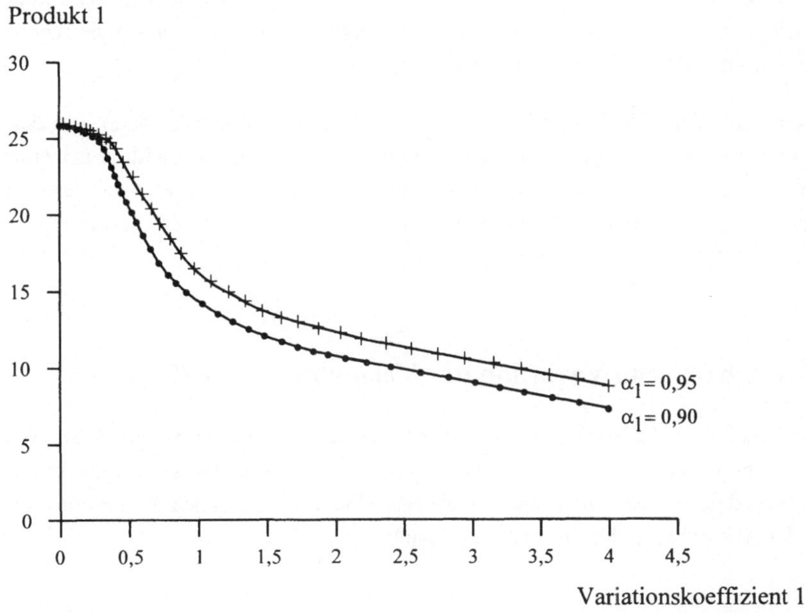

Abb. 46: Emissionsrisiko und Ausbringung

Diese Ergebnisse bestätigen im wesentlichen die bei der Analyse stochastischer Schwankungen der Emissionsgrenzen gewonnenen Resultate: Fast alle untersuchten Funktionen sind entweder monoton fallend und konvex oder monoton steigend und konkav. Auch hier zeigt sich, daß marktwirtschaftliche Steuerungsmechanismen, die weitgehend ähnliche Konvexitätseigenschaften voraussetzen, prinzipiell zur Steuerung von produktionsbedingten Umweltbelastungen eingesetzt werden können. Die einzige Ausnahme, die konkav-konvexe Beziehung zwischen dem Variationskoeffizienten und der maximal erzielbaren Ausbringungsmenge, stört in diesem Zusammenhang nicht, weil der Variationskoeffizient ein Datum ist, das nicht durch betriebliche Entscheidungen beeinflußt werden kann.

Die Untersuchung geht von der sehr restriktiven Annahme aus, daß die Emissionskoeffizienten unabhängige, normalverteilte Zufallsgrößen sind. Diese Annahmen lassen sich jedoch lockern, wenn man bereit ist, die damit verbundenen numerischen Schwierigkeiten in Kauf zu nehmen:

- Stochastische Abhängigkeiten zwischen den Emissionskoeffizienten lassen sich unter der Voraussetzung der Normalverteilung ohne prinzipielle Schwierigkeiten berücksichtigen. Es reicht dann allerdings nicht aus, sich lediglich auf die Mittelwerte und die Varianzen der stochastischen Koeffizienten zu stützen, sondern es müssen zusätzlich die Kovarianzen berücksichtigt werden. Die Problemstruktur bleibt dabei jedoch insofern erhalten, als daß weiterhin ein Sicherheitszu- oder -abschlag in Abhängigkeit von der Varianz vorzunehmen ist, so daß sich ein quadratisches Problem ergibt.

- Bei der Verwendung anderer Verteilungen ist zu beachten, daß die Lösungsmenge nur für $\alpha_J > \alpha_J^0$ konvex ist, wobei α_J^0 verteilungsabhängig ist.[32] Falls andere Verteilungsfunktionen zugrunde gelegt werden, wird zwar die analytische Behandlung schwieriger, die hier herausgestellten Prinzipien bleiben jedoch erhalten.

Andererseits läßt sich jedoch auch die Normalverteilungsannahme begründen: Bei den beobachtbaren Prozeßschwankungen handelt es sich um Ereignisse, die sich additiv aus einer Vielzahl von unabhängigen Einzelereignissen zusammensetzen. Daher ist es nach dem zentralen Grenzwertsatz gerechtfertigt, näherungsweise von normalverteilten Zufallsvariablen auszugehen.

4.5.2.5 Stochastische Variation der Vernichtungskoeffizienten

Ähnlich wie bei der Schadstoffemission können auch bei der Schadstoffvernichtung stochastische Prozeßschwankungen auftreten. Dazu sind die *Vernichtungskoeffizienten* d_{Ik} als Zufallsvariablen $\tilde{d}_{Ik}$ zu betrachten. Das zugehörige Chance-Constrained Programm zur Maximierung der Ausbringung des Produktes x_p lautet:

---

32) Vgl. Kall [1976], S. 81.

$$\max\ x_p\ =\ \sum_{k=1}^{K} b_{pk}\ z_k$$

$$\text{u.d.N.:}\qquad \sum_{k=1}^{K} a_{ik}\ z_k\ \leq\ r_i^o \qquad\qquad i = 1, ..., n$$

$$\sum_{k=1}^{K} b_{jk}\ z_k\ \geq\ x_j^o \qquad\qquad j = 1, ..., p\text{-}1, p\text{+}1, ..., m$$

$$\sum_{k=1}^{K} c_{Jk}\ z_k\ \leq\ X_J^o \qquad\qquad J = 1, ..., M$$

$$P\left\{\sum_{k=1}^{K} \tilde{d}_{Ik}\ z_k\ \geq\ R_I\right\}\ \geq\ \beta_I \qquad\qquad I = 1, ..., N$$

$$z_k\ \geq\ 0 \qquad\qquad k = 1, ..., K$$

Für die Analyse der Auswirkungen von stochastischen Schwankungen der Vernichtungs-koeffizienten $\tilde{d}_{Ik}$ wird wieder davon ausgegangen, daß diese unabhängig normalverteilt und ihre Erwartungswerte und Varianzen bekannt sind. Als Äquivalent für die wahrscheinlich-keitsbeschränkte Restriktion erhält man:

$$\mu_I\,(\underline{z})\ -\ t\,(1-\beta_I)\cdot\sigma_I(\underline{z})\ \geq\ R_I$$

In diesem Fall ist also der Erwartungswert der gleichzeitig mit einem bestimmten Produk-tionsprogramm zu erreichenden Schadstoffvernichtung um einen *Sicherheitsabschlag* zu redu-zieren. Analog zu den im vorhergehenden Abschnitt vorgenommenen Annahmen läßt sich die nichtlineare Restriktion vereinfachen zu:

$$\sum_{k=1}^{K} \mu_{Ik}\cdot z_k\ -\ t\,(1-\beta_I)\cdot CV_I\ \sqrt{\sum_{k=1}^{K} (\mu_{Ik}\cdot z_k)^2}\ \geq\ R_I$$

Die Maximierung der Ausbringung des Produktes 1 bei stochastisch schwankenden Vernich-tungskoeffizienten für die erste Schadstoffart führt dann auf das folgende konvexe Programm:

$$\max x_1 = 1{,}0\,z_1 + 2{,}0\,z_2 + 1{,}5\,z_3 + 2{,}0\,z_4 + 3{,}0\,z_5 + 2{,}0\,z_6 + 2{,}5\,z_7$$

$$
\begin{aligned}
2{,}0z_1 + 3{,}0z_2 + 1{,}0z_3 + 3{,}0z_4 + 1{,}0z_5 + 1{,}5z_6 \qquad\qquad + 1{,}0z_8 + 2{,}0z_9 + \quad 1{,}0z_{10} &\leq 20 \\
0{,}5z_1 + 1{,}0z_2 + 2{,}5z_3 + 1{,}5z_4 + 2{,}0z_5 + 2{,}0z_6 + 1{,}0z_7 + 7{,}0z_8 + 1{,}0z_9 \qquad\qquad &\leq 15 \\
1{,}0z_1 + 0{,}5z_2 + 2{,}0z_3 + 1{,}0z_4 + 1{,}0z_5 + 2{,}0z_6 + 3{,}0z_7 + 2{,}5z_8 \qquad\qquad\qquad &\geq 10 \\
1{,}0z_1 + 2{,}0z_2 + 1{,}5z_3 + 1{,}2z_4 + 1{,}3z_5 + 1{,}0z_6 + 1{,}2z_7 + 0{,}1z_8 + 2{,}0z_9 + \quad 0{,}5z_{10} &\leq 15 \\
0{,}8z_1 + 1{,}0z_2 + 1{,}2z_3 + 1{,}0z_4 + 1{,}5z_5 + 2{,}0z_6 + 4{,}0z_7 + 5{,}0z_8 \qquad\quad + \quad 0{,}5z_{10} &\leq 18 \\
1{,}0z_7 + 2{,}0z_9 + 2{,}0z_{10} - \qquad V \cdot \left(1{,}0z_7^2 + 4{,}0z_9^2 + 4{,}0z_{10}^2 \right)^{1/2} &\geq 0 \\
1{,}0z_6 + \qquad\qquad\qquad\qquad\quad + 3{,}0z_9 + \quad 2{,}0z_{10} &\geq 1
\end{aligned}
$$

$$z_1, z_2, z_3, z_4, z_5, z_6, z_7, z_8, z_9, z_{10} \geq 0$$

Die Konstante V beträgt in diesem Fall:

$$V = t\,(1 - \beta) \cdot CV_1$$

Für die Erwartungswerte μ_{Ik} wurden wiederum die Koeffizienten der entsprechenden Zeile des Ausgangsproblems angesetzt.

Die Durchführung der gleichen Untersuchungen wie im vorhergehenden Abschnitt führt zu den in den Abbildungen 47 - 49 dargestellten Ergebnissen.

Abbildung 47 zeigt den bereits aus früheren Überlegungen bekannten konkaven Verlauf der Transformationskurve, die die Substitutionsmöglichkeiten von möglichen Ausbringungsmengen des Produktes 1 und der möglichen Entsorgung von Schadstoff 1 angibt. Je weiter die Schadstoffvernichtung R_1 erhöht wird, desto größer ist der dafür erforderliche Verzicht auf das Produkt x_1. Auch durch beliebig hohen Verzicht bei dem jeweiligen anderen Gut läßt sich die Schadstoffvernichtung nicht über $R_1 = 12$ und die Ausbringung nicht über $x_1 = 25{,}76$ Einheiten ausdehnen.

Abbildung 48 zeigt, wie die mögliche Ausbringung von Produkt x_1 von dem Sicherheitsniveau β_1 abhängt, mit dem eine Schadstoffvernichtung von mindestens $R_1 = 2$ einzuhalten ist. Man erhält eine konkave, monoton fallende Funktion. Im Bereich niedriger Sicherheitsniveaus, d.h. bis ungefähr $\beta_1 = 0{,}7$, ist die Ausbringungsmenge nahezu konstant in Höhe der maximal möglichen Menge $x_1 = 25{,}76$, bei weiterer Erhöhung von β_1 nimmt sie zunächst langsam, dann rapide ab. Von einem Sicherheitsniveau von $\beta_1 = 0{,}925$ an ist keine Produktion von x_1 mehr möglich, ohne die Einhaltung der Entsorgungsrestriktion zu gefährden.

Produkt 1

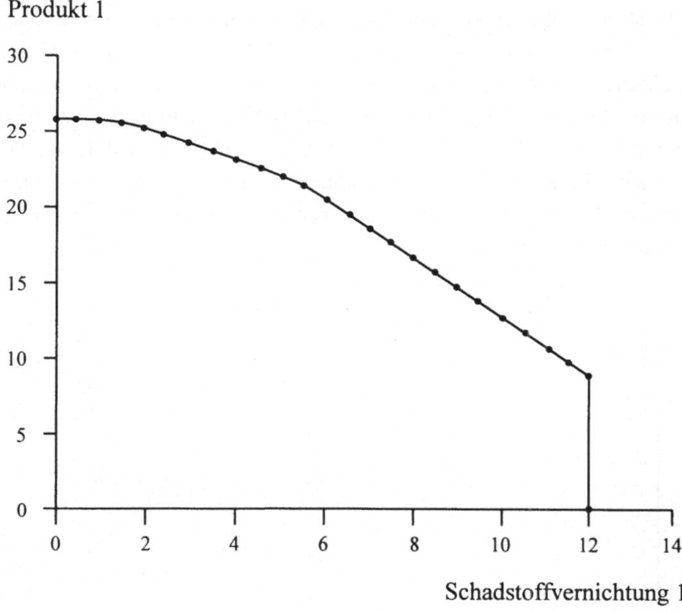

Abb. 47: Entsorgung und Ausbringung

Produkt 1

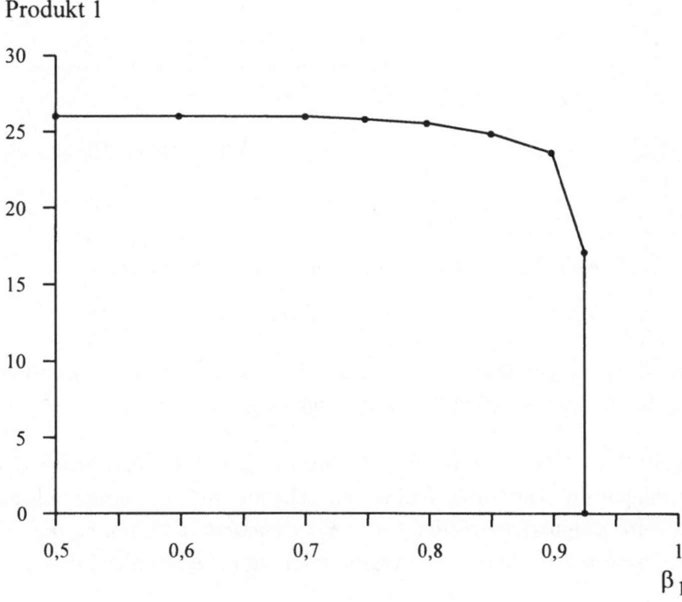

Abb. 48: Sicherheitsniveau und Ausbringung

In Abbildung 49 ist die Abhängigkeit der Ausbringung von Produkt x_1 von dem Variations-koeffizienten CV_1 für die Sicherheitsniveaus $\beta_1 = 0{,}90$ bzw. $\beta_1 = 0{,}95$ und eine geforderte Schadstoffvernichtung von $R_1 = 2$ dargestellt. Auch hier ergeben sich konkave, monoton fallende Funktionen. Die mit der geforderten Schadstoffvernichtung zu vereinbarende Aus-bringung von x_1 beträgt zunächst 25,76 Einheiten und geht mit ansteigendem Variations-koeffizienten zunächst langsam, dann immer stärker zurück. Je höher das Sicherheitsniveau β_1 angesetzt wird, desto weniger darf das Prozeßniveau schwanken, um überhaupt noch eine positive Ausbringung von x_1 zu erlauben.

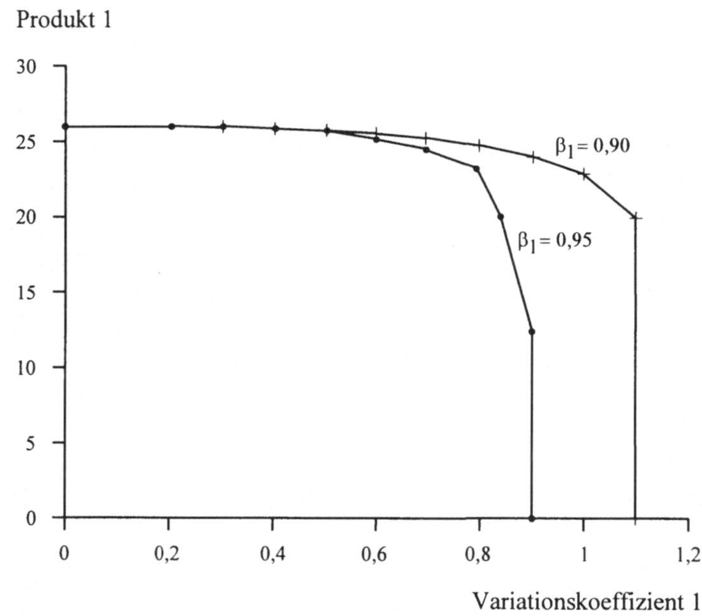

Abb. 49: Prozeßschwankungen und Ausbringung

Aus den obigen Überlegungen lassen sich folgende Ergebnisse für die Behandlung *systemati-scher Umweltrisiken* in der taktischen Produktionsplanung herleiten:

- Falls bei regelmäßig in der Produktion auftretenden, jedoch in ihrer Höhe schwankenden *Umweltbelastungen* die Verteilungsfunktionen bekannt sind, so lassen sich die stochasti-schen Modelle in geeignete *deterministische Ersatzmodelle* überführen, die mit Standard-methoden der linearen bzw. konvexen Programmierung gelöst werden können.

- Die Bedeutung der einzelnen Arten von Umweltbelastungen spiegelt sich in den vorzuge-benden *Mindestwahrscheinlichkeiten* α_j bzw. β_j für die Einhaltung der zugehörigen Be-schränkung wider. Da der erreichbare Zielfunktionswert wesentlich von der Höhe dieser

Parameter abhängt, ist ihre sorgfältige Bestimmung von großer Bedeutung für eine sinnvolle Anwendung des Modells.

- Bei Annahme bestimmter Verteilungsfunktionen lassen sich *Sicherheitsäquivalente* der stochastischen Größen angeben, die dem um einen risikoabhängigen Sicherheitszu- bzw. -abschlag korrigierten Erwartungswert entsprechen.

4.6 Zusammenfassung

In diesem Kapitel wurden verschiedene Gesichtspunkte der Einbeziehung von Umweltaspekten in produktionstheoretische Betrachtungen für den statischen Fall im Rahmen der linearen Aktivitätsanalyse untersucht. Als ein wesentliches Ergebnis ist festzuhalten, daß Umweltwirkungen sowohl auf der Input- als auch auf der Outputseite der Produktion analog zu traditionellen Produktionsfaktoren und Produkten erfaßt werden können.

Daher lassen sich die klassischen betriebswirtschaftlichen Analyseinstrumente auch bei um Umweltaspekte erweiterten Technologien einsetzen, um Aussagen über Produktivitäts- und Substitutionalitätsbeziehungen von Umweltgütern untereinander sowie zwischen Umweltgütern und traditionellen Gütern herzuleiten. Insbesondere bleiben dabei wesentliche Konvexitätseigenschaften aus der traditionellen Analyse erhalten, wodurch die Existenz optimaler Lösungen gewährleistet wird.

Diese Ergebnisse konnten auch bei der Berücksichtigung der Möglichkeit stochastischer Schwankungen von Koeffizienten in den Umweltrestriktionen im wesentlichen bestätigt werden. Weiter wurde festgestellt, daß es nicht möglich ist, bei allen Restriktionen gleichzeitig ein maximales Sicherheitsniveau einzuhalten, sondern daß die Erhöhung der Sicherheitsanforderungen an einer Stelle mit der Inkaufnahme eines geringeren Sicherheitsniveaus an anderer Stelle einhergehen muß.

Daher ist festzuhalten, daß verstärkter Umweltschutz nur auf Kosten erhöhten Faktoreinsatzes, verminderter Produktionsmengen oder höherer Emissionen in anderen Bereichen möglich ist, d.h. daß ein Denken nicht nur in ökonomischen, sondern auch in ökologisch-ökonomischen sowie in rein ökologischen Austauschraten erforderlich ist.

5. Dynamische Analyse des Umweltfaktors in der Produktion

Nachdem bislang ausschließlich die Einbeziehung von Umweltwirkungen bei einer gegebenen Technologie behandelt wurde, ist nun zu untersuchen, wie sich die langfristigen Produktionsbedingungen unter Berücksichtigung von Umweltaspekten entwickeln. Eine solche Analyse kann nur im Zeitablauf, also als eine *dynamische Betrachtung*, erfolgen. Dabei sind die dem Unternehmen zur Verfügung stehenden Produktionsmöglichkeiten nicht als gegeben anzusehen, sondern explizit Gegenstand der Planung.

Ein wesentliches Element der dynamischen Analyse des Umweltfaktors in der Produktion ist der technische Fortschritt, durch den neue, umweltschonende Produktionsverfahren erst ermöglicht werden. Daneben ist auf die Veränderung der sonstigen Rahmenbedingungen der Produktion einzugehen, durch die die *Technologiewahl* erheblich beeinflußt wird. Bei der Technologiewahl handelt es sich um eine *strategische Entscheidung*, die die zukünftigen produktiven Möglichkeiten des Unternehmens weitgehend festlegt. In diesem Zusammenhang sind eine Reihe von Einzelentscheidungen zu treffen:

- Eine Grundsatzentscheidung ist die Festlegung des zukünftigen *Produktionsprogramms*, durch das die weiteren Entscheidungen wesentlich vorstrukturiert werden. Produktionsprogrammentscheidungen umfassen die Aufnahme neuartiger Produkte in das Sortiment bzw. die Variation bereits hergestellter Produkte, die Elimination nicht mehr lohnender Produkte aus dem Sortiment sowie die Bestimmung des Umfangs, in dem die einzelnen Produkte hergestellt werden sollen.

- Da in der Regel die Herstellung eines bestimmten Produktionsprogramms mit mehreren technischen Verfahrensalternativen möglich ist, ist zunächst eine Auswahl der einzusetzenden *Produktionsverfahren* und der dafür benötigten Anlagen vorzunehmen. Dazu gehört auch die Entscheidung über die *Dimensionierung* der Betriebsmittel im Hinblick auf die erwartete zukünftige Entwicklung. Weiter ist bei der Auslegung der Betriebsmittel zu entscheiden, in welcher Weise und in welchem Umfang diese zum Umweltschutz beitragen sollen; in diesem Zusammenhang ist insbesondere die Wahl zwischen integrierten und additiven Umweltschutztechnologien[1) zu treffen.

- Auch die Entscheidung über die Art und die Mengenverhältnisse der einzusetzenden *Produktionsfaktoren* fällt in den Bereich der Technologiewahl. Diese sind durch das Produktionsprogramm und die Ausgestaltung der Anlagen zwar weitgehend, aber noch nicht vollständig festgelegt.

- Schließlich sind in diesem Zusammenhang Entscheidungen über die *Entsorgung* von Rückständen der Produktion zu treffen. So ist z.B. zu überlegen, ob der Aufbau eigener Einrichtungen zur Entsorgung lohnend ist oder ob diese Aufgabe als Fremdentsorgung an entsprechende Dienstleistungsunternehmen übertragen werden soll.

---

1) Zur Definition der Begriffe vgl. Abschnitt 2.1.

Das Entscheidungsproblem der Technologiewahl kann auf unterschiedliche Weise in produktionstheoretischen Modellen erfaßt werden. Im Anschluß an die Diskussion einiger wesentlicher Grundlagen einer dynamischen Betrachtung in Abschnitt 5.1 wird in Abschnitt 5.2 auf eine Reihe dieser Möglichkeiten eingegangen. In Abschnitt 5.3 wird schließlich die Technologiewahl mit Hilfe einer langfristigen Produktionsfunktion zunächst bei isolierter, dann bei kombinierter Berücksichtigung der Einflußfaktoren Preisniveau, Stand der Umweltgesetzgebung und technischer Fortschritts modelliert sowie die sich daraus ergebende Entwicklung der Produktionsmöglichkeiten und der Umweltnutzung im Zeitablauf aufgezeigt. Um die vorrangig interessierenden Zusammenhänge besser herausarbeiten zu können, beschränkt sich die Analyse auf den Einproduktfall.

5.1 Grundlagen einer dynamischen Betrachtung

Aufgabe einer dynamischen Betrachtung ist es, die Entwicklung der langfristigen Produktionsbedingungen zu erfassen. Da es sich bei der Technologiewahl um eine Grundsatzentscheidung mit langfristigen Auswirkungen auf den Bestand und die weitere Entwicklung des Unternehmens handelt, ist der Zeitrahmen der strategischen Planung zugrunde zu legen. In einer solchen *langfristigen Betrachtung* ist ein höherer Aggregationsgrad und damit eine Abstraktion von einzelnen Produktionsprozessen erforderlich, so daß der Übergang zu einer kontinuierlichen Modellierung gerechtfertigt ist.

Als Grundlage für die weiteren dynamischen Betrachtungen wird zunächst auf die Entwicklung der Rahmenbedingungen der Produktion im Zeitablauf eingegangen, dann der Begriff des technischen Fortschritts eingehend erläutert und schließlich die neoklassische Produktionstheorie in Grundzügen vorgestellt.

5.1.1 Entwicklung von Rahmenbedingungen im Zeitablauf

Ein wesentlicher Anstoß für Entscheidungen zur Technologiewahl ist die Veränderung von Rahmenbedingungen der Produktion. Der *Auslöser* für die Entwicklung und Installation neuartiger Verfahren zur Verbesserung des Umweltschutzes eines Unternehmens kann auf verschiedenen Ebenen angesiedelt sein und sowohl aus dem Unternehmen selbst als auch aus seiner Umgebung stammen.[2] Die Anstöße lassen sich folgenden *Einflußsphären* zuordnen:

- Ein wesentlicher externer Einflußfaktor ist die *Umweltgesetzgebung*. Neben gesetzlich festgelegten Auflagen und Grenzwerten sind in diesem Zusammenhang sonstige behördliche Vorschriften sowie die absehbare internationale Harmonisierung von Umweltnormen zu nennen, durch die ein Anstoß zur Innovation erfolgen kann, z.B. die Veränderung technischer Normen für die eingesetzten Prozesse und Anlagen, die Verschärfung des Standes der Technik oder die Herabsetzung von Grenzwerten.

---

2) Vgl. nochmals die Argumente in Abschnitt 1.2.3.2.

- Ein unternehmensinterner Anstoß für die Suche nach umweltschonenderen technischen Verfahren sind nach dem *Ausgleichsgesetz der Planung*[3] solche Engpässe, die sich aus der Verschärfung der Umweltgesetzgebung oder anderer Rahmenbedingungen ergeben und die Produktionsmöglichkeiten des Unternehmens einschränken. Derartige Knappheiten werden durch positive interne Knappheitspreise für den betreffenden Umweltfaktor angezeigt. Auch vom Unternehmen selbst erkannte *Kostensenkungspotentiale*, die sich bei Ausnutzen aller absehbaren technischen Möglichkeiten ergeben, können die Einführung von Umweltschutzmaßnahmen fördern.

- Der Anstoß zu mehr Umweltschutz kann weiter von der *Marktseite* ausgehen. So bewirkt das Auftreten neuartiger Knappheiten bei Umweltgütern, daß diese gesamtwirtschaftlich knapper werden und ihr Preis steigt. Dadurch entsteht ein Anreiz zur Entwicklung und Installation technischer Möglichkeiten, die diese Güter weniger beanspruchen. Auch Investitionen, die zur Befriedigung einer erwarteten steigenden Nachfrage erforderlich sind, können zur Installation fortschrittlicher Produktionsverfahren mit geringerer Umweltbeanspruchung genutzt werden.

- Ebenso können das wachsende *Problembewußtsein* in der Bevölkerung sowie die öffentliche Umweltdiskussion als Auslöser für Innovationen wirken. So läßt sich derzeit bei den Konsumenten ein Nachfragesog nach Produkten mit einem positiven ökologischen Image feststellen. Produkte mit negativen Umweltwirkungen hingegen werden zunehmend abgelehnt, so daß die Nachfrage nach ihnen zurückgeht und sie aus dem Sortiment eines Unternehmens eliminiert werden. Schließlich ist die Wirkung von *Konkurrenzeinflüssen* zu beachten: Häufig beginnt ein Unternehmen mit eigenen Umweltaktivitäten, um umweltbewußte Kundensegmente nicht völlig den Konkurrenten zu überlassen.

- Die *Antizipation* von gesetzgeberischen Maßnahmen sowie von Meinungsbildungsprozessen führt zu einer vielfach vordergründig als ethisch motiviert herausgestellten Umorientierung zu einem "umweltfreundlichen Unternehmen", das durch eine technisch fortschrittliche Position im Umweltbereich auf positive Imagewirkungen abzielt.[4]

Die Wirkung derartiger Einflußfaktoren besteht darin, daß mittelfristig die Suche nach neuen Technologien angeregt wird, die einen Ersatz der knappen Umweltgüter durch weniger knappe Güter ermöglichen können. Insbesondere ist es für das Überleben eines Unternehmens am Markt von großer Bedeutung, absehbare Veränderungen so früh wie möglich zu antizipieren und entsprechende Maßnahmen zu ergreifen.

5.1.2 Technischer Fortschritt

Unter technischem Fortschritt sollen hier alle Tatsachen verstanden werden, durch die dem Unternehmen bislang nicht realisierte Produktionsmöglichkeiten eröffnet werden. Während in der Vergangenheit technische Innovationen vielfach zum Zweck der *Rationalisierung*,

---

3) Vgl. Gutenberg [1983], S. 164.
4) Vgl. dazu nochmals Abschnitt 1.3.3.1.

insbesondere der Substitution des Produktionsfaktors Arbeit durch Kapital, angeregt wurden, wird in Zukunft der Ersatz der Nutzung von besonders knappen Umweltgütern durch andere Produktionsfaktoren im Vordergrund stehen.

Von besonderem Interesse ist in diesem Zusammenhang der *umweltsparende technische Fortschritt*, der eine solche Veränderung der Produktionsprozesse erlaubt, daß ein bestimmtes Produktionsprogramm mit geringerem Einsatz von der Umwelt entnommenen knappen Ressourcen oder mit geringerem Ausstoß an umweltbelastenden Schadstoffen realisiert werden kann.

Während sich verstärkter Umweltschutz in der Produktion unter dem Druck von Restriktionen kurzfristig in erster Linie durch höheren Faktoreinsatz, z.B. bei Einführung eines nachgeschalteten Filters oder Reinigungsverfahrens, verwirklichen läßt, ist langfristig die Entwicklung neuer Prozesse und Produkte mit günstigeren Umweltwirkungen anzustreben, durch die die alten Technologien ineffizient werden.[5] Dies kommt z.B. in

- geringeren Schadstoffemissionskoeffizienten,

- geringerem Rohstoffverbrauch,

- höheren Schadstoffvernichtungskoeffizienten,

- längerer Nutzungsdauer der Anlagen,

- längerer Lebensdauer der Produkte

zum Ausdruck. Im Idealfall lassen sich in dem neuen Prozeß Faktoren einsetzen, die - im Rahmen ihrer natürlichen Regenerationsraten - unbegrenzt zur Verfügung stehen, z.B. im Energiebereich die Ausnutzung der Sonnenenergie oder die solare Wasserstoffwirtschaft. In der Regel wird allerdings lediglich eine Substitution besonders knapper durch weniger knappe Faktoren stattfinden.

Grundsätzlich stehen einem Unternehmen folgende *Maßnahmen* zur Verfügung, um seine Produktion umweltverträglicher zu gestalten:

- *Reduktion der geplanten Ausbringung* bzw. Elimination bestimmter Produkte: Je weniger produziert wird, desto weniger Rohstoffe werden verbraucht und desto weniger Schadstoffe fallen an. Letzten Endes würde diese Maßnahme jedoch zur Stillegung des Unternehmens führen, so daß sie allenfalls auf besonders kritische Produkte angewendet werden kann.

- *Sortimentsumstrukturierung*: Eine langfristige Umorientierung des Produktionsprogramms zu weniger umweltbelastenden Produkten kann die Wettbewerbsposition des Unternehmens auch bei zukünftiger Verstärkung des Umweltbewußtseins bzw. bei weiterer Verschärfung von Umweltrestriktionen nachhaltig sichern.

---

5) Vgl. z.B. Kreikebaum [1992], S. 10 ff.

- *Reduktion der Kapazität*: Durch die bewußte Beschränkung der Nutzung eines Aggregates kann versucht werden, die Produktion in einem Bereich zu halten, in dem der Anstieg der Umweltbelastung bei einer Erhöhung der Ausbringung relativ gering ist.[6]

- *Faktorsubstitution*: Parallel zu oder unabhängig von einer Veränderung der Produkte läßt sich die durch die Produktion verursachte Umweltbelastung reduzieren, indem umweltverträglichere oder weniger knappe Produktionsfaktoren eingesetzt werden. Für fast jeden Stoff existieren Ersatzstoffe, die die erwünschten Eigenschaften des ursprünglichen Stoffes aufweisen. Zum Teil sind diese allerdings erst bei sehr hohen Preisen des zuvor verwendeten Stoffes wirtschaftlich einsetzbar, wie die regenerativen Energien.

- *Verfahrenswechsel*: Der Einsatz von Umweltschutztechnologien kann entweder in Form von additiven Umweltschutzmaßnahmen erfolgen, z.B. als nachgeschaltete Filter- und Reinigungsanlagen, oder als integrierter Umweltschutz, d.h. als Prozeßwechsel zu umweltverträglicheren Produktionsverfahren.[7]

Die Einführung einer neuen Technologie erfolgt in der Regel nicht in einem Schritt, sondern sukzessiv: Durch die Anschaffung eines neuen Betriebsmittels werden die mit diesem verbundenen Produktionsprozesse in die Technologiemenge des Unternehmens aufgenommen und finden in der Produktion in dem Maße Verwendung, wie ihr Einsatz lohnend erscheint. Dabei verdrängen sie die älteren Prozesse entweder über den Preismechanismus, weil sie weniger von den durch ihre Knappheit verteuerten Umweltfaktoren einsetzen, oder aufgrund von Effizienzüberlegungen. Selbst wenn ein neuer Prozeß alle bisher benutzten Verfahren dominiert, wird die Kapazität der neuen Anlage vielfach nicht für die Übernahme der gesamten Produktion ausreichen, so daß zunächst eine *Prozeßkombination* aus alten und neuen Prozessen eingesetzt wird.

Beim technischen Fortschritt ist zu unterscheiden zwischen *autonomen Innovationen*, die zu vorher unbekannten Zeitpunkten einen vorher nicht absehbaren Fortschrittsschub bewirken, und solchen Innovationen, die das Ergebnis zielgerichteter Forschung sind. Bei letzteren wird im Rahmen eines systematischen *Innovationsmanagements* versucht, sowohl die Kontinuität als auch die Ergebnisse der Forschung positiv zu beeinflussen.[8] Dabei soll das Potential einer neuen Idee oder Entwicklung möglichst frühzeitig abgeschätzt werden, um aussichtsreiche Neuentwicklungen besonders fördern zu können. Je früher ein Unternehmen die Forschung in eine bestimmte Richtung anstößt, desto größer ist der Handlungsspielraum, der ihm zur Reaktion auf Veränderungen des Entscheidungsfeldes verbleibt. Zielgerichtete Umweltforschung erfolgt insbesondere, um erwartete Preisentwicklungen bzw. Verschärfungen von Auflagen sowie absehbare Tendenzen auf den relevanten Märkten zu antizipieren.

Weiter ist zu unterscheiden zwischen *internen Innovationen*, die durch die unternehmenseigene Forschungsabteilung getätigt werden, und *externen Innovationen*, die auf an anderer Stelle, z.B. in Unternehmen der Umweltschutzindustrie, geleisteten Fortschritten beruhen. Letztere

---

6) Die Existenz derartiger Bereiche wurde in Abschnitt 4.2.2.2 aufgezeigt.
7) Vgl. hierzu nochmals Abschnitt 2.2.4.
8) Vgl. hierzu z.B. Albach [1989].

können durch den Erwerb eines Patentes oder durch die Anschaffung der verbesserten Anlagen genutzt werden.

Obwohl in der Realität technischer Fortschritt nur in diskreten Schüben auftritt, wird er im folgenden als kontinuierlich approximiert.[9] Dies ist zulässig, da es sich zum einen um eine aggregierte, längerfristige Betrachtung handelt, und zum anderen mit einer relativ regelmäßigen Folge kleiner Fortschrittsschübe gerechnet werden kann.

Gesamtwirtschaftlich führt technischer Fortschritt regelmäßig zu einem Strukturwandel. Es ist zu erwarten, daß sich durch umweltsparenden technischen Fortschritt der Anteil umweltschonender Industrien und Verfahren zu Lasten von stark die Umwelt beanspruchenden Technologien erhöhen wird. Umweltschutz kann in diesem Zusammenhang allerdings immer nur als *relative Umweltschonung* verstanden werden, da Wirtschaften und Produzieren unvermeidlich mit negativen Umwelteinflüssen verbunden sind. Das Ziel der Forschung im Bereich der Umwelttechnologien kann daher nur darin bestehen, ein nachhaltiges Wirtschaften auf umweltverträglichem Niveau zu ermöglichen.

In diesem Zusammenhang wird häufig eine Abkehr vom herkömmlichen, quantitativen Wachstumskonzept gefordert. Als Alternative wird ein *qualitatives* bzw. *selektives Wachstum* genannt, das auf ein hohes Niveau der Befriedigung menschlicher Bedürfnisse bei mindestens gleichbleibender Umweltqualität abzielt.[10] Durch eine Ausrichtung der Forschungsanstrengungen auf Rohstoff- und Energieeinsparung und die Verlängerung der Lebensdauer von Produkten bzw. der Nutzungsdauer von Maschinen soll eine Entkopplung von Wachstum und Energieverbrauch erreicht werden. In diesem Zusammenhang wird weiter der Übergang von der bisherigen Durchflußökonomie zu einer Kreislaufökonomie gefordert,[11] der allerdings nie vollständig möglich sein wird.

Für das einzelne Unternehmen sind derartige gesamtwirtschaftliche Überlegungen in dem Maße relevant, wie sie sich über veränderte Rahmenbedingungen auf seine Technologiewahl auswirken.

5.1.3 Neoklassische Produktionstheorie

Zur Erfassung der zuvor dargestellten langfristigen Entwicklungen eignet sich insbesondere die neoklassische Produktionstheorie. Ausgangspunkt für die Einbeziehung von Umweltwirkungen in das neoklassische Konzept ist eine mikroökonomische neoklassische Produktionsfunktion für den Einproduktfall.

Die Ausbringungsmenge x wird durch die Einsatzmengen der traditionellen Produktionsfaktoren

---

9)　Vgl. z.B. Krelle [1969], S. 117 ff.
10) Vgl. z.B. Wicke [1991], S. 365.
11) Vgl. Strebel [1990].

$$r_1, r_2, ..., r_i, ..., r_n$$

und der Umweltfaktoren

$$u_1, u_2, ..., u_I, ..., u_N$$

erzeugt. Die Produktionsfunktion lautet daher allgemein:

$$x = \Phi(r_1, ..., r_n; u_1, ..., u_N)$$

Dabei repräsentieren die Umweltfaktoren sowohl die Entnahme von Ressourcen aus der Umwelt als auch die Emission von Schadstoffen, die traditionellen Faktoren entsprechen Maschinenkapazitäten oder Rohstoffbeständen.

Die *neoklassische Produktionstheorie* setzt die Existenz einer solchen, zweimal stetig differenzierbaren Produktionsfunktion als eindeutiger Beziehung zwischen Faktoreinsatzmengen und Ausbringungsmengen mit den folgenden Eigenschaften voraus:[12]

(1) Konstante oder abnehmende Skalenerträge

Bei proportionaler Erhöhung aller Faktoreinsatzmengen steigt die Ausbringungsmenge höchstens proportional.

$$\Phi(\lambda) = \Phi(\lambda \cdot r_1, ..., \lambda \cdot r_n; \lambda \cdot u_1, ..., \lambda \cdot u_N)$$

$$\frac{d\,\Phi(\lambda)}{d\,\lambda} > 0 \qquad\qquad \text{und} \qquad\qquad \frac{d^2\,\Phi(\lambda)}{d\,\lambda^2} \leq 0 \qquad\qquad \text{für } \lambda \geq 0$$

(2) Abnehmende Grenzrate der Faktorsubstitution

Die Grenzrate der Substitution gibt das Austauschverhältnis zwischen den beteiligten Produktionsfaktoren an. Innerhalb eines bestimmten Bereichs sind die Faktoren gegeneinander substituierbar; jedoch ist bei konstanter Ausbringungsmenge der Ersatz eines Faktors nur durch immer größere Einsatzmengen des ersetzenden Faktors möglich. Die *Isoquanten* als geometrischer Ort sämtlicher Einsatzmengenkombinationen, die bei Konstanz aller anderen Faktoren zu einer bestimmten Ausbringung führen, sind konvex.

Diese Beziehung muß sowohl zwischen traditionellen Produktionsfaktoren als auch zwischen Umweltfaktoren sowie zwischen traditionellen und Umweltfaktoren gelten. Allgemein wird die Grenzrate der Substitution als Verhältnis der partiellen Ableitungen der Produktionsfunktion nach den betrachteten Produktionsfaktoren ermittelt:

$$s_{r_i r_j} = -\frac{d\,r_j}{d\,r_i} = \frac{\dfrac{\partial \Phi}{\partial r_i}}{\dfrac{\partial \Phi}{\partial r_j}} > 0 \qquad\qquad\qquad i, j = 1, ..., n$$

---

12) Vgl. hierzu Krelle [1969], S. 142 ff.; Kistner [1993b], S. 12 ff. sowie Steven [1991a], S. 515 f.

$$s_{u_I u_J} = -\frac{d\, u_J}{d\, u_I} = \frac{\dfrac{\partial \Phi}{\partial u_I}}{\dfrac{\partial \Phi}{\partial u_J}} > 0 \qquad\qquad\qquad I, J = 1,...,N$$

$$s_{r_i u_I} = -\frac{d\, u_I}{d\, r_i} = \frac{\dfrac{\partial \Phi}{\partial r_i}}{\dfrac{\partial \Phi}{\partial u_I}} = s_{u_I r_i}^{-1} > 0 \qquad\qquad i = 1,...,n \ \text{ und } \ I = 1,...,N$$

$$\frac{d\, s_{r_i r_j}}{d\, r_j} = \frac{\partial}{\partial r_j}\left(\frac{\dfrac{\partial \Phi}{\partial r_i}}{\dfrac{\partial \Phi}{\partial r_j}} \right) \leq 0 \qquad\qquad\qquad i, j = 1,...,n$$

$$\frac{d\, s_{u_I u_J}}{d\, u_J} = \frac{\partial}{\partial u_J}\left(\frac{\dfrac{\partial \Phi}{\partial u_I}}{\dfrac{\partial \Phi}{\partial u_J}} \right) \leq 0 \qquad\qquad\qquad I, J = 1,...,N$$

$$\frac{d\, s_{r_i u_I}}{d\, u_I} = \frac{\partial}{\partial u_I}\left(\frac{\dfrac{\partial \Phi}{\partial r_i}}{\dfrac{\partial \Phi}{\partial u_I}} \right) \leq 0 \qquad\qquad i = 1,...,n \ \text{ und } \ I = 1,...,N$$

Es werden also weitgehende formale Analogien zwischen traditionellen Produktionsfaktoren und Umweltfaktoren gefordert, hier insbesondere für die Substitutionalitätsbeziehung: Um eine bestimmte Umweltbelastung bei unveränderter Ausbringung zu reduzieren, ist entweder ein höherer Faktoreinsatz erforderlich, oder es müssen höhere Emissionen bei anderen Schadstoffarten hingenommen werden.

(3) Ertragsgesetzlicher Verlauf

Die Abhängigkeit der Ausbringungsmenge von der Variation der Einsatzmenge eines bestimmten Produktionsfaktors bei Konstanz aller anderen Faktoreinsatzmengen läßt sich anhand der partiellen Ableitungen nach dem betreffenden Produktionsfaktor untersuchen. Das Ertragsgesetz der Neoklassik ist erfüllt, wenn jeder Produktionsfaktor positive, aber nichtzunehmende Grenzerträge aufweist. Dies muß sowohl für die traditionellen Produktionsfaktoren r_i als auch für die Umweltfaktoren u_I gelten.

$$\frac{\partial \Phi}{\partial r_i} > 0 \qquad\qquad \frac{\partial^2 \Phi}{\partial r_i^2} \leq 0 \qquad\qquad i = 1,...,n$$

$$\frac{\partial \Phi}{\partial u_I} > 0 \qquad\qquad \frac{\partial^2 \Phi}{\partial u_I^2} \leq 0 \qquad\qquad I = 1,...,N$$

Eine Produktionsfunktion, die diese Eigenschaften besitzt, wird als *neoklassische Produktionsfunktion* bezeichnet.

Formal weist damit eine neoklassische Produktionsfunktion die gleichen Eigenschaften auf, wie sie im vierten Kapitel durch Anwendung der parametrischen linearen Programmierung für die sich im Rahmen der Aktivitätsanalyse ergebenden Produktionsmöglichkeiten nachgewiesen werden konnten.[13] Dies läßt sich damit begründen, daß die stetige Darstellung der Neoklassik als Näherung der für eine lineare Technologie bestehenden Produktionsmöglichkeiten bei einer unendlich großen Zahl von Produktionsprozessen angesehen werden kann.[14]

Während die Aktivitätsanalyse das adäquate Konzept zur Beschreibung der in einem bestimmten *Zeitpunkt* gegebenen produktiven Möglichkeiten ist, eignet sich die Neoklassik mit ihrem höheren Aggregationsgrad und ihren stetigen, differenzierbaren Kurvenverläufen besser zur Darstellung des Wandels der Technologie im *Zeitablauf*. Sie bildet daher die Basis für die im folgenden dargestellten Ansätze der langfristigen Produktionstheorie.

5.2 Konzepte der langfristigen Produktionstheorie

In diesem Abschnitt werden verschiedene Ansätze einer langfristigen Produktionstheorie daraufhin untersucht, wie sich in ihnen die Umweltwirkungen der Produktion formal erfassen lassen. Während in einer statischen Betrachtung von einer bestimmten Technologie mit gegebenen Beständen an Potentialfaktoren ausgegangen wird, sind in der dynamischen Analyse die Entscheidungen über die Ausgestaltung und die Dimensionierung von Betriebsmitteln zu treffen.

Zunächst werden anhand des Konzepts der Engineering Production Functions die Substitutionsmöglichkeiten bei der langfristigen Technologiewahl herausgearbeitet, dann wird mit Hilfe der Theorie der Jahrgangsproduktionsfunktionen gezeigt, wie sich die produktiven Möglichkeiten eines Unternehmens als Folge von Technologiewahlentscheidungen in verschiedenen Zeitpunkten ergeben. Im Putty-Clay-Modell werden diese beiden Ansätze zusammengeführt, um eine Basis für die nachfolgende Modellierung einer langfristigen Produktionsfunktion mit Umweltwirkungen zu erhalten.

---

13) Vgl. Abschnitt 4.2.
14) Zum Zusammenhang von Aktivitätsanalyse und neoklassischer Produktionstheorie vgl. Kistner [1993b].

5.2.1 Engineering Production Functions

Bei der Entscheidung über die Anschaffung und Ausgestaltung von Betriebsmitteln stehen dem Unternehmen in der Regel mehrere technologische Alternativen zur Verfügung. Das Konzept der *Engineering Production Functions* versucht, die Produktionsfunktion als quantitative Beziehung zwischen Faktoreinsatz- und Ausbringungsmengen aus den der Produktion zugrundeliegenden naturwissenschaftlich-technischen Gesetzmäßigkeiten herzuleiten.[15)]

In einem ersten Schritt werden die zur Auswahl stehenden technischen Verfahren systematisch und in allen technisch relevanten Einzelheiten beschrieben. Dabei werden funktionale Zusammenhänge zwischen den technologischen Variablen, wie Spannung, Dichte oder Druck, herausgearbeitet, die auf physikalischen, chemischen oder biologischen Gesetzen beruhen. Anschließend werden funktionale Beziehungen zwischen den technischen Größen und den Faktoreinsatz- und Ausbringungsmengen als ökonomisch relevante Variablen hergestellt, und schließlich wird daraus eine Produktionsfunktion hergeleitet.

Diese Produktionsfunktion dient zur Beschreibung langfristiger Produktionsalternativen. Sie gibt die bei der Konstruktion einer Anlage aufgrund von technologischen Gegebenheiten bestehenden Gestaltungsmöglichkeiten und die sich daraus ergebenden Substitutionsmöglichkeiten zwischen den Einsatzfaktoren, also auch zwischen traditionellen Produktionsfaktoren und Umweltfaktoren, an. Ein wesentliches Ergebnis der Analyse verschiedener Engineering Production Functions ist, daß in der Entwurfsphase von Betriebsmitteln in bestimmten Bereichen stetige Substitutionsmöglichkeiten zwischen einzelnen Produktionsfaktoren bestehen, so daß diese Wahlmöglichkeiten durch eine neoklassische Produktionsfunktion, wie sie in Abschnitt 5.1.3 beschrieben wurde, approximiert werden können.[16)]

Bei der Technologiewahl selbst werden die Anlagen so ausgestaltet, daß sie einer *Minimalkostenkombination* für alle erfaßten Produktionsfaktoren entsprechen. Unter der Minimalkostenkombination versteht man eine solche Kombination der Einsatzmengen der Produktionsfaktoren, daß eine vorgegebene Ausbringungsmenge zu minimalen Kosten erzeugt werden kann. Bei einer neoklassischen Produktionsfunktion ist die Minimalkostenkombination dadurch charakterisiert, daß für jeweils zwei Faktoren i und j das Verhältnis der Faktorpreise p_j/p_i der umgekehrten Grenzrate der Substitution $s_{r_i r_j}$ entspricht:

$$ s_{r_i r_j} \; = \; \frac{\dfrac{\partial \Phi}{\partial r_j}}{\dfrac{\partial \Phi}{\partial r_i}} \; = \; \frac{p_j}{p_i} $$

Dabei ist - insbesondere für Umweltgüter - weniger der aktuelle Preis eines Gutes als vielmehr die erwartete Preisentwicklung von Bedeutung. Soweit die Umweltwirkungen der Produktion mit Preisen bewertet werden, sind sie neben den traditionellen Produktionsfaktoren bei der Auswahl bzw. der Konstruktion der Anlagen zu berücksichtigen.

---

15) Vgl. Chenery [1949]; Smith [1961]; Kistner [1993b], S. 129 ff.
16) Vgl. Smith [1961], S. 19 ff.; Kistner [1993b], S. 129 ff.; Fandel [1991], S. 141.

Mit der Entscheidung für ein bestimmtes Betriebsmittel werden dessen technische Eigenschaften festgeschrieben und die damit verbundenen Produktionsprozesse in die Technologiemenge des Unternehmens aufgenommen. In der anschließenden Nutzungsphase des Betriebsmittels bestehen weitgehend limitationale Beziehungen zwischen den meisten Produktionsfaktoren; die dann noch gegebenen beschränkten Substitutionsmöglichkeiten lassen sich als Prozeßkombinationen im Sinne der Aktivitätsanalyse beschreiben.

5.2.2 Jahrgangsproduktionsfunktionen

Das Konzept der *Jahrgangsproduktionsfunktionen* beschreibt nicht nur die Gestaltungsmöglichkeiten bei der Technologiewahl in einem bestimmten Zeitpunkt, sondern darüberhinaus die gesamten einem Unternehmen zur Verfügung stehenden Produktionsmöglichkeiten als Ergebnis einer Folge von Technologiewahlentscheidungen im Zeitablauf.[17] Die Entscheidung über die Ausgestaltung der Produktionsanlagen ist bei jeder Investition erneut und unter Berücksichtigung der aktuellen Preisverhältnisse der Produktionsfaktoren sowie des aktuellen Standes des technischen Fortschritts zu treffen.

Aus unterschiedlichen Preisverhältnissen resultieren unterschiedliche Minimalkostenkombinationen, die in den verschiedenen Zeitpunkten zur Installation unterschiedlicher Anlagen führen können. Darüber hinaus stehen in jedem Installationszeitpunkt aufgrund des technischen Fortschritts zuvor nicht bekannte Prozesse mit höherer Produktivität bei den knappen Produktionsfaktoren zur Verfügung. Daraus ergibt sich für das Unternehmen ein nach Anschaffungszeitpunkten differenzierter Anlagenbestand.

Für jeden Installationszeitpunkt τ gilt eine spezielle Produktionsfunktion:

$$x_\tau(t) = \Phi_t\left(\underline{r}_\tau(t), \underline{u}_\tau(t), t\right) \qquad\qquad \tau = 0,...,t$$

mit: $\underline{r}_\tau(t)$ - Faktoreinsatz an Anlagen des Jahrgangs τ im Zeitpunkt t

$\underline{u}_\tau(t)$ - Umwelteinsatz an Anlagen des Jahrgangs τ im Zeitpunkt t

$x_\tau(t)$ - mit den Anlagen des Jahrgangs τ im Zeitpunkt t erzielbare Ausbringung

Die Anlagen der einzelnen Jahrgänge können gemeinsam genutzt werden; die Gesamtausbringung ergibt sich als Summe der Einzelproduktionen:

$$X(t) = \sum_{\tau=0}^{t} x_\tau(t)$$

Der Umfang der Nutzung der verschiedenen Jahrgänge wird unter Beachtung von Kapazitätsrestriktionen so bestimmt, daß sich überall die gleiche Grenzproduktivität des knappsten Pro-

---

17) Vgl. Solow [1960]; Kistner [1993b].

duktionsfaktors ergibt. Während in der traditionellen Betrachtung die menschliche Arbeitskraft als dieser knappste Faktor angesehen wurde, kann bei einer Erweiterung um Umweltaspekte die Umweltnutzung an ihre Stelle treten.

Das Konzept der Jahrgangsproduktionsfunktionen ist gut geeignet, um den unterschiedlichen Stand des *technischen Fortschritts* in den verschiedenen Installationszeitpunkten der Anlagen zu erfassen. Dies kann z.B. bei der Cobb-Douglas-Produktionsfunktion als einem häufig für Analysen verwendeten Typ der neoklassischen Produktionsfunktion[18] erfolgen, indem in die Produktionsfunktion eines jeden Jahrgangs ein Fortschrittsterm $e^{\mu \cdot \tau}$ aufgenommen wird:[19]

$$x_\tau(t) = \alpha_0 \cdot e^{\mu \cdot \tau} \cdot \left(r_{1\tau}(t)\right)^{\alpha_1} \cdot ... \cdot \left(r_{n\tau}(t)\right)^{\alpha_n} \cdot \left(u_{1\tau}(t)\right)^{\beta_1} \cdot ... \cdot \left(u_{N\tau}(t)\right)^{\beta_N} \qquad \tau = 0,...,t$$

mit: $\mu > 0$ - Wachstumsrate des technischen Fortschritts

  α_0 - Niveaukonstante

  $\alpha_1,...,\alpha_n$ - Grenzproduktivitäten der traditionellen Produktionsfaktoren

  $\beta_1,...,\beta_n$ - Grenzproduktivitäten der Umweltfaktoren

Bei dieser Formulierung wird ein gleichmäßiges, exponentielles Wachstum der Ausbringung durch den technischen Fortschritt im Zeitablauf unterstellt. Da exponentielle Wachstumsprozesse insbesondere im Hinblick auf den Verbrauch von knappen Umweltressourcen in Frage zu stellen sind, ist es sinnvoll, eine allgemeine *Wachstumsfunktion*

$$\mu(\tau) \qquad\qquad\qquad \text{mit: } \mu'(\tau) \geq 0$$

zu verwenden, durch die nicht nur exponentielle, sondern auch andere, z.B. s-förmige Wachstumsverläufe des technischen Fortschritts modelliert werden können.

Je später die Installation einer Anlage erfolgt, desto höher sind bei im Zeitablauf zunehmendem technischem Fortschritt das damit realisierbare technische Niveau und daher auch die mit vorgegebenen Faktoreinsatzmengen erzielbare Ausbringung. Dies führt zu dem zusätzlichen Entscheidungsproblem, zu welchem Zeitpunkt z.B. eine Umweltschutzinvestition vorgenommen werden soll.

Aufgrund der multiplikativen Verknüpfung der verschiedenen Größen, die die Höhe der Ausbringung beeinflussen, läßt sich bei der Cobb-Douglas-Produktionsfunktion allerdings keine Zuordnung des technischen Fortschritts zu einzelnen Produktionsfunktionen vornehmen. Daher wird nun mit der CES (Constant Elasticity of Substitution)-Funktion ein anderer Typ betrachtet, bei dem die Produktionsfaktoren additiv miteinander verknüpft sind:[20]

---

18) Vgl. Cobb / Douglas [1928].
19) Vgl. Krelle [1969], S. 133; Kistner [1993b].
20) Vgl. hierzu z.B. Arrow et al. [1961]; Fandel [1991], S. 81 ff.

$$x = \left[c_1 r_1^{-\alpha_1} + \ldots + c_n r_n^{-\alpha_1} + d_1 u_1^{-\alpha_1} + \ldots + d_N u_N^{-\alpha_1} \right]^{-\frac{1}{\alpha_2}}$$

mit: $\alpha_1, \alpha_2 > 0$ oder $-1 < \alpha_1, \alpha_2 < 0$

Auch hierbei handelt es sich um eine neoklassische Produktionsfunktion, die die in Abschnitt 5.1.3 genannten Eigenschaften - abnehmende oder konstante Skalenerträge, abnehmende Grenzrate der Substitution und Gültigkeit des Ertragsgesetzes - erfüllt.[21] Die angegebene Funktion ist homogen vom Grade α_1/α_2, d.h für $\alpha_1 = \alpha_2$ weist sie konstante Skalenerträge auf, für $\alpha_1 < \alpha_2$ liegen abnehmende Skalenerträge vor.

Die zugehörige Jahrgangsproduktionsfunktion lautet:

$$x_\tau(t) = \left[c_1 \left(\mu_1(\tau) \cdot r_{1\tau}(t) \right)^{-\alpha_1} + \ldots + c_n \left(\mu_n(\tau) \cdot r_{n\tau}(t) \right)^{-\alpha_1} + \right.$$

$$\left. d_1 \left(\sigma_1(\tau) \cdot u_{1\tau}(t) \right)^{-\alpha_1} + \ldots + d_N \left(\sigma_N(\tau) \cdot u_{N\tau}(t) \right)^{-\alpha_1} \right]^{-\frac{1}{\alpha_2}}$$

mit: $\mu_1(\tau), \ldots, \mu_n(\tau)$ - Wachstumsfunktionen des an traditionelle Produktionsfaktoren gebundenen technischen Fortschritts

$\sigma_1(\tau), \ldots, \sigma_N(\tau)$ - Wachstumsfunktionen des an Umweltfaktoren gebundenen technischen Fortschritts

Bei diesem Funktionstyp läßt sich der technische Fortschritt jedem einzelnen Produktionsfaktor separat zurechnen. Einzelne Fortschrittsfunktionen können unverändert bleiben, wenn bei dem zugehörigen Produktionsfaktor im betrachteten Zeitraum keine Produktivitätsverbesserung stattfindet.

5.2.3 Putty-Clay-Modell

Das *Putty-Clay-Modell* baut auf den beiden zuvor dargestellten Konzepten, den Engineering Production Functions sowie den Jahrgangsproduktionsfunktionen, auf. Es unterscheidet zwischen einer Produktionsfunktion ex-ante, die die Möglichkeiten der Technologiewahl in Abhängigkeit vom Stand des technischen Fortschritts im Installationszeitpunkt abbildet, und einer Produktionsfunktion ex-post, die die beschränkten Substitutionsmöglichkeiten nach der Installation der Produktionsanlagen beschreibt.[22]

Dies läßt sich durch folgendes Bild veranschaulichen: Vor der Installation einer Anlage bestehen relativ vielfältige Ausgestaltungsmöglichkeiten; ihre konkrete Auslegung ist verformbar

---

21) Vgl. Krelle [1969], S. 147 f.; Fandel [1991], S. 83 f.
22) Vgl. Johansen [1971]; Bosworth [1976]; Fischer [1980].

wie weicher Kitt (putty). Diese Substitutionsmöglichkeiten lassen sich z.B. durch eine Engineering Production Function beschreiben. Nach der Installation können mit der Anlage nur noch einer oder wenige Produktionsprozesse realisiert werden; ihre Form ist festgelegt wie bei gebranntem Ton (clay).[23]

Weiter wird - in Anlehnung an die Jahrgangsproduktionsfunktionen - davon ausgegangen, daß sich der Anlagenbestand eines Unternehmens aus Technologiewahlentscheidungen zu unterschiedlichen Zeitpunkten ergibt, zwischen denen sich der Stand des technischen Fortschritts weiterentwickelt. Bei jeder Investitionsentscheidung wird ein Produktionsprozeß mit festen Einsatzmengenverhältnissen der Faktoren ausgewählt, der der Minimalkostenkombination im Investitionszeitpunkt τ, gegebenenfalls unter zusätzlicher Berücksichtigung erwarteter Preisentwicklungen, entspricht.

Im Putty-Clay-Modell werden die vielfältigen Substitutionsmöglichkeiten zwischen den Produktionsfaktoren bei der Technologiewahl durch eine neoklassische ex-ante Produktionsfunktion mit Fortschrittsterm abgebildet. Die dabei bestehende Wahlmöglichkeit zwischen mehreren Anlagetypen bedeutet, daß durch unterschiedliche Festlegung von technischen Parametern das Verhältnis von Faktoreinsatzmengen, Produktionsmengen und Schadstoffemissionen beeinflußt werden kann.

Für die laufende Produktionsplanung gilt die ex-post Produktionsfunktion, die durch die vorherigen Investitionsentscheidungen determiniert wird. Die realisierten Produktionsprozesse und deren Prozeßkombinationen entsprechen Aktivitäten, die in ihrer Gesamtheit die Technologiemenge des Unternehmens bilden. In jedem Zeitpunkt verfügt das Unternehmen somit über eine bestimmte Zahl von mit den ausgewählten Anlagen verbundenen Produktionsprozessen. Die sich aus diesen Produktionsmöglichkeiten ergebende Technologiemenge läßt sich mit dem Instrumentarium der Aktivitätsanalyse untersuchen.

Die von der Produktion ausgehenden *Umweltwirkungen* werden auf beiden Entscheidungsebenen beeinflußt: Mit der Technologiewahl anhand der ex-ante Produktionsfunktion wird der Rahmen für die künftige Nutzung von Umweltressourcen festgelegt. Dabei ist zu berücksichtigen, daß Fortschritte im Umweltschutz in der Regel eine Änderung der eingesetzten Technologie voraussetzen, da jede Umweltschutztechnologie an Anlagen gebunden ist. Je höher der relative Preis der Umwelt durch umweltpolitische Maßnahmen angesetzt wird, desto mehr wird es sich lohnen, die Anlagen so auszugestalten, daß durch einmaligen Kapitaleinsatz in integrierte Umweltschutzanlagen eine laufende Entlastung der Umwelt erreicht wird. Bei der Produktionsplanung wird dann die konkrete Inanspruchnahme der Umweltressourcen bestimmt.

---

23) Vgl. Kistner [1993b], S. 199.

5.3 Modellierung einer langfristigen Produktionsfunktion mit Umweltwirkungen

In Anlehnung an das Putty-Clay-Modell ist zu unterscheiden zwischen einer Produktionsfunktion ex-post, die durch die Technologiematrix für die bereits *installierten Prozesse* dargestellt wird und bei der weitgehende Limitationalität für den Einsatz der Produktionsfaktoren besteht, und der Produktionsfunktion ex-ante, die die bei der Technologiewahl *verfügbaren Prozesse* beschreibt und daher umfassendere Substitutionsmöglichkeiten aufweist.

Zunächst wird die *ex-ante Produktionsfunktion* für den Einproduktfall bei Berücksichtigung zweier traditioneller Produktionsfaktoren und zweier Umweltfaktoren aufgestellt. Dazu wird - wie oben bereits eingeführt - eine neoklassische Produktionsfunktion vom Typ der CES-Funktionen zugrunde gelegt, da sich daran alle interessierenden Beziehungen aufzeigen lassen:[24]

$$ x = \left[c_1\big(\mu_1(\tau)\cdot r_1\big)^{-\alpha_1} + c_2\big(\mu_2(\tau)\cdot r_2\big)^{-\alpha_1} + d_1\big(\sigma_1(\tau)\cdot u_1\big)^{-\alpha_1} + d_2\big(\sigma_2(\tau)\cdot u_2\big)^{-\alpha_1} \right]^{-\frac{1}{\alpha_2}} $$

5.3.1 Determinanten der Technologiewahl

Auf der Basis der zuvor dargestellten Konzepte einer langfristigen Produktionstheorie wird nun ein Modell für die Entwicklung der Produktionsmöglichkeiten eines Unternehmens im Zeitablauf unter Berücksichtigung der Umweltwirkungen der Produktion sowie von Umweltschutzanforderungen entwickelt. Dabei wird unterschieden zwischen Investitionen, die durch den technischen Fortschritt ausgelöst werden, und solchen, die unabhängig von der technischen Entwicklung auf Verschiebungen von Preis- oder Knappheitsrelationen zurückgehen.

Grundlage einer Technologiewahlentscheidung ist der *Investitionsbedarf* des Unternehmens, wobei es sich um Ersatz- oder Erweiterungsinvestitionen oder auch um die Installation völlig neuartiger Anlagen handeln kann. Ein solcher Investitionsbedarf kann auch unabhängig von technischem Fortschritt ausgelöst werden durch Veränderungen von Rahmenbedingungen der Produktion, insbesondere:[25]

- Nachfrageverschiebungen

- Ablauf der Nutzungsdauer einer Anlage

- Verschiebungen von Preisverhältnissen bei den Produktionsfaktoren

- Auftreten neuer Knappheiten bei den Produktionsfaktoren

---

24) Vgl. Fandel [1991], S. 81 ff.
25) Vgl. nochmals die Ausführungen in Abschnitt 5.1.1.

- Verschärfungen von Umweltschutzanforderungen wie höhere Abgaben oder strengere Grenzwerte

Diese Einflüsse bewirken eine Einschränkung der Produktionsmöglichkeiten des Unternehmens oder eine Reduktion seiner Gewinnerwartungen. Dadurch wird die Suche nach neuen Aktivitäten ausgelöst, die das Entscheidungsfeld wieder erweitern. Installiert wird eine solche neue Anlage jedoch nur, wenn dies bei der Investitionsrechnung als vorteilhaft erscheint.

Als relevante Einflußfaktoren für eine Technologiewahlentscheidung unter Umweltschutzaspekten sind somit anzusehen:

(1) Preisänderungen bei Umweltgütern

(2) technischer Fortschritt

(3) Verschärfung von Umweltschutzvorschriften

Zunächst werden diese Einflußfaktoren separat analysiert; anschließend wird eine Betrachtung im Zeitablauf unter Berücksichtigung der bestehenden Interdependenzen vorgenommen.

5.3.1.1 Preisänderungen

Um den isolierten Einfluß einer Verschiebung der Preisverhältnisse zwischen traditionellen Gütern und Umweltgütern zu untersuchen, ist davon auszugehen, daß kein technischer Fortschritt stattfindet, d.h. sämtliche Fortschrittsfunktionen in der ex-ante Produktionsfunktion sind konstant gleich eins zu setzen:

$$\mu_1\left(\tau\right) = \mu_2\left(\tau\right) = \sigma_1\left(\tau\right) = \sigma_2\left(\tau\right) \equiv 1$$

$$\Rightarrow x = \left[c_1 r_1^{-\alpha_1} + c_2 r_2^{-\alpha_1} + d_1 u_1^{-\alpha_1} + d_2 u_2^{-\alpha_1}\right]^{-\frac{1}{\alpha_2}}$$

Seien g_1 und g_2 die Preise der traditionellen Produktionsfaktoren r_1 und r_2, h_1 und h_2 die - gegebenen oder erwarteten - Preise der Umweltfaktoren u_1 und u_2. Im Rahmen der Substituierbarkeit der Faktoren erfolgt die Technologiewahl so, daß die Grenzraten der Substitution jeweils dem umgekehrten Verhältnis der Faktorpreise entsprechen.

Die Grenzraten der Substitution zwischen den verschiedenen Gruppen von Einsatzfaktoren lauten:

$$s_{r_i r_j} = \frac{\dfrac{\partial x}{\partial r_j}}{\dfrac{\partial x}{\partial r_i}} = \frac{c_j}{c_i} \cdot \left(\frac{r_i}{r_j}\right)^{\alpha_1 + 1} \qquad\qquad i, j = 1, 2 \ \text{ und } \ i \neq j$$

$$s_{r_i u_I} = \frac{\dfrac{\partial x}{\partial u_I}}{\dfrac{\partial x}{\partial r_i}} = \frac{d_I}{c_i} \cdot \left(\frac{r_i}{u_I} \right)^{\alpha_1 + 1} \qquad\qquad i, I = 1, 2$$

$$s_{u_I u_J} = \frac{\dfrac{\partial x}{\partial u_J}}{\dfrac{\partial x}{\partial u_I}} = \frac{d_J}{d_I} \cdot \left(\frac{u_I}{u_J} \right)^{\alpha_1 + 1} \qquad\qquad I, J = 1, 2 \quad \text{und} \quad I \neq J$$

Daraus ergeben sich folgende Beziehungen für die optimalen *Einsatzmengenverhältnisse* der Faktoren bei der Minimalkostenkombination:

a) zwischen zwei traditionellen Produktionsfaktoren

$$\frac{c_j}{c_i} \cdot \left(\frac{r_i}{r_j} \right)^{\alpha_1 + 1} \overset{!}{=} \frac{g_j}{g_i} \qquad\qquad i, j = 1, 2 \quad \text{und} \quad i \neq j$$

b) zwischen einem traditionellen Produktionsfaktor und einem Umweltfaktor

$$\frac{d_I}{c_i} \cdot \left(\frac{r_i}{u_I} \right)^{\alpha_1 + 1} \overset{!}{=} \frac{h_I}{g_i} \qquad\qquad i, I = 1, 2$$

c) zwischen zwei Umweltfaktoren

$$\frac{d_J}{d_I} \cdot \left(\frac{u_I}{u_J} \right)^{\alpha_1 + 1} \overset{!}{=} \frac{h_J}{h_I} \qquad\qquad I, J = 1, 2 \quad \text{und} \quad I \neq J$$

Mit der Festlegung der Faktoreinsatzmengenverhältnisse sind auch die Produktionskoeffizienten bestimmt, d.h. ein für das geltende Preissystem optimaler Produktionsprozeß ist ausgewählt. Die absolute Höhe der Faktoreinsatzmengen wird in Abhängigkeit von der gewünschten Ausbringung x bestimmt.

Nun ist zu untersuchen, wie sich *Preisänderungen*, z.B. eine Verteuerung des Umweltgutes 1 aufgrund einer Erhöhung der entsprechenden Umweltabgabe, bei Konstanz der anderen Preise und Koeffizienten auf die Technologiewahl auswirken. Aus den Bedingungen der Minimalkostenkombination ergibt sich, daß aufgrund eines solchen Preisanstiegs das Umweltgut 1 durch die anderen Faktoren substituiert würde. Dieser Vorgang ist in Abbildung 50 dargestellt.

In der Abbildung steigt der Preis des Umweltgutes 1 von h_1 auf h_1':

$$h_1^{neu} = h_1 + \Delta, \qquad\qquad \Delta > 0$$

Dadurch wird bei konstanten Preisen der Güter r_1, r_2 und u_2 der Anstieg der Isokostengerade steiler; die neue Minimalkostenkombination als Tangentialpunkt von Isoquante und Isokostengerade liegt links unterhalb von der alten. Bei konstantem Kostenbudget läßt sich aufgrund des Preisanstiegs lediglich ein geringeres Produktionsniveau, das durch eine niedriger liegende Isoquante repräsentiert wird, realisieren. Der für das neue Preissystem optimale Produktionsprozeß verläuft steiler als der alte, d.h. er benötigt je Produkteinheit weniger von dem relativ teureren Umweltfaktor u_1 und mehr von den relativ billigeren Faktoren r_1, r_2 und u_2.

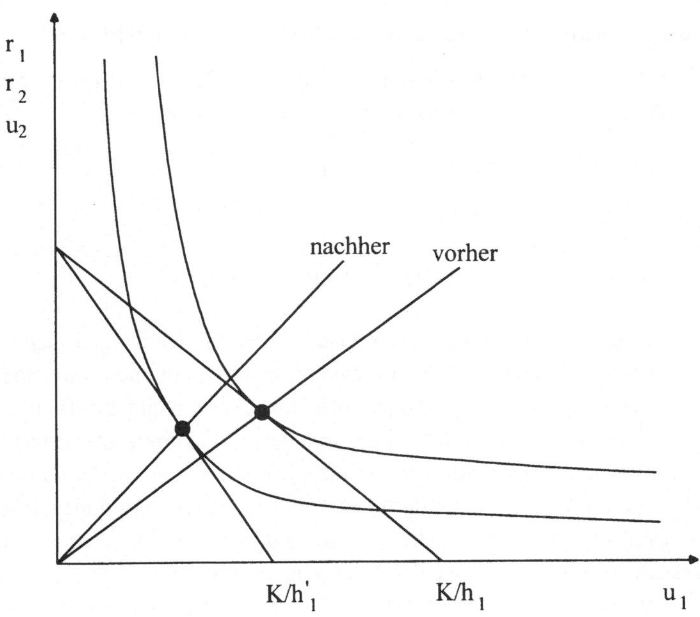

Abb. 50: Verschiebung der Minimalkostenkombination aufgrund einer Preisänderung

Die Realisierung des nach der Preiserhöhung optimalen Produktionsprozesses ist erst möglich, wenn eine neue Anlage mit entsprechenden Produktionskoeffizienten angeschafft wird. Dies setzt eine entsprechende *Investitionsentscheidung* voraus, bei der nicht nur die aktuellen Preise, sondern auch in Zukunft erwartete Preisänderungen, z.B. aufgrund absehbarer Tendenzen in der Umweltpolitik, berücksichtigt werden. Durch Anschaffung der Anlage wird der entsprechende Produktionsprozeß der Technologiemenge des Unternehmens hinzugefügt. Er steht allerdings noch nicht im Entscheidungszeitpunkt für die Produktion zur Verfügung, sondern erst nach Ablauf der für die Genehmigung und die Installation der Anlage erforderlichen Zeit.

5.3.1.2 Exogener technischer Fortschritt

Durch technischen Fortschritt wird die Produktivität einzelner, mehrerer oder aller Produktionsfaktoren erhöht, so daß zur Herstellung einer bestimmten Produktionsmenge weniger Faktoreinsatz erforderlich ist. Dies läßt sich als eine entsprechende Verschiebung der ex-ante Produktionsfunktion bzw. der zugehörigen Isoquante abbilden. Dabei ist es nicht von Bedeutung, ob es sich um autonomen technischen Fortschritt handelt oder ob die Innovation durch gezielte Forschung ausgelöst wurde. Je nachdem, ob der technische Fortschritt sich auf die Produktionsfaktoren gleichmäßig oder unterschiedlich auswirkt, lassen sich unterschiedliche Ergebnisse feststellen.

(1) Gleichmäßiger technischer Fortschritt bei allen Produktionsfaktoren

Gleichmäßiger technischer Fortschritt bei allen Produktionsfaktoren bedeutet, daß in der ex-ante Produktionsfunktion alle Fortschrittsfunktionen identisch sind:

$$\mu_1(\tau) = \mu_2(\tau) = \sigma_1(\tau) = \sigma_2(\tau) = \mu(\tau)$$

$$\Rightarrow x = \mu(t)^{\frac{\alpha_1}{\alpha_2}} \left[c_1 r_1^{-\alpha_1} + c_2 r_2^{-\alpha_1} + d_1 u_1^{-\alpha_1} + d_2 u_2^{-\alpha_1} \right]^{-\frac{1}{\alpha_2}}$$

Abbildung 51 zeigt die Verschiebung der Isoquante durch gleichmäßigen technischen Fortschritt bei allen Produktionsfaktoren: Zur Erzeugung einer bestimmten Ausbringungsmenge wird von allen Faktoren gleichmäßig weniger benötigt. Daher bleibt die Bedingung für die Minimalkostenkombination unverändert. Die optimalen Faktoreinsatzmengenverhältnisse ändern sich nicht, so daß die Produktion auf demselben, in sich gestauchten Prozeßstrahl erfolgt. Dabei verringern sich die Produktionskoeffizienten, jede Ausbringungseinheit erfordert einen geringeren Faktoreinsatz, so daß dieselbe Ausbringung wie im Ausgangsfall auf einer niedrigeren Isokostengerade erreicht werden kann. Dieser Effekt tritt auch dann auf, wenn der technische Fortschritt nicht einzelnen Produktionsfaktoren zugerechnet werden kann, sondern die Produktionsmöglichkeiten im ganzen verbessert, wie es bei der Cobb-Douglas-Produktionsfunktion der Fall ist.

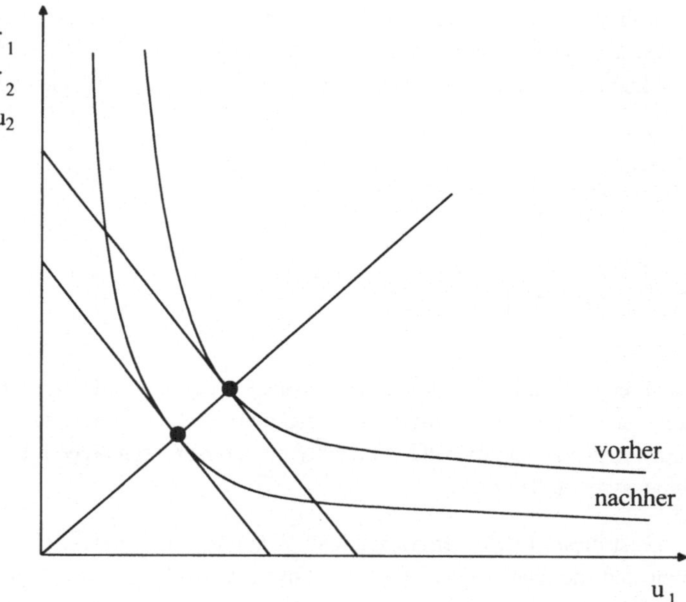

Abb. 51: Verschiebung der Produktionsfunktion durch technischen Fortschritt bei allen Faktoren

Zur Realisierung des neuen Produktionsprozesses ist wiederum eine Investition in entsprechende Anlagen erforderlich, die nur erfolgt, wenn sie in einer zukunftsorientierten Investitionsrechnung vorteilhaft erscheint. Der alte Produktionsprozeß ist gegenüber dem neuen *ineffizient*, da er zur Herstellung einer Produkteinheit von allen Produktionsfaktoren eine größere Menge benötigt. Daher wird er nach Installation des neuen Prozesses allenfalls benutzt, wenn es aus Kapazitätsgründen erforderlich ist.

(2) Ungleichmäßiger technischer Fortschritt

Nun sei angenommen, daß der technische Fortschritt sich ausschließlich auf Umweltfaktor 1 auswirkt, so daß sich dessen Produktionskoeffizient verringert. In der ex-ante Produktionsfunktion sind dabei alle Fortschrittsfunktionen bis auf $\sigma_1(\tau)$, die sich auf den Umweltfaktor 1 bezieht, konstant gleich 1:

$$\mu_1(\tau) = \mu_2(\tau) = \sigma_2(\tau) \equiv 1$$

$$\Rightarrow x = \left[c_1 r_1^{-\alpha_1} + c_2 r_2^{-\alpha_1} + d_1 \left(\sigma_1(\tau) \cdot u_1 \right)^{-\alpha_1} + d_2 u_2^{-\alpha_1} \right]^{-\frac{1}{\alpha_2}}$$

Während die Einsatzmengenverhältnisse zwischen den vom Fortschritt unberührten Produktionsfaktoren konstant bleiben, wirkt sich der Fortschritt beim Umweltfaktor 1 auf die ihn betreffenden Bedingungen für die Minimalkostenkombination folgendermaßen aus:

$$\sigma_1\left(\tau\right)^{\frac{\alpha_1}{\alpha_2}} \cdot \frac{d_1}{c_i} \cdot \left(\frac{r_i}{u_1}\right)^{\alpha_1+1} \overset{!}{=} \frac{h_1}{g_i} \qquad\qquad i = 1,\,2$$

$$\sigma_1\left(\tau\right)^{\frac{\alpha_1}{\alpha_2}} \cdot \frac{d_1}{d_2} \cdot \left(\frac{u_2}{u_1}\right)^{\alpha_1+1} \overset{!}{=} \frac{h_1}{h_2}$$

Bei konstanten Preisverhältnissen läßt sich ein Ansteigen des multiplikativen Faktors $\sigma_1(\tau)$ auf der linken Seite der Bedingungen nur dadurch kompensieren, daß das Einsatzmengenverhältnis r_i/u_1 bzw. u_2/u_1 sinkt, d.h. daß vom nunmehr ergiebigeren Umweltfaktor 1 relativ mehr eingesetzt werden muß.

In Abbildung 52 ist dieser Effekt veranschaulicht: Wenn sich die Produktivität des Umweltfaktors 1 erhöht und die aller anderen Faktoren unverändert bleibt, verschiebt sich die Isoquante derart, daß zur Erzeugung derselben Ausbringungsmenge und bei gleichem Einsatz der anderen Produktionsfaktoren immer weniger von Umweltfaktor 1 benötigt wird. Die Isokostengerade verschiebt sich nach unten, so daß dieselbe Ausbringungsmenge mit geringeren Gesamtkosten erzeugt werden kann. Der durch die Minimalkostenkombination definierte neue optimale Produktionsprozeß setzt von allen Produktionsfaktoren absolut weniger ein als der ursprüngliche Prozeß. Allerdings verläuft er flacher als dieser, d.h. er setzt relativ mehr von dem nun produktiveren Umweltfaktor 1 und relativ weniger von den anderen Faktoren ein, um eine bestimmte Ausbringung zu realisieren.

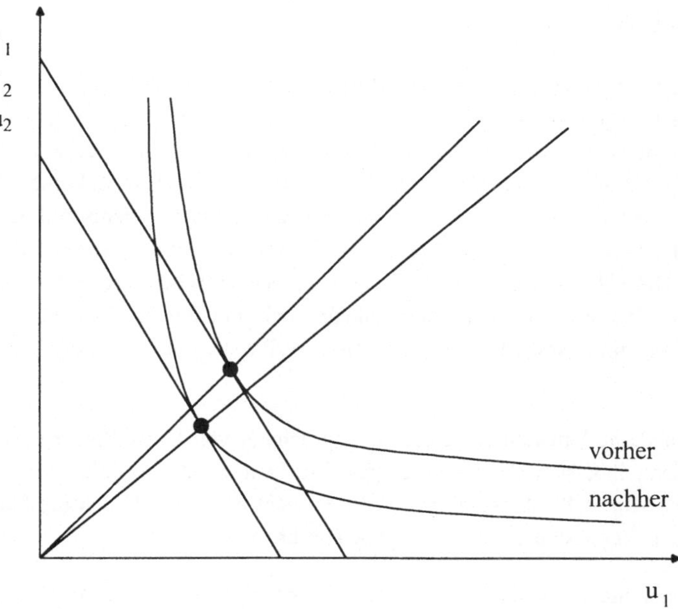

Abb. 52: Verschiebung der Produktionsfunktion durch technischen Fortschritt bei
Umweltfaktor 1

Analoge Überlegungen gelten für den Fall, daß bei mehreren Produktionsfaktoren technischer
Fortschritt mit gleichem oder unterschiedlichem Anstieg der Fortschrittsfunktionen auftritt.

Aus diesen Überlegungen geht hervor, daß ein an einen Umweltfaktor gebundener technischer
Fortschritt, der dessen Produktivität relativ zu den anderen Faktoren erhöht, zu einem
vermehrten Einsatz dieses Faktors anstatt zu seiner Schonung führt. Um also Entlastungen bei
den knappen Umweltgütern zu bewirken, ist ein technischer Fortschritt notwendig, der die
Produktivität der *anderen* Faktoren erhöht, so daß diese in relativ größerem Umfang
eingesetzt werden. Gerade dies findet statt, wenn neue - additive oder integrierte -
Umweltschutzanlagen installiert werden: Traditionelle Produktionsfaktoren werden vermehrt
eingesetzt, um Umweltbelastungen zu vermeiden.

5.3.1.3 Umweltschutzvorschriften

Umweltschutzvorschriften in Form von Auflagen, Grenzwerten oder auch Umweltzertifikaten schränken das Entscheidungsfeld des Unternehmens insofern ein, als sie keine beliebig hohe Inanspruchnahme von Umweltressourcen zulassen. In der Vergangenheit sind derartige Vorschriften erheblich ausgeweitet und verschärft worden, und auch in Zukunft wird sich diese Tendenz fortsetzen. Teilweise erfolgt die Verschärfung sogar automatisch durch Bindung an technische Standards, z.B. an den Stand der Technik bei Emissionsrückhalteverfahren in Kraftwerken. Diese Tendenz ist bei der Technologiewahlentscheidung zu berücksichtigen um sicherzustellen, daß die neu installierten Anlagen nicht nur im Entscheidungszeitpunkt, sondern auch für einen gewissen Planungshorizont eine Produktion im Rahmen der Vorschriften erlauben.

Soweit die staatliche Umweltpolitik die Beanspruchung von Umweltgütern durch *Preise* zu steuern versucht, läßt sich das zuvor dargestellte Instrumentarium einsetzen, denn für die Ermittlung der Minimalkostenkombination ist es nicht relevant, ob sich die Faktorpreise am Markt ergeben oder auf behördlichen Vorgaben beruhen.

Eine mengenmäßige Steuerung der Umweltinanspruchnahme durch Auflagen, Grenzwerte oder auch durch die Ausgabe von Umweltzertifikaten bewirkt hingegen, daß das jeweilige Umweltgut durch das Unternehmen nur bis zu einer gewissen *Obergrenze* für die Produktion in Anspruch genommen werden darf. Dadurch wird der Bereich, innerhalb dessen ein Austausch von Produktionsfaktoren bei konstanter Ausbringungsmenge möglich ist, eingeschränkt: Ein Einsatz des zu schonenden Umweltfaktors ist nur bis zu der durch die Auflage vorgegebenen Obergrenze zulässig.

In Abbildung 53 ist dargestellt, wie sich diese Situation auf die Wahlmöglichkeiten bei der Ausgestaltung von Produktionsanlagen auswirkt:

Liegt die Minimalkostenkombination zur Erzeugung einer vorgegebenen Ausbringungsmenge innerhalb des (nunmehr verkleinerten) zulässigen Bereichs, so wirkt sich die Auflage nicht auf die Technologiewahl aus; es wird nach wie vor der Prozeß installiert, der bei den gegebenen Preisverhältnissen die Produktionsfaktoren so einsetzt, daß sie die Ausbringungsmenge mit möglichst geringen Kosten erzeugen.

Liegt jedoch die Minimalkostenkombination so, daß der von der Auflage betroffene Umweltfaktor bei Herstellung der Ausbringungsmenge über das erlaubte Maß hinaus beansprucht würde, so darf der zugehörige Produktionsprozeß nicht realisiert werden, sondern das Unternehmen muß auf eine *Randlösung* ausweichen, d.h. den am Rande des Substitutionsgebietes liegenden, gerade noch zulässigen Prozeß auswählen. Dieser Fall tritt auf, wenn die Knappheit eines Umweltfaktors durch seinen Preis nicht oder nicht hinreichend angezeigt wird, so daß zusätzlich eine Mengensteuerung eingesetzt wird.

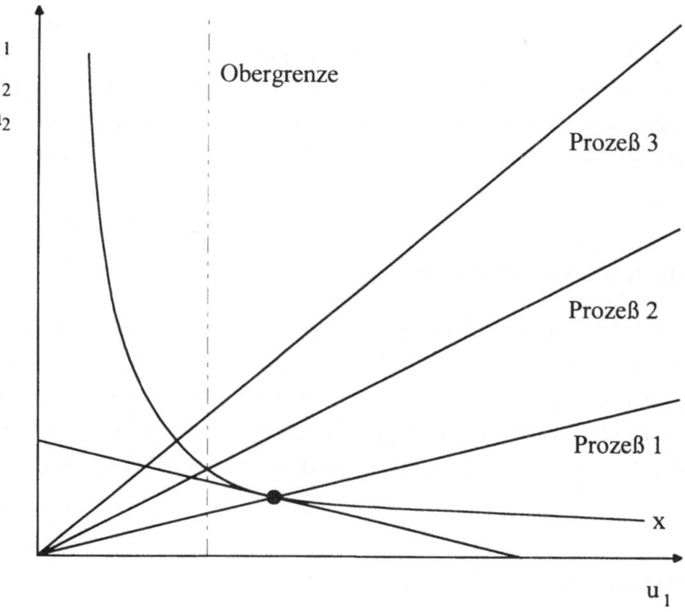

Abb. 53: Technologiewahl bei Umweltauflagen

Durch das Bestehen einer Einsatzobergrenze für den Umweltfaktor 1 kann in Abbildung 53 nicht der Prozeß 1 realisiert werden, der der Minimalkostenkombination zur Erzeugung der durch die Isoquante repräsentierten Ausbringungsmenge x entspricht, sondern es muß auf den Prozeß 2 ausgewichen werden. Auch dieser - kostenungünstigere - Prozeß darf nicht in beliebigem Umfang eingesetzt werden, sondern nur soweit die Beschränkung für Umweltfaktor 1 nicht verletzt wird, d.h. die maximale mit diesem Prozeß herstellbare Ausbringungsmenge ist durch die Umweltrestriktion auf x limitiert.

Falls das Unternehmen mit einer künftigen Verschärfung der Umweltrestriktion rechnet oder eine Steigerung der Ausbringung über das durch die Isoquante angegebene Niveau hinaus plant, wird es bei seiner Technologiewahl vorausschauend handeln und einen Prozeß realisieren, der von dem Umweltfaktor 1 relativ noch weniger benötigt als der Prozeß 2 und dadurch auch weiterhin zulässig sein wird, z.B. den Prozeß 3, der allerdings noch höhere Stückkosten aufweist als der Prozeß 2.

In der späteren Nutzungsphase der Anlage muß die Produktionsplanung im Fall der mengenmäßigen Steuerung der Umweltinanspruchnahme die vorgegebenen Obergrenzen für die knappen Umweltfaktoren ebenfalls als zusätzliche Restriktionen berücksichtigen. Weiter sind bei der Produktionsplanung die aktuellen Preise der Verbrauchsfaktoren zu berücksichtigen.

Die Aufgabe der operativen Produktionsplanung ist die Festlegung, welche der durch die auf der strategischen Ebene getroffenen Technologiewahlentscheidungen zur Verfügung gestellten Produktionsprozesse zur Herstellung einer vorgegebenen Produktionsmenge tatsächlich in Anspruch genommen werden sollen. Diese Entscheidung kann, wie im vierten Kapitel beschrieben, mit Hilfe der linearen Aktivitätsanalyse abgebildet werden. Dabei geht der Umfang, in dem die Anlagen der einzelnen Jahrgänge installiert wurden, als Kapazitätsrestriktionen für die entsprechenden Potentialfaktoren in das lineare Programm ein.

5.3.2 Intertemporale Analysen

Während zuvor isoliert dargestellt wurde, wie eine Technologiewahlentscheidung in Abhängigkeit von verschiedenen Einflußgrößen erfolgt, werden nun die Zusammenhänge zwischen den Einflußgrößen berücksichtigt. Zunächst wird aufgezeigt, wie sich die Technologiemenge des Unternehmens als Ergebnis einer Folge von Technologiewahlentscheidungen entwickelt, anschließend wird auf die Entwicklung der Umweltnutzung im Zeitablauf eingegangen.

5.3.2.1. Entwicklung der Technologie im Zeitablauf

Die im Laufe der Zeit durch die verschiedenen Technologiewahlentscheidungen ausgelöste sukzessive Einführung von Produktionsanlagen bzw. diesen zugeordneten Produktionsprozessen mit unterschiedlichen Produktionskoeffizienten sowohl für Umweltfaktoren als auch für traditionelle Produktionsfaktoren bewirkt, daß sich die Technologiemenge des Unternehmens, die seine produktiven Möglichkeiten in einem bestimmten Zeitpunkt beschreibt, im Zeitablauf verändert. Mit jeder Einführung eines neuen Prozesses wird die Technologiemenge erweitert, dadurch ergeben sich neue Möglichkeiten zur Erzeugung einer bestimmten Produktionsmenge x durch Prozeßkombinationen. Ein Beispiel für die Entwicklung einer Technologiemenge im Zwei-Faktoren-Fall - für je einen traditionellen Produktionsfaktor und einen Umweltfaktor - in aufeinanderfolgenden Investitionszeitpunkten ist in Abbildung 54 dargestellt.

(1) Aufgrund der ersten Investitionsentscheidung wird zunächst der Produktionsprozeß 1 mit einem bestimmten Einsatzmengenverhältnis r_1/u_1 realisiert, auf dem das Unternehmen beliebige Ausbringungsmengen, z.B. x, erzeugen kann.

(2) Wird bei der nächsten Investitionsentscheidung aufgrund technischen Fortschritts oder veränderter Rahmenbedingungen eine Anlage installiert, mit der ein anderer Produktionsprozeß 2 verbunden ist, so kann das Unternehmen neben den beiden reinen Produktionsprozessen auch deren Prozeßkombinationen zur Herstellung der Ausbringung x benutzen. Die zugehörigen gemischten Produktionsprozesse können die Ausbringung x mit jeder Einsatzmengenkombination erzeugen, die auf der Verbindungslinie zwischen den beiden reinen Aktivitäten liegt.

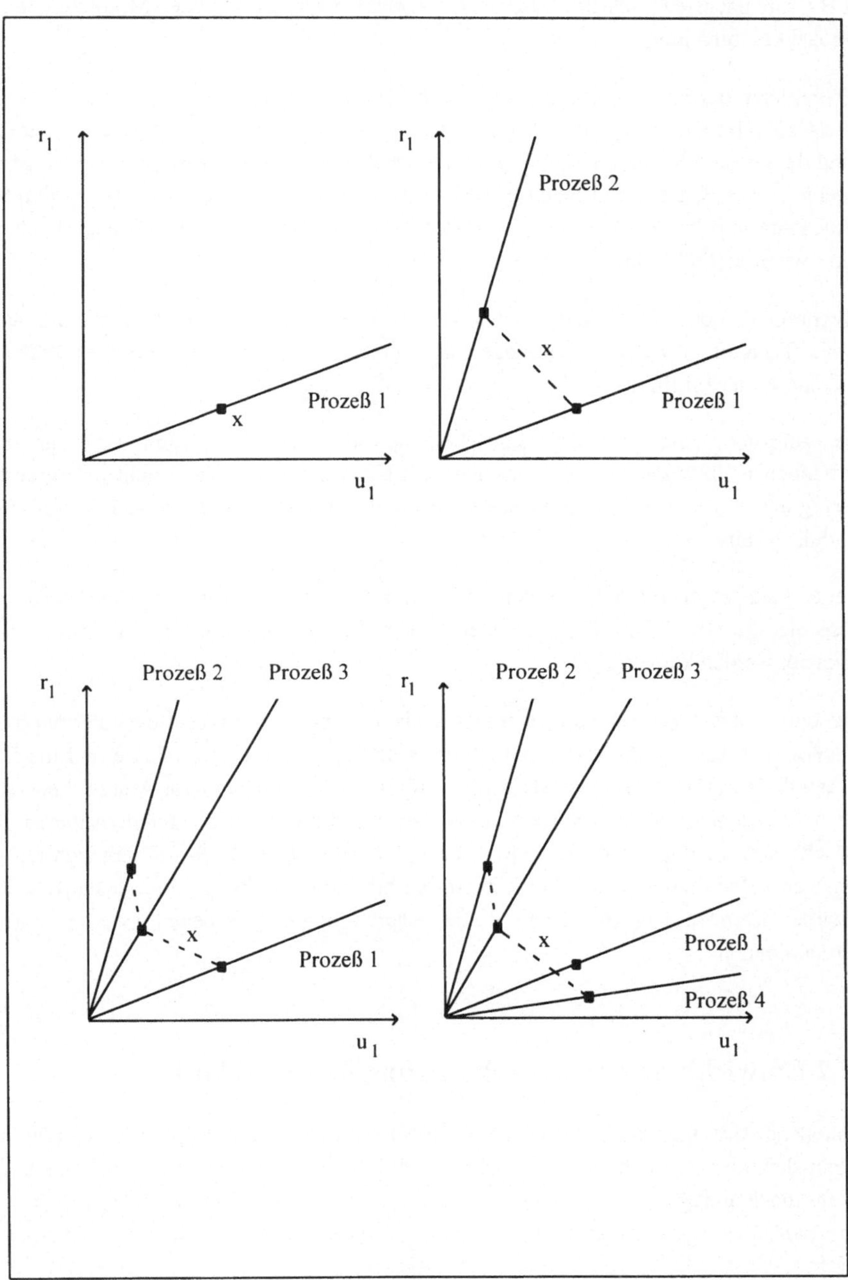

Abb. 54: Entwicklung der Technologie im Zeitablauf

(3) Durch die Installation jeder weiteren Anlage mit einem effizienten Produktionsprozeß, z.B. im nächsten Schritt Prozeß 3, ergeben sich zusätzliche Möglichkeiten der Prozeßkombination.

(4) Dabei kann der Fall auftreten, daß durch das Hinzutreten eines neuen effizienten Prozesses 4 ein alter Prozeß, hier der Prozeß 1, gegenüber Prozeßkombinationen aus einem alten und dem neuen Prozeß ineffizient wird. Dieser Prozeß wird fortan allenfalls dann genutzt, wenn es aus Kapazitätsgründen erforderlich werden sollte. Ansonsten ist er durch das Auftreten von Prozeß 4 technisch obsolet geworden, auch wenn die Anlage noch nicht ihre wirtschaftliche Nutzungsdauer erreicht hat.

Die Technologiemenge des Unternehmens ergibt sich einerseits, wie zuvor dargestellt, aus den einzelnen Technologiewahlentscheidungen, andererseits aus der Einwirkung einer Reihe weiterer dynamischer Einflüsse:

- Die aufgrund einer Investitionsentscheidung installierten Anlagen und die damit verbundenen Produktionsprozesse stehen dem Unternehmen zeitlich nicht unbegrenzt zur Verfügung, sondern die Anlagen scheiden nach Ablauf ihrer Nutzungsdauer wieder aus der Produktion aus.

- Weiter kann es erforderlich werden, auf den Einsatz von Anlagen zu verzichten, wenn diese die aktuellen Umweltschutzvorschriften nicht mehr erfüllen und auch nicht an sie angepaßt werden können.

- Fortschritte bzw. Verschiebungen finden nicht nur auf dem Investitionsgütermarkt statt, sondern auch bei den Produkten. Durch das Auftreten neuartiger Produkte und die Verlagerung der Nachfrage auf diese können Produktionsanlagen bereits vor Ablauf ihrer technischen Nutzungsdauer obsolet werden, so daß eine Investition in andere Anlagen erforderlich wird, die die neuen Produkte erzeugen können. Diesem Einfluß läßt sich teilweise entgegenwirken, indem das Unternehmen flexible Mehrzweckmaschinen installiert, die in gewissen Grenzen auch für andere als die ursprünglich vorgesehenen Zwecke eingesetzt werden können.

5.3.2.2 Entwicklung der Umweltnutzung im Zeitablauf

Abschließend wird untersucht, wie sich die Umweltnutzung in Abhängigkeit von Änderungen der oben diskutierten Rahmenbedingungen der Produktion im Zeitablauf entwickelt. Dazu wird eine hochaggregierte Betrachtung gewählt; die Umweltnutzung wird als Funktion des Preisniveaus, des Fortschrittsniveaus und des Niveaus der Umweltschutzvorschriften beschrieben:

$$U(t) = U\left[P(t), F(t), G(t)\right]$$

mit: $P(t)$ - Preisniveau der Umweltfaktoren

$F(t)$ - Stand des umwelttechnischen Fortschritts

$G(t)$ - Niveau der Umweltschutzvorschriften

Die Analyse erfolgt in zwei Stufen: Zunächst wird jede Einflußgröße als autonom angesehen, dann werden auch ihre Wechselwirkungen berücksichtigt.

(1) Autonome Betrachtung

Für die autonome Betrachtung wird angenommen, daß die Entwicklung der verschiedenen Einflußgrößen zwar einen Einfluß auf die Umweltnutzung im Zeitablauf hat, daß jedoch zwischen den Einflußgrößen keine Interdependenzen bestehen. Bezüglich der Entwicklung der einzelnen Einflußgrößen in Abhängigkeit von der Zeit sind folgende Annahmen sinnvoll:

- Da sich die Verknappung von Umweltressourcen fortsetzen wird, werden die Kosten für die Nutzung der natürlichen Umwelt in der Produktion im Zeitablauf tendenziell nicht abnehmen.

$$P'(t) \geq 0$$

- Das Niveau des autonomen umweltbezogenen technischen Fortschritts wird tendenziell ebenfalls nicht abnehmen.

$$F'(t) \geq 0$$

- Die Umweltschutzvorschriften in Form von Auflagen und Grenzwerten werden tendenziell eher verschärft als gelockert.

$$G'(t) \leq 0$$

Weiter sind die zuvor in den separaten Betrachtungen festgestellten Auswirkungen der Einflußfaktoren auf die Umweltnutzung zu berücksichtigen:

a) Die Erhöhung des Preisniveaus für Umweltgüter bewirkt tendenziell eher einen Rückgang der Umweltnutzung.

$$\frac{\partial U(t)}{\partial P(t)} \leq 0$$

b) Durch den umweltbezogenen technischen Fortschritt geht die aggregierte Umweltnutzung tendenziell zurück.

$$\frac{\partial U(t)}{\partial F(t)} \leq 0$$

c) Eine Verschärfung der Umweltschutzvorschriften hat tendenziell einen Rückgang der
    Umweltnutzung zur Folge.

$$\frac{\partial\, U\left(t\right)}{\partial\, G\left(t\right)} \geq 0$$

Die Gesamtwirkung dieser Einflüsse auf die Umweltnutzung im Zeitablauf ergibt sich durch
die Betrachtung des totalen Differentials; sie setzt sich additiv aus drei nicht-positiven
Einzelwirkungen zusammen und ist damit insgesamt nicht-positiv.

$$d\, U\left(t\right) \;=\; \underbrace{\frac{\partial\, U(t)}{\partial\, P(t)}\cdot d\, P\!\left(t\right)}_{\leq 0} + \underbrace{\frac{\partial\, U(t)}{\partial\, F(t)}\cdot d\, F\!\left(t\right)}_{\leq 0} + \underbrace{\frac{\partial\, U(t)}{\partial\, G(t)}\cdot d\, G\!\left(t\right)}_{\leq 0} \;\leq\; 0$$

Als erstes Ergebnis ist festzuhalten, daß ohne Berücksichtigung von Wechselwirkungen zwi-
schen den Einflußgrößen Preisniveau, Fortschritt und Umweltauflagen tendenziell eine im
Zeitablauf *abnehmende Umweltnutzung* zu erwarten ist, da alle drei Einflüsse in die gleiche
Richtung wirken. Diese recht optimistische Aussage ist jedoch zu relativieren, wenn man die
Wechselwirkungen der Parameter untersucht.

(2) Berücksichtigung von Interdependenzen

Realistischerweise läßt sich die Annahme der Unabhängigkeit der Einflußgrößen nicht auf-
rechterhalten; es ist vielmehr davon auszugehen, daß vielfältige Wechselwirkungen zwischen
dem Preisniveau für Umweltgüter, dem Stand des umweltbezogenen technischen Fortschritts
und dem Niveau der Umweltauflagen bestehen. Diese werden in den folgenden Überlegungen
explizit berücksichtigt.

a) Die Entwicklung des Preisniveaus für Umweltgüter im Zeitablauf hängt sowohl vom
    Stand des technischen Fortschritts als auch vom Niveau der Umweltauflagen ab. Durch
    einen Fortschrittsschub reduziert sich die relative Knappheit der Umweltgüter, so daß ihr
    Preisniveau tendenziell zurückgeht. Eine Verschärfung der Umweltauflagen hingegen
    bewirkt eine Verschärfung ihrer relativen Knappheit und damit tendenziell einen Anstieg
    des Preisniveaus.

$$P\left(t\right) \;=\; P\left[F\left(t\right), G\left(t\right), t\right]$$

$$\text{mit:}\quad \frac{\partial P(t)}{\partial F(t)} \leq 0$$

$$\frac{\partial P(t)}{\partial G(t)} \leq 0$$

$$\Rightarrow\quad d\, P\left(t\right) \;=\; \underbrace{\frac{\partial\, P(t)}{\partial\, F(t)}\cdot d\, F\!\left(t\right)}_{\leq 0} + \underbrace{\frac{\partial\, P(t)}{\partial\, G(t)}\cdot d\, G\!\left(t\right)}_{\geq 0} + \underbrace{P'\!\left(t\right)}_{\geq 0} \; \overset{>}{\underset{<}{=}}\; 0$$

Die Entwicklung des Preisniveaus für Umweltgüter im Zeitablauf setzt sich zusammen aus dem tendenziell negativen Einfluß des technischen Fortschritts, dem tendenziell positiven Einfluß des Auflagenniveaus und der tendenziell positiven autonomen Entwicklung; sie kann daher insgesamt steigend, fallend oder konstant verlaufen.

b) Analog sei angenommen, daß die Entwicklung des umwelttechnischen Fortschritts nicht unabhängig vom Preisniveau für Umweltgüter sowie von den Umweltauflagen ist. Durch einen Anstieg der Preise für Umweltgüter wird die Suche nach neuen, die verteuerten Produktionsfaktoren einsparenden Technologien angeregt, so daß dieser Zusammenhang tendenziell positiv ist. Auch eine Verschärfung der Umweltauflagen bewirkt einen Fortschrittsschub, daher gilt hier ein tendenziell negativer Zusammenhang.

$$F(t) = F[P(t), G(t), t]$$

$$\text{mit:} \quad \frac{\partial F(t)}{\partial P(t)} \geq 0$$

$$\frac{\partial F(t)}{\partial G(t)} \leq 0$$

$$\Rightarrow \quad d\,F(t) = \underbrace{\frac{\partial F(t)}{\partial P(t)} \cdot d\,P(t)}_{\geq 0} + \underbrace{\frac{\partial F(t)}{\partial G(t)} \cdot d\,G(t)}_{\geq 0} + \underbrace{F'(t)}_{\geq 0} \geq 0$$

Da die Entwicklung des umwelttechnischen Fortschritts im Zeitablauf von drei tendenziell positiven Einflüssen abhängt, ist hier eine eindeutige Aussage möglich; der Fortschritt wird im Zeitablauf nicht abnehmen.

c) Schließlich darf auch die Entwicklung des Standes der Umweltauflagen nicht isoliert betrachtet werden. Durch die vielfach geübte Praxis, daß das Niveau von Auflagen sich an technischen Standards orientiert, besteht tendenziell ein starker negativer Zusammenhang zwischen diesen beiden Einflußgrößen. Ein Einfluß des Preisniveaus für Umweltgüter auf die Verschärfung von Umweltauflagen scheint hingegen nicht gegeben zu sein.

$$G(t) = G[F(t), t]$$

$$\text{mit:} \quad \frac{\partial G(t)}{\partial F(t)} \leq 0$$

$$\Rightarrow \quad d\,G(t) = \underbrace{\frac{\partial G(t)}{\partial F(t)} \cdot d\,F(t)}_{\leq 0} + \underbrace{G'(t)}_{\leq 0} \leq 0$$

Die Entwicklung des Standes der Umweltauflagen im Zeitablauf setzt sich aus zwei eindeutig negativen Einflüssen zusammen, so daß die Aussage möglich ist, daß auch unter

Berücksichtigung von Wechselwirkungen tendenziell eine Verschärfung der Grenzwerte zu erwarten ist.

Faßt man diese Überlegungen zusammen, so ist die in der autonomen Betrachtung gewonnene optimistische Aussage, daß alle drei Einflußgrößen tendenziell einen Rückgang der Umweltnutzung im Zeitablauf bewirken, nicht mehr aufrechtzuerhalten. Bei expliziter Berücksichtigung von Wechselwirkungen zwischen den Einflußgrößen der Umweltnutzung ist vielmehr keine eindeutige Tendenz feststellbar; sondern es hängt im Einzelfall von der Stärke der Einflüsse und der Ausprägung der Zusammenhänge ab, ob die Umweltnutzung zunimmt oder zurückgeht.

So kann z.B. der Fall auftreten, daß durch eine Erhöhung des Preises für die Umweltnutzung oder eine Auflagenverschärfung ein so großer Fortschrittsschub ausgelöst wird, daß die durch diesen bewirkte Preissenkung bzw. Angebotssteigerung bei den betroffenen Umweltgütern einen solchen Mehreinsatz bewirkt, daß die als autonomer Effekt der ursprünglichen Maßnahme eingetretene Umweltentlastung überkompensiert wird. Andererseits ist durch einen abgestimmten Einsatz der Maßnahmen eine Ausnutzung von Synergiepotentialen möglich: Falls anschließend durch eine weitere Erhöhung des Preisniveaus bzw. eine entsprechende Verschärfung der Grenzwerte dafür gesorgt wird, daß nicht nur keine negativen Umweltwirkungen auftreten, sondern vielmehr die Suche nach weiteren technologischen Verbesserungen angeregt wird, so kann letztlich durch den technischen Fortschritt eine erhebliche Reduktion der durch die Produktion verursachten Umweltbelastungen erreicht werden.

5.4 Zusammenfassung

In diesem Kapitel wurde gezeigt, wie sich Änderungen bei den verschiedenen Rahmenbedingungen der Produktion, insbesondere im Umweltschutzbereich, auf die langfristige Technologiewahl auswirken. In Anlehnung an das Putty-Clay-Modell wurden die vor der Installation einer Anlage bestehenden Substitutionsmöglichkeiten zwischen Einsatzfaktoren durch eine neoklassische ex-ante Produktionsfunktion abgebildet, während die aus den einzelnen Technologiewahlentscheidungen resultierende ex-post Produktionsfunktion mit dem Instrumentarium der Aktivitätsanalyse dargestellt werden kann.

Um die vorrangig interessierenden Zusammenhänge besser herausarbeiten zu können, beschränkt sich die Analyse auf den Einproduktfall. Die Ergebnisse können direkt auf ein Mehrproduktunternehmen übertragen werden, wenn man z.B. voraussetzt, daß

- Parallelproduktion vorliegt, d.h. jedes Produkt auf speziellen Anlagen gefertigt wird,

- die Produktionsmöglichkeiten des Unternehmens langfristig nicht durch Beschränkungen der explizit erfaßten Produktionsfaktoren beeinflußt werden.

Weiter wurde die Entwicklung sowohl der Technologiemenge als auch der Umweltnutzung im Zeitablauf dargestellt. Im Anschluß an die isolierte Untersuchung der Wirkung unterschiedlicher Einflußfaktoren auf die Umweltwirkungen der Produktion wurde aufgezeigt, wie sich die Gesamtwirkung durch die Überlagerung von Einzeleffekten ergibt.

Während die Preis- oder Mengensteuerung durch die staatliche Umweltpolitik über den Marktmechanismus eine Verknappung von Umweltgütern und dadurch eine unmittelbare Umweltentlastung bewirken, kommt dem technischen Fortschritt eine doppeldeutige Rolle zu: Einerseits ist eine Anpassung der Fertigungstechnologie an die jeweiligen Knappheitsverhältnisse letztlich das einzige Mittel, um die gesellschaftlich erwünschte Güterversorgung bei akzeptabler Umweltbelastung aufrechtzuerhalten, andererseits wurden mögliche negative Effekte des technischen Fortschritts aufgezeigt: Sowohl bei der Konzentration der Forschungsanstrengungen auf ein besonders teures oder knappes Umweltgut als auch durch die Überlagerung mit anderen Einflußfaktoren kann der Entlastungseffekt gerade bei diesem Gut besonders gering oder sogar negativ sein.

Daher ist es im Sinne einer möglichst großen Umweltentlastung erforderlich, den technischen Fortschritt so zu steuern, daß keine unerwünschten Effekte auftreten. Um im Einzelfall auch die Wechselwirkungen mit den anderen Einflußfaktoren angemessen berücksichtigen zu können, wäre eine Spezifizierung der oben diskutierten Funktionen hilfreich.

6. Schlußbetrachtung

Bei dem in der vorliegenden Arbeit behandelten Themenkomplex - der Betrachtung von Umweltproblemen und -beziehungen der Produktion im Gesamtzusammenhang einer betrieblichen Umweltwirtschaft sowie der Erfassung und Analyse von Umweltgütern und Umweltschutzmaßnahmen innerhalb verschiedener Ansätze der Produktionstheorie - handelt es sich angesichts der zunehmenden Verschärfung der Umweltsituation um eine aktuelle Problemstellung von großer Dringlichkeit. Da sich die Literatur in diesem Bereich bislang in erster Linie auf konkrete Maßnahmen des Umweltschutzes in der Produktion konzentriert, wird mit der Arbeit auch ein Beitrag zur Vervollständigung der theoretischen Grundlagen geleistet.

Auf den einzelnen Stufen der Untersuchung werden unterschiedliche Ziele verfolgt:

- Die ersten beiden Kapitel grenzen das Untersuchungsobjekt ab, indem sie eine Einordnung und eine Bestandsaufnahme von betrieblichen Umweltschutzproblemen im Produktionsbereich vornehmen. Dadurch soll ein Überblick über die Komplexität und die Reichweite der betrachteten Problemstellung gegeben werden.

- Vor diesem Hintergrund erfolgt anschließend eine konsistente Begriffsbildung sowie eine theoretische Analyse unter verschiedenen Aspekten.

- Ziel der Analyse ist es, generelle Erkenntnisse aus der Übertragung und Erweiterung von bekannten Modellen und Methoden der Produktionstheorie um Umweltschutzaspekte abzuleiten.

- Die Ergebnisse können zum einen als Grundlage für betriebliche Umweltschutzmaßnahmen dienen, zum anderen als Ansatzpunkte für eine umweltpolitische Steuerung durch staatliche Instanzen.

Ein wesentliches Ergebnis der Untersuchung der Rolle der Umwelt in der Produktion ist, daß Umweltgüter formal weitgehend analog zu den traditionell erfaßten Gütern betrachtet werden können, wobei sich allerdings ihre Wertschätzung bzw. ihre Rolle im Wertschöpfungsprozeß umkehren: Auf der Ausbringungsseite gilt die Erzeugung von Schadstoffen als unerwünschtes Gut und soll im Gegensatz zur Erzeugung der Produkte möglichst gering gehalten werden; bei den Einsatzgütern ist die Entsorgung von Schadstoffen innerhalb des Produktionsprozesses erwünscht und im Gegensatz zum Faktoreinsatz zu maximieren.

Die Analyse einer um Umweltgüter erweiterten linearen Technologie zeigt, daß - ähnlich wie bei den traditionell in produktionstheoretischen Betrachtungen erfaßten Gütern - ein Denken in Austauschraten erforderlich ist: Wird bei konstanten technologischen Rahmenbedingungen die Erhöhung der Menge eines erwünschten Gutes oder die Reduktion der Menge eines unerwünschten Gutes angestrebt, so sind dafür an anderer Stelle Einschränkungen hinzunehmen.

Insbesondere erfordert eine Verbesserung des Umweltschutzes den Mehreinsatz von anderen Faktoren oder den Verzicht auf erwünschte Produkte. Die Konzentration auf die Reduktion einer gerade als besonders schädlich erachteten Emission wird bei Konstanz der sonstigen

Produktionsbedingungen in der Regel zum Anstieg anderer Emissionen führen. Weiter wurde gezeigt, daß die Wirkung von Umweltschutzmaßnahmen einen ertragsgesetzlichen Verlauf aufweist, d.h. mit zunehmendem Niveau der Maßnahme gehen die Wirkungszuwächse zurück.

Insgesamt läßt sich somit feststellen, daß auch für Umweltgüter die Gossen'schen Gesetze gelten. Aufgrund des abnehmenden Grenznutzens *aller* Güter ist gesamt- und einzelwirtschaftlich eine solche Allokation anzustreben, daß ihr in ökonomischen oder ökologischen Einheiten gemessener Grenznutzen gleich hoch ist. Dieses Prinzip gilt unabhängig von der jeweils zugrundegelegten Bewertung, deshalb wurde bei der Analyse weitgehend auf die Einführung von Werturteilen verzichtet.

Bei der dynamischen Analyse des Umweltfaktors in der Produktion stehen die Auswirkungen von Änderungen verschiedener Rahmenbedingungen der Produktion auf die Technologiewahl eines Unternehmens und die durch die laufende Nutzung der Produktionsprozesse verursachten Umweltbelastungen im Vordergrund. In einer langfristigen Betrachtung ist vordergründig mehr Umweltschutz bzw. eine Einsparung von knappen Umweltgütern erreichbar, indem durch Ausnutzung des technischen Fortschritts die Technologiemenge eines Unternehmens in Richtung solcher Produktionsprozesse umstrukturiert wird, die die knappen Faktoren schonen und weniger knappe, im Idealfall kurzfristig regenerierbare und somit unbegrenzt zur Verfügung stehende Faktoren einsetzen. Durch derartige umweltentlastende Substitutionsprozesse ist eine tendenzielle Richtung für die künftige Entwicklung von technischen Innovationen vorgegeben.

Jedoch ist diese Aussage bei einer integrierten Betrachtung der Einflußfaktoren zu modifizieren: Technischer Fortschritt führt nur dann tatsächlich zu einer Entlastung von besonders knappen Umweltgütern, wenn durch den abgestimmten Einsatz von Preis- und Mengensteuerung durch den Staat dafür gesorgt wird, daß er nicht aufgrund der gesteigerten Produktivität die wirklichen Knappheitsverhältnisse verwischt.

Ansatzpunkte für die weitere Forschung liegen vor allem in der Konkretisierung der recht allgemein und abstrakt gehaltenen Ausführungen. Durch empirische Untersuchungen wäre zu überprüfen, ob sich die theoretisch hergeleiteten Ergebnisse im Einzelfall bestätigen lassen.

Literaturverzeichnis

Albach, H., Kosten, Transaktionen und externe Effekte im betrieblichen Rechnungswesen, Zeitschrift für Betriebswirtschaft 58, 1988, S. 1143 - 1170

Albach, H. (Hrsg.), Innovationsmanagement - Theorie und Praxis im Kulturvergleich, ZfB-Ergänzungsheft 1/89, Gabler Verlag, Wiesbaden 1989

Albach, H. (Hrsg.), Betriebliches Umweltmanagement, ZfB-Ergänzungsheft 2/90, Gabler Verlag, Wiesbaden 1990

Albach, H. (Hrsg.), Betriebliches Umweltmanagement 1993, ZfB-Ergänzungsheft 2/93, Gabler Verlag, Wiesbaden 1993

Albach, H., Albach, R., Das Unternehmen als Institution, Gabler Verlag, Wiesbaden 1989

Anthony, R.N., Planning and Control Systems: A Framework for Analysis, Harvard University Press, Cambridge, Mass. 1965

Arrow, K.J., Chenery, H.B., Minhas, B.S., Solow, R.M., Capital-Labor-Substitution and Economic Efficiency, The Review of Economics and Statistics 43, 1961, S. 225 - 250

Arrow, K.J., Karlin, S., Suppes, P. (Hrsg.), Mathematical Models in the Social Sciences, Stanford University Press, Stanford 1960

Bartels, H.G., Ausschuß und Abfall, in: Kern, W. (Hrsg.), Handwörterbuch der Produktionswirtschaft, Poeschel Verlag, Stuttgart 1979, Sp. 239 - 248

Baumol, W.J., Oates, W.E., The Theory of Environmental Policy, Cambridge University Press, Cambridge, 2. Aufl. 1988

Beckenbach, F. (Hrsg.), Die ökologische Herausforderung für die ökonomische Theorie, Metropolis Verlag, Marburg 1991

Behrens, K.C., Allgemeine Standortbestimmungslehre, Westdeutscher Verlag, Opladen 1971

Behrens, S., Recyclingquote bei begrenzter Anzahl von Umläufen, Wirtschaftswissenschaftliches Studium 22, 1993, S. 150 - 152

Bellmann, K., Einzelwirtschaftliche Wirkungen umweltpolitischer Instrumente, Zeitschrift für Betriebswirtschaft 60, 1990, S. 1261 - 1274

Bender, B., Sparwasser, R., Umweltrecht, C.F. Müller Juristischer Verlag, Heidelberg, 2. Aufl. 1990

Berg, C.C., Materialwirtschaft, Fischer Verlag, Stuttgart 1979

Bergen, V., Grundlagen der Umweltökonomik: Natürliche Ressourcen und ihre ökonomischen Eigenschaften, Das Wirtschaftsstudium 12, 1983, S. 34 - 39

Betge, P., Bestimmung der sozialen Kosten des Einsatzes moderner Produktionstechnologien, Zeitschrift für betriebswirtschaftliche Forschung 40, 1988, S. 517 - 541

Bierfelder, W., Höcker, K.H. (Hrsg.), Systemforschung und Neuerungsmanagement, Oldenbourg Verlag, München / Wien 1980

Biervert, B., Held, M. (Hrsg.), Ökonomische Theorie und Ethik, Campus Verlag, Frankfurt a.M. 1987

Biervert, B., Held, M. (Hrsg.), Ethische Grundlagen der ökonomischen Theorie, Campus Verlag, Frankfurt a.M. 1989

Birnbacher, D. (Hrsg.), Ökologie und Ethik, Reclam Verlag, Stuttgart 1980

Bloech, J., Industrieller Standort, in: Schweitzer, M. (Hrsg.), Industriebetriebslehre, Verlag Vahlen, München 1990, S. 63 - 144

Bohr, K., Produktionsfaktorsysteme, in: Kern, W., (Hrsg.), Handwörterbuch der Produktionswirtschaft, Poeschel Verlag, Stuttgart 1979, Sp. 1481 - 1493

Bonus, H., Umwelt und Soziale Marktwirtschaft, Deutscher Instituts-Verlag, Köln 1980

Bonus, H., Marktwirtschaftliche Konzepte im Umweltschutz, Ulmer Verlag, Stuttgart 1984

Bonus, H., Ökologie und Marktwirtschaft - Ein unüberwindbarer Gegensatz?, Universitas 41, 1986, S. 1121 - 1135

Bosworth, D.L., Production Functions, Lexington, Mass. 1976

Bothe, M., Gündling, L., Neuere Tendenzen des Umweltrechts im internationalen Vergleich, Erich Schmidt Verlag, Berlin 1990

Boulding, K.E., The Economics of the Coming Spaceship Earth, in: Jarret, H. (Hrsg.), Environmental Quality in a Growing Economy, Baltimore / London 1971, S. 3 ff.

Brand, S., Erschöpfbare Ressourcen und wirtschaftliche Entwicklung, Verlag Weltarchiv, Hamburg 1989

Brandt, A., Hansen, U., Schoenheit, I., Werner, K. (Hrsg.), Ökologisches Marketing, Campus Verlag, Frankfurt a.M. 1988

Braunschweig, A., Die ökologische Buchhaltung als Instrument der städtischen Umweltpolitik, Dissertation St. Gallen 1988

Brenken, D., Strategische Unternehmensführung und Ökologie, Verlag Josef Eul, Bergisch Gladbach / Köln 1988

Breuer, R., Die Abgrenzung zwischen Abwasserbeseitigung, Abfallbeseitigung und Reststoffverwertung, C.F. Müller Juristischer Verlag, Heidelberg 1985

Bretzke, W.-R., Der Problembezug von Entscheidungsmodellen, Mohr / Siebeck, Tübingen 1980

Brink, A., Damhorst, H., Kramer, D., von Zwehl, W., Lineare und ganzzahlige Optimierung mit impac, Verlag Vahlen, München 1991

Brockhaus Enzyklopädie, 24 Bde., F.A. Brockhaus, Mannheim, 19. Aufl. 1986 - 1992

Bruhn, M., Tilmes, J., Social Marketing, Kohlhammer Verlag, Stuttgart 1989

Brüggemeier, F.-J., Rommelspacher, T. (Hrsg.), Besiegte Natur, Geschichte der Umwelt im 19. und 20. Jahrhundert, C.H. Beck Verlag, München 1987

Bunde, J., Zimmermann, H., Abfall in ökonomischer Sicht, Zeitschrift für angewandte Umweltforschung 1, 1988, S. 175 - 182

Bundesminister für Umwelt, Naturschutz und Reaktorsicherheit (Hrsg.), Investitionshilfen im Umweltschutz, Bonn 1986

Burghold, J.A., Ökologisch orientiertes Marketing, FGM Verlag, Augsburg 1988

Buttgereit, R., Ökologische und ökonomische Funktionsbedingungen umweltökonomischer Instrumente, Erich Schmidt Verlag, Berlin 1991

Chenery, H.B., Engineering Production Functions, The Quarterly Journal of Economics 63, 1949, S. 507 - 531

Coase, R.H., The Problem of Social Cost, Journal of Law and Economics 3, 1960, S. 1 - 44

Cobb, C.W., Douglas, P.H., A Theory of Production, American Economic Review 18, 1928, Supplement, S. 139 - 165

Coenenberg, A.G., Weise, E., Eckrich, K. (Hrsg.), Ökologie-Management als strategischer Wettbewerbsfaktor, Schäffer Verlag, Stuttgart 1991

Czap, H. (Hrsg.), Unternehmensstrategien im sozio-ökonomischen Wandel, Duncker & Humblot, Berlin 1990

Davis, J., Greening Business, Blackwell, Cambridge / Mass. 1991

Debreu, G., Theory of Value, Yale University Press, New Haven / London 1959

Dinkelbach, W., Sensitivitätsanalysen und parametrische Programmierung, Springer-Verlag, Berlin / Heidelberg / New York 1969

Dinkelbach, W., Stochastische Programmierung, in: Grochla, E., Wittmann, W. (Hrsg.), Handwörterbuch der Betriebswirtschaft, Poeschel Verlag, Stuttgart, 4. Aufl. 1975/76, Sp. 3239 - 3250

Dinkelbach, W., Elemente einer umweltorientierten betriebswirtschaftlichen Produktions- und Kostentheorie auf der Grundlage von Leontief-Technologien, in: OR-Proceedings 1989, Springer-Verlag, Berlin / Heidelberg / New York 1990, S. 60 - 70

Dinkelbach, W., Effiziente Produktionen in umweltorientierten Leontief-Technologien, in: Fandel, G., Gehring, F. (Hrsg.), Operations Research - Beiträge zur quantitativen Wirtschaftsforschung, Springer-Verlag, Berlin / Heidelberg / New York 1991, S. 361 - 375

Dinkelbach, W., Piro, A., Entsorgung und Recycling in der betriebswirtschaftlichen Produktions- und Kostentheorie: Leontief-Technologien, Das Wirtschaftstudium 18, 1989, S. 399 - 405 u. 474 - 480

Dinkelbach, W., Piro, A., Entsorgung und Recycling in der betriebswirtschaftlichen Produktions- und Kostentheorie: Gutenberg-Technologien, Das Wirtschaftsstudium 19, 1990, S. 640 - 645 u. 700 - 705

Domschke, W., Entsorgung, in: Kern, W. (Hrsg.), Handwörterbuch der Produktionswirtschaft, Poeschel Verlag, Stuttgart 1979, Sp. 514 - 519

Dück, W., Bliefernich, M., Operationsforschung - Mathematische Grundlagen, Methoden und Modelle, 3 Bde., VEB Deutscher Verlag der Wissenschaften, Berlin 1972

Dyckhoff, H., Berücksichtigung des Umweltschutzes in der betriebswirtschaftlichen Produktionstheorie, Arbeitsbericht Nr. 90-01, Institut für Wirtschaftswissenschaften, RWTH Aachen, April 1990

Dyckhoff, H., Berücksichtigung des Umweltschutzes in der betriebswirtschaftlichen Produktionstheorie, in: Ordelheide, D., Rudolph, B., Büsselmann, E. (Hrsg.), Betriebswirtschaftslehre und ökonomische Theorie, Poeschel Verlag, Stuttgart 1991, S. 275 - 309

Dyckhoff, H., Betriebliche Produktion - Theoretische Grundlagen einer umweltorientierten Produktionswirtschaft, Springer-Verlag, Berlin / Heidelberg / New York 1992

Dyllick, T., Management der Umweltbeziehungen, Die Unternehmung 42, 1988, S. 190 - 205

Dyllick, T., Management der Umweltbeziehungen, Gabler Verlag, Wiesbaden 1989

Eichhorn, W., Theorie der homogenen Produktionsfunktion, Springer-Verlag, Berlin / Heidelberg / New York 1970

Eichhorn, P., Umweltschutz aus der Sicht der Unternehmenspolitik, Zeitschrift für betriebswirtschaftliche Forschung 24, 1972, S. 633 - 649

Elkington, J., Burke, T., Umweltkrise als Chance, Orell Füssli Verlag, Zürich / Wiesbaden 1989

Endres, A., Ökonomische Grundlagen des Haftungsrechts, Physica-Verlag, Heidelberg 1991

Erhard, H., Aus der Geschichte der Städtereinigung, Schmidt & Melmer Verlag, Weidenau (Sieg) 1954

Eucken, W., Grundsätze der Wirtschaftspolitik, Rowohlt Verlag, Reinbek bei Hamburg 1961

Ewers, H.-J., Finke, L., Marx, D., Thiel, E., Schmidt, A., Produktionsprozesse und Umweltverträglichkeit, Curt R. Vincentz Verlag, Hannover 1988

Faber, M., Niemens, H., Stephan, G., Entropie, Umweltschutz und Rohstoffverbrauch, Springer-Verlag, Berlin / Heidelberg / New York 1983a

Faber, M., Niemens, H., Stephan, G., Umweltschutz und Input-Output-Analyse, Mohr / Siebeck, Tübingen 1983b

Faber, M., Proops, J.L.R., Evolution, Time, Production and the Environment, Springer-Verlag, Berlin / Heidelberg / New York 1990

Faber, M., Stephan, G., Michaelis, P., Umdenken in der Abfallwirtschaft, Springer-Verlag, Berlin / Heidelberg / New York, 2. Aufl. 1989

Fandel, G., Surplus or Disposal Quantities in Optimal Program Planning in Joint Production, Engineering Costs and Production Economics 12, 1987, S. 143 - 158

Fandel, G., Produktion I: Produktions- und Kostentheorie, Springer-Verlag, Berlin / Heidelberg / New York, 3. Aufl. 1991

Fandel, G., Gehring, F. (Hrsg.), Operations Research - Beiträge zur quantitativen Wirtschaftsforschung, Springer-Verlag, Berlin / Heidelberg / New York 1991

Feess-Dörr, E., Prätorius, G., Steger, U., Umwelthaftungsrecht, Gabler Verlag, Wiesbaden 1992

Fischer, K.-H., Empirische Anwendungen der Produktionstheorie, Zeitschrift für Betriebswirtschaft 50, 1980, S. 314 - 335

Forrester, J., World Dynamics, Wright Allen, Cambridge / Mass., 2. Aufl. 1973

Forschungsdienst Ökologisch orientierte Betriebswirtschaftslehre, 4-5 / 1990, S. 26 - 28

Frank, W., Die Abfallwirtschaft als Teil der Rohstoffwirtschaft, Schäffer Verlag, Düsseldorf 1990

Freimann, J., Ökologie und Betriebswirtschaft, Zeitschrift für betriebswirtschaftliche Forschung 39, 1987, S. 380 - 390

Freimann, J. (Hrsg.), Ökologische Herausforderung der Betriebswirtschaftslehre, Gabler Verlag, Wiesbaden 1990

Friedmann, R., Frohn, J., Ein Konzept zur quantitativen Erfassung wirtschaftlicher Effekte umweltpolitischer Maßnahmen, Zeitschrift für Umweltpolitik 2, 1984, S. 189 - 206

Frohn, J., Krengel, R., Kuhbier, P., Oppenländer, K.H., Uhlmann, L., Der technische Fortschritt in der Industrie, Duncker & Humblot, Berlin 1973

Gide, Ch., Rist, Ch., Geschichte der volkswirtschaftlichen Lehrmeinungen, Gustav Fischer Verlag, Jena, 3. Aufl. 1923

Global 2000, Der Bericht an den Präsidenten, Verlag Zweitausendeins, Frankfurt a.M. 1981

Glück, A., Huttner, K. (Hrsg.), Ökonomie und Ökologie in der Sozialen Marktwirtschaft, Hanns-Seidel-Stiftung, Rosenheim 1983

Görg, M., Recycling als umweltpolitisches Instrument der Unternehmung, M+M Wissenschaftsverlag, Berlin 1981

Grochla, E., Wittmann, W. (Hrsg.), Handwörterbuch der Betriebswirtschaft, Poeschel Verlag, Stuttgart, 4. Aufl. 1975/76

Gruber, K.H., Zur methodischen Auswahl von Emissionsminderungsmaßnahmen, Physica-Verlag, Heidelberg 1991

Gutenberg, E., Grundlagen der Betriebswirtschaft, Erster Band: Die Produktion, Springer-Verlag, Berlin / Heidelberg / New York, 1. Aufl. 1951, 24. Aufl. 1983

de Haas, J.-P., Management-Philosophie im Spannungsfeld zwischen Ökologie und Ökonomie, Verlag Josef Eul, Bergisch Gladbach / Köln 1989

Haber, W., Über den Beitrag der Ökosystemforschung zur Entwicklung der menschlichen Umwelt, in: Bierfelder, W., Höcker, K.H. (Hrsg.), Systemforschung und Neuerungsmanagement, Oldenbourg Verlag, München / Wien 1980, S. 135 - 159

Haeckel, E., Generelle Morphologie der Organismen, Bd. 2, Reimer Verlag, Berlin 1866

Hallay, H., Die Öko-Bilanz, ein betriebliches Informationsinstrument, Schriftenreihe des Instituts für ökologische Wirtschaftsforschung 27/89, Berlin 1989

Hammerschmid, R., Entwicklung technisch-wirtschaftlich optimierter Entsorgungsalternativen, Physica-Verlag, Heidelberg 1990

Hanssmann, F., Systemforschung im Umweltschutz, Erich Schmidt Verlag, Berlin 1976

Hartje, V., Umweltpolitik: Zielformulierung in der politischen Praxis, Das Wirtschaftsstudium 19, 1990, S. 116 - 123

Heigl, A., Konzepte betrieblicher Umweltrechnungslegung, Der Betrieb 27, 1974, S. 2265 - 2270

Heigl, A., Abschreibungsvergünstigungen für Umweltschutz-Investitionen, Verlag Moderne Industrie, München 1975

Heinen, E., Grundlagen betriebswirtschaftlicher Entscheidungen, Gabler Verlag, Wiesbaden, 2. Aufl. 1971

Heinz, B. (Hrsg.), Öko-Marketing, Schriftenreihe des Instituts für ökologische Wirtschaftsforschung 18/88, Berlin 1988

Herrmann, B. (Hrsg.), Umwelt in der Geschichte, Vandenhoeck & Ruprecht, Göttingen 1989

Hesse, H. (Hrsg.), Wirtschaftswissenschaft und Ethik, Duncker & Humblot, Berlin, 2. Aufl. 1989

Heymann, H., Seiwert, L., Senarclens, M., Sozialbilanzen: Die gesellschaftliche Berichterstattung in der Bundesrepublik Deutschland und der Schweiz, Taylorix-Fachverlag, Stuttgart 1984

Hildenbrand, K., Hildenbrand, W., Lineare ökonomische Modelle, Springer-Verlag, Berlin / Heidelberg / New York 1975

Hinterhuber, H.H., Strategische Unternehmensführung, de Gruyter Verlag, Berlin / New York, 3. Aufl. 1984

Hohmeyer, O., Wettbewerbsbedingungen für Elektrizität aus Wind und Sonnenlicht - Zum Einfluß externer Effekte auf die Wettbewerbsfähigkeit "sauberer Technologien", Betriebswirtschaftliche Forschung und Praxis 43, 1991, S. 550 - 571

Hopfenbeck, W., Allgemeine Betriebswirtschafts- und Managementlehre, Verlag Moderne Industrie, Landsberg am Lech 1989

Hopfenbeck, W., Umweltorientiertes Management und Marketing, Verlag Moderne Industrie, Landsberg am Lech 1990

Immler, H., Natur in der ökonomischen Theorie, Westdeutscher Verlag, Opladen 1985

Immler, H., Vom Wert der Natur, Westdeutscher Verlag, Opladen 1989

Isforth, G., Umweltpolitik und betriebliche Zielerreichung, Verlag Harri Deutsch, Zürich 1977

Jaeger, K., Eine ökonomische Theorie des Recycling, Kyklos 29, 1976, S. 660 - 677

Jahnke, B., Betriebliches Recycling, Gabler Verlag, Wiesbaden 1986

Jarre, J. (Hrsg.), Was leistet die Wirtschaftswissenschaft zur Lösung von Umweltproblemen?, Loccumer Protokolle 20/1985, Evangelische Akademie Loccum 1986

Jarret, H. (Hrsg.), Environmental Quality in a Growing Economy, Baltimore / London 1971

Johansen, L. Production Functions, Amsterdam 1971

John, K.D., Umweltprobleme in den neuen Bundesländern, Wirtschaftswissenschaftliches Studium 20, 1991, S. 517 - 521

Jonas, H., Das Prinzip Verantwortung, Suhrkamp Verlag, Frankfurt a.M. 1984

Kaerntke, K., Standortfaktor Umweltschutz, Reimer Verlag, Berlin 1982

Kall, P., Mathematische Methoden des Operations Research, Teubner Verlag, Stuttgart 1976

Kapp, K.W., Soziale Kosten der Marktwirtschaft, Frankfurt a.M. 1979, 2. Aufl. 1983

Kellenbenz, H. (Hrsg.), Wirtschaftsentwicklung und Umweltbeeinflussung (14. - 20. Jh.), Steiner Verlag, Wiesbaden 1982

Kern, W. (Hrsg.), Handwörterbuch der Produktionswirtschaft, Poeschel Verlag, Stuttgart 1979

Ketteler, G., Umweltrecht, Kohlhammer Verlag, Köln 1988

Kirchgeorg, M., Ökologieorientiertes Unternehmensverhalten, Gabler Verlag, Wiesbaden 1990

Kistner, K.-P., Zur Erfassung von Umwelteinflüssen der Produktion in der linearen Aktivitätsanalyse, Wirtschaftswissenschaftliches Studium 12, 1983, S. 389 - 395

Kistner, K.-P., Umweltschutz in der betrieblichen Produktionsplanung, Betriebswirtschaftliche Forschung und Praxis 41, 1989, S. 30 - 50

Kistner, K.-P., Optimierungsmethoden, Physica-Verlag, Heidelberg, 2. Aufl. 1993a

Kistner, K.-P., Produktions- und Kostentheorie, Physica-Verlag, Heidelberg, 2. Aufl. 1993b

Kistner, K.-P., Luhmer, A., Zur Ermittlung der Kosten der Betriebsmittel in der statischen Produktionstheorie, Zeitschrift für Betriebswirtschaft 51, 1981, S. 165 - 179

Kistner, K.-P., Luhmer, A., Ein dynamisches Modell des Betriebsmitteleinsatzes, Zeitschrift für Betriebswirtschaft 58, 1988, S. 63 - 83

Kistner, K.-P., Steven, M., Produktionsplanung, Physica-Verlag, Heidelberg, 2. Aufl. 1993

Kistner, K.-P., Steven, M., Management ökologischer Risiken in der Produktionsplanung, Zeitschrift für Betriebswirtschaft 61, 1991, S. 1307 - 1336

Kleinaltenkamp, M., Recycling-Strategien, Erich Schmidt Verlag, Berlin 1985

Klemmer, P., Umweltschutz und Wirtschaftlichkeit, Duncker & Humblot, Berlin 1990

Kloock, J., Umweltschutz in der betrieblichen Abwasserwirtschaft, Das Wirtschaftsstudium 19, 1990, S. 107 - 113, 171 - 175

Klose, A., Köck, H.F., Schambeck, H. (Hrsg.), Frieden und Gesellschaftsordnung, Duncker & Humblot, Berlin 1988

Koopmans, T.C. (Hrsg.), Activity Analysis of Production and Allocation, Yale University Press, New Haven / London 1951

Koopmans, T.C., Three Essays on the State of Economic Science, McGraw Hill, New York / Toronto / London 1957

Kreditanstalt für Wiederaufbau, Die Finanzierung von Umweltschutzinvestitionen der gewerblichen Wirtschaft, Frankfurt a.M., 3. Aufl. 1989

Kreikebaum, H., Kehrtwende zur Zukunft, Hänssler-Verlag, Neuhausen - Stuttgart 1988

Kreikebaum, H., Strategische Unternehmensplanung, Kohlhammer Verlag, Stuttgart, 3. Aufl. 1989

Kreikebaum, H. (Hrsg.), Integrierter Umweltschutz, Gabler Verlag, Wiesbaden, 2. Aufl. 1991a

Kreikebaum, H., Innovationsmanagement bei aktivem Umweltschutz, in: Kreikebaum, H. (Hrsg.), Integrierter Umweltschutz, Gabler Verlag, Wiesbaden, 2. Aufl. 1991b, S. 45 - 57

Kreikebaum, H., Umweltgerechte Produktion, Deutscher Fachschriften-Verlag, Wiesbaden 1992

Krelle, W., Produktionstheorie, Mohr / Siebeck, Tübingen 1969

Kudert, S., Der Stellenwert des Umweltschutzes im Zielsystem der Betriebswirtschaft, Wirtschaftswissenschaftliches Studium 19, 1990, S. 569 - 575

Leontief, W. (Hrsg.), Input-Output Economics, New York 1966

Liebman, J., Lasdon, L., Schrage, L., Waren, A., Modeling and Optimization with GINO, The Scientific Press, San Francisco 1986

Luhmann, N., Ökologische Kommunikation, Westdeutscher Verlag, Opladen 1986

Luhmer, A., Maschinelle Produktionsprozesse - Ein Ansatz dynamischer Produktions- und Kostentheorie, Westdeutscher Verlag, Opladen 1975

Maltezou, S.P., Metry, A.A., Irwin, W.A. (Hrsg.), Industrial Risk Management and Clean Technology, Verlag Orac, Wien 1990

Marguglio, B.W., Environmental Management Systems, ASQC Quality Press, Milwaukee / Wisc. 1991

Matschke, M.J., Lemser, B., Entsorgung als betriebliche Grundfunktion, Betriebswirtschaftliche Forschung und Praxis 44, 1992, S. 85 - 101

May, E., Dynamische Produktionstheorie auf Basis der Aktivitätsanalyse, Physica-Verlag, Heidelberg 1991

Mayer-Tasch, P.C., Umweltrecht im Wandel, Westdeutscher Verlag, Opladen 1978

Meadows, D., Meadows, D., Zahn, E., Milling, P., Die Grenzen des Wachstums, Rowohlt Verlag, Reinbek bei Hamburg 1973

Meffert, H., Bruhn, M., Schubert, F., Walther, Th., Marketing und Ökologie, Die Betriebswirtschaft 46, 1986, S. 140 - 159

Meffert, H., Ostmeier, H., Umweltschutz und Marketing, Erich Schmidt Verlag, Berlin 1990

Meffert, H., Kirchgeorg, M., Marktorientiertes Umweltmanagement, Poeschel Verlag, Stuttgart 1992

Merk, G., Konfliktstau durch Ungüter, in: Klose, A., Köck, H.F., Schambeck, H. (Hrsg.), Frieden und Gesellschaftsordnung, Duncker & Humblot, Berlin 1988, S. 197 - 211

Merkisch, D., Haftung für Umweltschäden, Betriebs-Berater 45, 1990, S. 223 - 227

Metzger, A.G., Zur Problematik der Berücksichtigung ökologischer Aspekte bei der investitionstheoretischen Beurteilung von Luftreinhaltemaßnahmen, Dissertation, Mannheim 1987

Meyers Großes Universal Lexikon, Bibliographisches Institut, Mannheim / Wien / Zürich 1981 - 1986

Meyer-Abich, K.M., Wege zum Frieden mit der Natur - Praktische Naturphilosophie für die Umweltpolitik, dtv, München, 2. Aufl. 1986

Meyer-Abich, K.M., Wissenschaft für die Zukunft, C.H. Beck Verlag, München 1988

Möller, H.-W., Prinzipien der Umweltpolitik, Wirtschaftswissenschaftliches Studium 15, 1986, S. 571 - 574

Müller, H., Industrielle Abfallbewältigung, Gabler Verlag, Wiesbaden 1991

Müller-Armack, A., Wirtschaftslenkung und Marktwirtschaft, Verlag für Wirtschaft und Sozialpolitik, Hamburg 1947

Müller-Merbach, H., Ethik ökonomischen Verhaltens, in: Hesse, H. (Hrsg.), Wirtschaftswissenschaft und Ethik, Duncker & Humblot, Berlin, 2. Aufl. 1989, S. 305 - 323

Müller-Wenk, R., Die ökologische Buchhaltung, Campus Verlag, Frankfurt a.M. 1978

Müller-Wenk, R., in: Simonis, U.E. (Hrsg.), Ökonomie und Ökologie, C.F. Müller Verlag, Karlsruhe, 4. Aufl. 1986, S. 13 - 30

Nitze, A., Die organisatorische Umsetzung einer ökologisch bewußten Unternehmensführung, Haupt Verlag, Bern / Stuttgart 1991

Noeke, J., "Ökologisches Marketing" in der kommunalen Abfallwirtschaft, Erich Schmidt Verlag, Berlin 1991

Oberholz, A., Umweltorientierte Unternehmensführung, FAZ-Verlag, Frankfurt a.M. 1989

Odum, E.P., Grundlagen der Ökologie, Bd. 1, Thieme Verlag, Stuttgart / New York, 2. Aufl. 1983

OECD (Hrsg.), Renewable Natural Resources, Paris 1989

Öko-Institut: Projektgruppe Ökologische Wirtschaft (Hrsg.), Produktlinienanalyse, Kölner Volksblatt Verlag, Köln 1987

Ostmeier, H., Ökologieorientierte Produktinnovationen, Peter Lang Verlag, Frankfurt a.M. 1990

Pfriem, R., Betriebswirtschaftslehre in sozialer und ökologischer Dimension, Campus Verlag, Frankfurt a.M. / New York 1983

Pfriem, R. (Hrsg.), Ökologische Unternehmenspolitik, Campus Verlag, Frankfurt a.M. 1986

Pfriem, R., Ökologische Unternehmensführung, Schriftenreihe des Instituts für ökologische Wirtschaftsforschung 13/88, Berlin 1989

Pigou, A.C., The Economics of Welfare, Macmillan, London, 1. Aufl. 1920, 4. Aufl. 1952

Pieroth, E., Wicke, L. (Hrsg.), Chancen der Betriebe durch Umweltschutz, Rudolf Haufe Verlag, Freiburg i. Br. 1988

Plein, P.-A., Umweltschutzorientierte Fertigungsstrategien, Deutscher Universitäts-Verlag, Wiesbaden 1989

Priebe, H., Die subventionierte Naturzerstörung, Goldmann Verlag, München 1990

Prosi, G., Umweltressourcen und ihre Nutzungsreserven, Das Wirtschaftsstudium 18, 1989, S. 572 - 577

Raffée, H., Marketing und Umwelt, Poeschel Verlag, Stuttgart 1979

Rautenstrauch, C., Betriebliches Recycling, in: Albach, H., Betriebliches Umweltmanagement 1993, Gabler Verlag, Wiesbaden 1993, S. 87 - 104

Reese, J., Just-in-Time-Logistik, in: Albach, H. (Hrsg.), Betriebliches Umweltmanagement 1993, Gabler Verlag, Wiesbaden 1993, S. 139 - 156

Riebel, P., Die Kuppelproduktion, Westdeutscher Verlag, Köln / Opladen 1955

Roth, U., Umweltkostenrechnung, Deutscher Universitäts-Verlag, Wiesbaden 1992

Rückle, D., Investitionskalküle für Umweltschutzinvestitionen, Betriebswirtschaftliche Forschung und Praxis 41, 1989, S. 51 - 65

Rückle, D., Terhart, K., Die Befolgung von Umweltschutzauflagen als betriebswirtschaftliches Entscheidungsproblem, Zeitschrift für betriebswirtschaftliche Forschung 38, 1986, S. 393 - 424

Schaltegger, S., Sturm, A., Ökologische Rationalität, Die Unternehmung 44, 1990, S. 273 - 290

Schauenberg, B. (Hrsg.), Wirtschaftsethik, Gabler Verlag, Wiesbaden 1991

Schmid, U., Umweltschutz - Eine strategische Herausforderung für das Management, Peter Lang Verlag, Frankfurt a.M. 1989

Schmidt, R., Umweltgerechte Innovationen in der chemischen Industrie, Verlag Wissenschaft & Praxis, Ludwigsburg / Berlin 1991

Schmidtchen, D., Theorie der Kuppelproduktion nebst einer Anwendung auf den Umweltschutz, Das Wirtschaftsstudium 9, 1980, S. 287 - 290, S. 335 - 343

Schneider, D., Unternehmensethik und Gewinnprinzip in der Betriebswirtschaftslehre, Zeitschrift für betriebswirtschaftliche Forschung 42, 1990, S. 869 - 891

Schreiber, H., Umweltprobleme in Mittel- und Osteuropa, Campus Verlag, Frankfurt a.M. / New York 1989

Schreiner, M., Umweltmanagement in 22 Lektionen, Gabler Verlag, Wiesbaden 1988

Schweitzer, M. (Hrsg.), Industriebetriebslehre, Verlag Vahlen, München 1990

Seidel, E., Zur Organisation des betrieblichen Umweltschutzes, Zeitschrift Führung + Organisation 59, 1990, S. 334 - 341

Seidel, E., Die Marktwirtschaft vor der ökologischen Bewährungsprobe, Gaia 1, 1992, S. 95 - 104

Seidel, E., Behrens, S., Umwelt-Controlling als Instrument moderner betrieblicher Abfallwirtschaft, Betriebswirtschaftliche Forschung und Praxis 44, 1992, S. 136 - 152

Seidel, E., Menn, H., Ökologisch orientierte Betriebswirtschaft, Kohlhammer Verlag, Stuttgart 1988

Seidel, E., Pott, P. (Hrsg.), Ökologieorientierte Forschung in der Betriebswirtschaftslehre, Verlag Wissenschaft und Praxis, Ludwigsburg / Berlin 1993

Seidel, E., Strebel, H. (Hrsg.), Umwelt und Ökonomie, Gabler Verlag, Wiesbaden 1991

Senn, J.F., Ökologie-orientierte Unternehmensführung, Peter Lang Verlag, Frankfurt a.M. 1986

Siebert, H., Mohr, E., Die Umwelt als wirtschaftliches Gut, Das Wirtschaftsstudium 17, 1988, S. 413 - 416

Siebert, H., Die vergeudete Umwelt, Fischer Verlag, Frankfurt a.M. 1990

Simonis, U.E. (Hrsg.), Ökonomie und Ökologie, C.F. Müller Verlag, Karlsruhe, 4. Aufl. 1986

Smith, V.L., Investment and Production, Cambridge, Mass. 1961

Solow, R.M., Investment and Technical Progress, in: Arrow / Karlin / Suppes (Hrsg.), Mathematical Models in the Social Sciences, Stanford 1960, S. 89 - 104

Sprenger, R.-U., Knödgen, G., Struktur und Entwicklung der Umweltschutzindustrie in der Bundesrepublik Deutschland, Erich Schmidt Verlag, Berlin 1983

Sprenger, R.-U., Beschäftigungswirkungen der Umweltpolitik: Eine nachfrageorientierte Untersuchung, Erich Schmidt Verlag, Berlin 1989

Stahlmann, V., Umweltorientierte Materialwirtschaft, Gabler Verlag, Wiesbaden 1988

Statistisches Bundesamt (Hrsg.), Beschäftigung, Umsatz, Investitionen und Kostenstruktur der Unternehmen in der Energie- und Wasserversorgung 1987, Kohlhammer Verlag, Stuttgart 1988

Statistisches Bundesamt (Hrsg.), Statistisches Jahrbuch für die Bundesrepublik Deutschland, Kohlhammer Verlag, Stuttgart 1990

Stavenhagen, G., Geschichte der Wirtschaftstheorie, Vandenhoek & Ruprecht Verlag, Göttingen, 4. Aufl. 1969

Steger, U., Umweltmanagement, Gabler Verlag, Wiesbaden 1988

Steger, U. (Hrsg.), Umwelt-Auditing, FAZ-Verlag, Frankfurt a.M. 1991

Steven, M., Integration des Umweltschutzes in die Betriebswirtschaftslehre, Das Wirtschaftsstudium 20, 1991a, S. 38 - 42

Steven, M., Umwelt als Produktionsfaktor?, Zeitschrift für Betriebswirtschaft 61, 1991b, S. 509 - 523

Steven, M., Umweltschutz im Produktionsbereich, Das Wirtschaftsstudium 21, 1992a, S. 35 - 39; 105 - 111

Steven, M., Effizienz betrieblicher Entsorgungsprozesse, Betriebswirtschaftliche Forschung und Praxis 44, 1992b, S. 120 - 135

Stitzel, M., Ökologie und öffentliche Wirtschaft, Die Betriebswirtschaft 47, 1987, S. 673 - 684

Stöppler, S., Dynamische Produktionstheorie, Westdeutscher Verlag, Opladen 1975

Storm, P.-C., Umweltrecht, Erich Schmidt Verlag, Berlin, 4. Aufl. 1991

Strebel, H., Umwelt und Betriebswirtschaft, Erich Schmidt Verlag, Berlin 1980

Strebel, H., Umweltwirkungen der Produktion, Zeitschrift für betriebswirtschaftliche Forschung 33, 1981, S. 508 - 521

Strebel, H., Industrie und Umwelt, in: Schweitzer, M. (Hrsg.), Industriebetriebslehre, Verlag Vahlen, München 1990, S. 697 - 779

Strebel, H., Integrierter Umweltschutz - Merkmale, Voraussetzungen, Voraussetzungen, Chancen, in: Kreikebaum, H. (Hrsg.), Integrierter Umweltschutz, Gabler Verlag, Wiesbaden, 2. Aufl. 1991, S. 3 - 16

Ströbele, W., Rohstoffökonomik, Verlag Vahlen, München 1987

Terhart, K., Die Befolgung von Umweltschutzauflagen als betriebswirtschaftliches Entscheidungsproblem, Duncker & Humblot, Berlin 1986

Teufel, D., Bauer, P., Beker, G., Gauch, E., Jäkel, S., Wagner, T., Ökologische und soziale Kosten der Umweltbelastung in der Bundesrepublik Deutschland im Jahr 1989, UPI-Bericht Nr. 20, Heidelberg, Januar 1991

Theißen, A., Betriebliche Umweltschutzbeauftragte, Deutscher Universitäts-Verlag, Wiesbaden 1990

Tietenberg, T., Environmental and Natural Resource Economics, Scott, Foresman and Company, Glenview (Ill.), 2nd Ed. 1988

Türck, R., Das ökologische Produkt, Verlag Wissenschaft & Praxis, Ludwigsburg 1990

Ullmann, A.A., Zimmermann, K. (Hrsg.), Umweltpolitik im Wandel, Campus Verlag, Frankfurt a.M. 1982

Umweltbundesamt (Hrsg.), Umweltprobleme kleiner und mittlerer Betriebe in Gemengelagen, Band 1: Kommunale Handlungsstrategien; Band 2: Betriebliche Umweltschutz-Investitionen und Förderprogramme, Erich Schmidt Verlag, Berlin 1990

Umweltmarkt von A - Z 1980/81: Sonderausgabe des Umweltmagazins, Vogel-Verlag, Würzburg 1980

Umweltmarkt von A - Z 1984/85: Sonderausgabe des Umweltmagazins, Vogel-Verlag, Würzburg 1984

Umweltmarkt von A - Z 1986/87: Sonderausgabe des Umweltmagazins, Vogel-Verlag, Würzburg 1986

Umweltmarkt von A - Z 1988/89: Sonderausgabe des Umweltmagazins, Vogel-Verlag, Würzburg 1988

Umweltmarkt von A - Z 1991/92: Sonderausgabe des Umweltmagazins, Vogel-Verlag, Würzburg 1991

Universität des Saarlandes (Hrsg.), Ökonomie und Ökologie, Universitätsdruckerei, Saarbrücken 1986

Vogl, J., Heigl, A., Schäfer, K., Handbuch des Umweltschutzes, Loseblattsammlung, St. Otto-Verlag, Bamberg 1977 ff.

Wacker, H., Rezyklierung als intertemporales Allokationsproblem in gesamtwirtschaftlichen Planungsmodellen, Peter Lang Verlag, Frankfurt a.M. / Bern 1987

Wagner, G.R., "Unternehmensethik" im Lichte der ökologischen Herausforderung, in: Czap, H. (Hrsg.), Unternehmensstrategien im sozio-ökonomischen Wandel, Duncker & Humblot, Berlin 1990a, S. 295 - 316

Wagner, G.R. (Hrsg.), Unternehmung und ökologische Umwelt, Verlag Vahlen, München 1990b

Wagner, G.R. (Hrsg.), Ökonomische Risiken und Umweltschutz, Verlag Vahlen, München 1992

Wagner, G.R., Fichtner, S., Kosten und Kostenrisiken der Altlastensanierung, Zeitschrift für angewandte Umweltforschung 2, 1989, S. 35 - 44

Wagner, G.R., Janzen, H., "Ökologisches Controlling" - Mehr als ein Schlagwort?, Controlling 3, 1991, S. 120 - 129

Weber, A., Über den Standort der Industrien, Mehr Verlag, Tübingen, 2. Aufl. 1922

Weimann, J., Umweltökonomik, Springer-Verlag, Berlin / Heidelberg / New York, 2. Aufl. 1991

Wenz, E.M., Issing, O., Hofmann, H. (Hrsg.), Ökologie, Ökonomie und Jurisprudenz, V. Florentz Verlag, München 1987

Wicke, L., Die Auswirkungen des Umweltschutzes auf das Wirtschaftswachstum, Wirtschaftswissenschaftliches Studium 11, 1982, S. 418 - 422

Wicke, L., Umweltschutz als Jobkiller?, Wirtschaftswissenschaftliches Studium 14, 1985, S. 248 - 250

Wicke, L., Die ökologischen Milliarden, Kösel Verlag, München 1986

Wicke, L., Umweltökonomie, Verlag Vahlen, München, 3. Aufl. 1991

Wicke, L., Haasis, H.-D., Schafhausen, F.-J., Schulz, W., Betriebliche Umweltökonomie, Verlag Vahlen, München 1991

Wicke, L., de Mazière, L., de Maizière, T., Öko-Soziale Marktwirtschaft für Ost und West, C.H. Beck Verlag, München 1990

Wicke, L., Schafhausen, F., Instrumente zur Durchsetzung des Umweltschutzes, Das Wirtschaftsstudium 11, 1982, S. 409 - 414, S. 459 - 465, S. 515 - 520

Wildemann, H., Das Just-In-Time Konzept, FAZ-Verlag, Frankfurt a.M. 1988

Winter, G., Das umweltbewußte Unternehmen, C.H. Beck Verlag, 4. Aufl. München 1990

Withagen, C., Economic Theory and International Trade in Natural Exhaustible Resources, Springer-Verlag, Berlin / Heidelberg / New York 1985

von Wysocki, K., Sozialbilanzen, Gustav Fischer UTB, Stuttgart / New York 1981

Zillessen, R., Rahmel, D. (Hrsg.), Umweltsponsoring, FAZ-Verlag, Frankfurt a.M. 1991

Zimmermann, K., Hartje, V.J., Ryll, A., Ökologische Modernisierung der Produktion, Sigma Verlag, Berlin 1990

von Zwehl, W., Staatliche Umweltschutzmaßnahmen in betriebswirtschaftlicher Sicht, Der Betrieb 26, 1973, S. 729 - 736

Stichwortverzeichnis